EDA 工程技术丛书

U0377887

Altium Designer 19
电路设计与制板
原理图及优化+PCB设计及布线+电路仿真
（微课视频版）

**Circuit Design
and Board Making Based
on Altium Designer 19**

Schematic and Optimization,
PCB Design and Wiring and
Circuit Simulation

Micro-Video Edition

周润景　孟昊博◎编著
Zhou Runjing　Meng Haobo

清华大学出版社
北京

内 容 简 介

本书以 Altium 公司开发的软件 Altium Designer 19 版本为平台，通过一个单片机应用实例，按照实际的设计步骤讲解 Altium Designer 19 的使用方法，包括 Altium Designer 环境设置，元件库的设计，原理图设计与仿真，优化原理图方案，PCB的基础知识、布局、布线规则，报表文件和光绘文件的输出等内容。读者可以在熟悉 Altium Designer 操作的同时体会电子产品的设计思路。本书提供配套的工程文件、教学课件和微课视频，以便于读者的学习。

本书适合从事 PCB 设计的工程技术人员阅读，也可作为高等院校相关专业和职业培训的教学用书。

图书在版编目（CIP）数据

Altium Designer 19 电路设计与制板：原理图及优化＋PCB设计及布线＋电路仿真：微课视频版/周润景，孟昊博编著.—北京：清华大学出版社，2020.9（2023.7重印）
（EDA 工程技术丛书）
ISBN 978-7-302-54991-8

Ⅰ. ①A…　Ⅱ. ①周…　②孟…　Ⅲ. ①印刷电路—计算机辅助设计—应用软件　Ⅳ. ①TN410.2

中国版本图书馆 CIP 数据核字（2020）第 030549 号

责任编辑：刘　星　李　晔
封面设计：李召霞
责任校对：梁　毅
责任印制：杨　艳

出版发行：清华大学出版社
　　　　网　　　址：http://www.tup.com.cn，http://www.wqbook.com
　　　　地　　　址：北京清华大学学研大厦 A 座　　　　邮　　编：100084
　　　　社 总 机：010-83470000　　　　邮　　购：010-62786544
　　　　投稿与读者服务：010-62776969，c-service@tup.tsinghua.edu.cn
　　　　质量反馈：010-62772015，zhiliang@tup.tsinghua.edu.cn
　　　　课件下载：http://www.tup.com.cn，010-83470236
印 装 者：三河市龙大印装有限公司
经　　销：全国新华书店
开　　本：185mm×260mm　　　印　　张：30.5　　　　字　　数：762 千字
版　　次：2020 年 9 月第 1 版　　　　　　　　　　印　　次：2023 年 7 月第 4 次印刷
印　　数：2401～2900
定　　价：89.00 元

产品编号：084950-01

Protel 是当今优秀的 EDA 软件之一,而 Altium Designer 19 是现在最新版本的 Protel 软件。将 Protel 升级到 Altium Designer 主要基于以下几点理由:

- Altium Designer 提供了解决针对布线难题的新工具(ActiveRoute 布线、Draftsman 报表);
- Altium Designer 提供了更高级的元件库管理工具;
- Altium Designer 提供了更强大的电路仿真功能;
- Altium Designer 提供了一些更高效的操作技巧(智能粘贴、自动标注等)。

本书目的

- 使读者熟悉 Altium Designer 的设计环境;
- 了解 Altium Designer 的功能特性;
- 快速掌握并熟练使用 Altium Designer。

本书内容

全书分为 12 章,以电子产品设计的过程为主线,介绍原理图的绘制、仿真,PCB 的布局、布线,库元件的绘制,多通道设计等。本书内容连贯,适合初学者阅读。通过阅读本书,可以对 PCB 设计有一个全面的了解。

第 1 章　Altium Designer 的介绍:主要介绍了 Altium Designer 的发展和特点。

第 2 章　元件库的设计:主要讲解如何创建原理图库、PCB 库和元件集成库。

第 3 章　绘制电路原理图:主要介绍了原理图的绘制环境和如何实现设计到图形转变。

第 4 章　电路原理图绘制的优化方法:主要介绍了 4 种原理图优化的方法和信号输出、输入波形的绘制。

第 5 章　PCB 设计预备知识:主要介绍了 PCB 的基础知识,包括层的管理、封装的定义和电路板的尺寸定义等。

第 6 章　PCB 设计基础:主要介绍了 PCB 编辑环境和一些必要的参数设置。

第 7 章　元件布局:主要介绍了 PCB 布局的规则设置、如何进行 PCB 的布局和布局要求。

第 8 章　PCB 布线:主要介绍了布线要求、PCB 布线的规则设置、布线策略、如何进行 PCB 的布局和设计规则检查等。

第 9 章　PCB 后续操作:主要介绍了完成 PCB 布局、布线后还应该做的一些后续工作,包括测试点的设置、包地和铺铜以及 3D 环境下的精确测量。

第 10 章　Altium Designer 的多通道设计:主要介绍了多通道设计的思想和方法。

第 11 章　PCB 的输出:主要介绍了提供给 PCB 加工方的输出文件。

第 12 章　原理图仿真：主要介绍了 Altium Designer 中常用的原理仿真内容及设置方式。

本书特色

- 注重系统性。本书将软件操作与电路设计技术有机地结合在一起，使学生能够更全面地学习和掌握 PCB 设计的整个过程。
- 注重实用性。本书提供了具体的电路设计例子并做了详尽分析，克服了空洞的纯文字描述的缺点。
- 注重先进性。本书讲述的是 Altium Designer 19 软件，并将之应用于电路的设计，用户可大大提高设计质量与设计效率。
- 注重全面性。本书附有习题及思考题，可使读者更容易学习和掌握课程的内容。

配套资源

- 本书提供工程文件和教学课件，请扫描此处二维码或到清华大学出版社官方网站本书页面下载。

工程文件

教学课件

- 配套作者精心录制的微课视频 47 个，共计约 180 分钟，读者可扫描书中对应位置的二维码观看视频。

本书由周润景、孟昊博编写，其中孟昊博编写第 12 章，其余由周润景编写。由于作者水平有限，加之时间仓促，书中难免有错误和不足之处，敬请读者批评指正！

说明：本书主要讲解 Altium Designer 19 的使用，故书中所给出的电气符号描述与实际软件中的符号保持一致。另外，因软件汉化的原因，书中术语为保持与界面一致，故有英文表述及术语不一致现象。特此说明。

作　者

2020 年 5 月

目录

目录

目录

目录

目录

目录

目录

目录

第1章 Altium Designer的介绍

内容提要：
- Protel 发展简史
- Altium Designer 软件的优势和特点
- PCB 设计流程
- Altium Designer 安装流程
- 切换中英文操作界面
- Altium Designer 编辑界面简介

目的：让读者熟悉了解 Altium Designer 公司的发展与设计过程，带领读者入门。

随着计算机技术的发展，20 世纪 80 年代中期计算机在各个领域得到广泛的应用。在这种背景下，1988 年由美国 ACCEL Technologies Inc. 推出了第一个应用于电子线路设计软件包 TANGO，这个软件包开创了电子设计自动化（EDA）的先河。这个软件包现在看来比较简陋，但在当时给电子线路设计带来了设计方法和方式的革命，人们纷纷开始用计算机来设计电子线路。直到今天，国内许多科研单位还在使用这个软件包。

1.1 Protel 的产生及发展

随着电子业的飞速发展，TANGO 日益显示出其不适应时代发展需要的弱点。为了适应电子业的发展，Protel 公司以其强大的研发能力推出了 Protel for DOS 作为 TANGO 的升级版本，从此，Protel 这个名字在业内日益响亮。

20 世纪 80 年代末期，Windows 系统开始盛行，Protel 相继推出 Protel for Windows 1.0、Protel for Windows 1.5 等版本来支持 Windows 操作系统。这些版本的可视化功能给用户设计电子线路带来了很大的方便。设计者不再需要记住那些烦琐的操作命令，大大提高了设计效率，并且让用户体会到了资源共享的优势。

20 世纪 90 年代中期，Windows 95 系统开始普及，Protel 也紧跟潮流，推出了基于 Windows 95 的 3.x 版本。Protel 3.x 版本加入新颖的主从式结构，但在自动布线方面却没有出众的表现。另外，由于 Protel 3.x 版本是 16 位和 32 位的混合型软件，所以其稳定性比较差。

1998年,Protel公司推出了给人全新感觉的Protel 98。Protel 98这个32位产品是第一个包含5个核心模块的EDA工具,并以其出众的自动布线功能获得了业内人士的一致好评。

1999年,Protel公司又推出了新一代的电子线路设计系统——Protel 99。它既有原理图的逻辑功能验证的混合信号仿真,又有PCB信号完整性分析的板级仿真,构成了从电路设计到真实板分析的完整体系。

2005年年底,Protel软件的原厂商Altium公司推出了Protel系列的高端版本Altium Designer,它是完全一体化电子产品开发系统的下一个版本。Altium Designer是业界首个将设计流程、集成化PCB设计、可编程元件(如FPGA)设计和基于处理器设计的嵌入式软件开发功能整合在一起的产品。

2006年,Altium Designer 6.0成功推出,其中集成了更多工具,使用更方便,功能更强大,特别在印制电路板设计上性能大大提高。

2008年,Altium Designer Summer 8.0推出,该产品将ECALTIUM DESIGNER和MCALTIUM DESIGNER这两种文件格式结合在一起。Altium公司在其新版的一体化设计解决方案中为电子工程师带来了全面验证机械设计(如外壳与电子组件)与电气特性关系的能力。另外,还加入了针对OrCALTIUM DESIGNER和PowerPCB的功能。

2009年,Altium Designer Winter 8.2推出,该产品增强了软件功能和运行速度,使其成为强大的电路一体化设计工具。

2011年,Altium Designer 10推出,该产品提供了一个强大的高集成度的板级设计发布过程,它可以验证并将用户的设计和制造数据打包,只需一键完成,从而避免了人机交互中可能出现的错误。

2013年,Altium Designer 14推出,该产品重点关注PCB核心设计技术,进一步夯实了Altium在原生3D PCB设计系统领域的领先地位。Altium Designer已支持软性和软硬性复合设计,将原理图捕获、3D PCB布线、分析及可编程设计等功能集成到单一的一体化解决方案中。

2014年,Altium Designer 15推出,该产品强化了软件的核心理念,持续关注生产力和效率的提升,优化了一些参数,也新增了一些额外的功能,主要包括支持高速信号引脚对设置(大幅提升高速PCB设计功能),支持最新的IPC-2581和Gerber X2格式标准,分别为顶层和底层阻焊层设置参数值并支持矩形焊孔等。

2015年,Altium Designer 16推出,该产品在以前版本的基础上又增加了一些新功能,主要包括精准的3D测量和支持XSIGNALS WIZARD USB3.1。同时,设计环境得到进一步增强,主要表现在原理图设计、PCB设计方面,同步链接组件得到增强,为使用者提供更可靠、更智能、更高效的电路设计环境。

2016年,Altium Designer 17推出,该产品提供高速、多网络、多层布线的自动交互式布线技术ActiveRoute;提供了一种全新、简化的方法来发布PCB设计工程Project Releaser;对PCB设计规则增强了很多功能;新增的混合仿真功能中包含了复制图表功能。

2017年,Altium Designer 18做出了较大更新,Altium Designer 18采用了新的DirectX 3D渲染引擎,带来更好的3D PCB显示效果和性能;重构了网络连接性分析引擎,避免了因PCB板较大,且板上GND很多,每当涉及有GND的元件或线时,屏幕上就

会出现 Analyzing Gnd,要过好一会儿屏幕才可以动,严重影响速度;文件的载入相对于
Altium Designer 17 来说有大幅度提升;ECO 及移动元件性能优化;交互式布线速度提
升;利用多核多线程技术,湿度工程项目编译、铺铜、DRC 检查、导出 Gerber 等性能得到
了大幅度提升;更加快速的 2D-3D 上下文界面切换;降低了系统内存及显卡内存的占
用;更强的 Gerber 导出性能,至少比 Altium Designer 17 快 4～7 倍,在 26 层板,具有大
约 9000 个元件的测试板上对比,Altium Designer 17 导出 Gerber 需要 7 个小时而
Altium Designer 18 仅仅需要 11 分钟。除了性能的改善外,还有一些新功能特性的提
升,包括支持多板系统设计,具有增强的 BOM 清单功能,进一步增强了 ActiveBOM 功能。

　　2017 年 12 月,Altium Designer 19 推出,该产品不仅增加了新功能,增强了软件核心
技术性能,而且还解决了客户通过 AltiumLive Community 的 BugCrunch 系统提出的许
多问题。除了具有一系列开发和完善现有技术的新功能之外,还整合了整个软件的大量
bug 修复和增强功能,帮助设计人员持续创造尖端电子产品。Altium Designer 19 拥有
先进的层叠管理,可定义多层高速 PCB 的层叠结构,通过权衡层顺序、材料、厚度和过孔
配置之间的关系,获得满足设计要求所需的阻抗;支持微孔(μVias);拥有对象级焊盘和
过孔热连接;加强了 Draftsman 功能和增强型交互式布线工具。

1.2　Altium Designer 的优势

　　与 Protel 版本相比较,Altium Designer 具有以下几点优势。

1. 提供布线新工具

　　高速的设备切换和新的信息命令技术意味着需要将布线处理成电路的组成部分,而
不是"想象的相互连接"。需要将全面的信号完整性分析工具、阻抗控制交互式布线、差
分信号对发送和交互长度调节协调工作,才能确保信号及时同步地到达。通过灵活的总
线拖动、引脚和零件的互换以及 BGA 逃逸布线,可以轻松地完成布线工作。

2. 为复杂的板间设计提供良好的环境

　　在 Altium Designer 中,具有 ShAltium Designer Model3 的 DirectX 图形功能,可以
使 PCB 编辑效率大大提高。在板的底侧上工作时,只要从菜单中选择"翻转板子"命令,
就可以像是在顶侧那样进行工作。通过优化的嵌入式板数组支持,可完全控制设计中所
有多边形的多边形管理器、PCD 垫中的插槽、PCB 层集和动态视图管理选项的协同工作,
即可提供更高效率的设计环境。它具有智能粘贴功能,不仅可以将网络标签转移到端
口,还可以使用文件编辑和自动片体条目创建来简化从旧工具转移设计的步骤,使其成
为一个更好的设计环境。

3. 提供高级元件库管理

　　元件库是有价值的设计源,它提供给用户丰富的原理图组件库和 PCB 封装库,并且
为设计新的元件提供了封装向导程序,简化了封装设计过程。随着技术的发展,需要利
用公司数据库对它们进行栅格化。当数据库连接提供从 Altium Designer 返回到数据库

的接口时,新的数据库就新增了很多功能,可以直接将数据从数据库放置到电路图中。新的元件识别系统可管理元件到库的关系,覆盖区管理工具可提供项目范围的覆盖区控制,从而提供更好的元件管理的解决方案。

4. 增强的电路分析功能

为了提高设计板的成功率,Altium Designer 中的 PSpice 模型、功能和变量支持以及灵活的新配置选项,增强了混合信号模拟。在完成电路设计后,可对其进行必要的电路仿真,观察观测点信号是否符合设计要求,从而提高设计成功率,大大降低开发周期。

5. 统一的光标捕获系统

Altium Designer 的 PCB 编辑器提供了很好的栅格定义系统——通过可视栅格、捕获栅格、元件栅格和电气栅格等都可以有效地放置设计对象到 PCB 文档。Altium Designer 统一的光标捕获系统已达到一个新的水平。该系统汇集了不同的子系统,共同驱动并将光标捕获到最优选的坐标集:用户可定义的栅格,可按照需求选择直角坐标和极坐标;捕获栅格,可以自由地放置并提供随时可见的用于对象排列参考的线索增强的对象捕捉点,使得放置对象时自动定位光标到基于对象热点的位置。按照合适的方式,使用这些功能的组合,可轻松地在 PCB 工作区放置和排列对象。

6. 增强的多边形铺铜管理器

Altium Designer 的多边形铺铜管理器提供了更强大的功能,具有关于管理 PCB 中所有多边形铺铜的附加功能。附加功能包括创建新的多边形铺铜、访问界面的相关属性和多边形铺铜删除等,丰富了多边形铺铜管理器的功能,并将多边形铺铜管理整体功能提升到新高度。

7. 强大的数据共享功能

Altium Desginer 完全兼容以前版本的 Protel 系列设计文件,并提供对 Protel 99 SE 下创建的 DDB 和库文件的导入功能,同时还增加了 P-CSD、OrCALTIUM DESIGNER 等软件的设计文件和库文件的导入功能。它的智能 PDF 向导则可以帮助用户把整个项目或所选定的设计文件打包成可移植的 PDF 文档,从而加强了团队成员之间合作的灵活性。

8. 全新的 FPGA 设计功能

Altium Designer 与微处理器相结合,可充分利用大容量 FPGA 元件的潜能,更快地开发出更加智能的产品。其设计的可编程硬件元素不用重大改动即可重新定位到不同的 FPGA 元件中,设计师不必受特定 FPGA 厂商或系列元件的约束。它无须对每个采用不同处理器或 FPGA 元件的项目更换不同的设计工具,因此可以节省成本,使设计师在工作于不同项目时能保持高效性。

9. 支持 3D PCB 设计

Altium Designer 全面支持 STEP 格式,与 MCALTIUM DESIGNER 工具无缝连接;依据外壳的 STEP 模型生成 PCB 外框,减少中间步骤,更加准确配合;3D 实时可视化,使设计充满乐趣;应用元件体生成复杂的元件 3D 模型,解决了元件建模的问题;支持设计圆柱体或球形元件设计;3D 安全间距实时监测,设计初期解决装配问题;在原生 3D 环境中精确测量电路板布局,在 3D 编辑状态下,可以实时展现电路板与外壳的匹配情况,将设计意图清晰传达至制造厂商。

10. 支持 XSIGNALS WIZARD USB 3.0

Altium Designer 支持 USB 3.0 技术,使用 USB 3.0 技术将高速设计流程自动化,并生成精确的电路板布局,提高电路的实际设计效率。

1.3 PCB 设计的工作流程

PCB 设计的工作流程如下。

1. 方案分析

方案分析决定电路原理图如何设计,同时也影响到 PCB 如何规划。设计师可以根据设计要求进行方案比较和选择,以及选择元件等。方案分析是开发项目中最重要的环节之一。

2. 电路仿真

在设计电路原理图之前,有时候会对某一部分电路的设计并不十分确定,因此需要通过电路仿真来验证。电路仿真还可以用于确定电路中某些重要元件的参数。在设计之前进行电路仿真能够确保电路满足设计需求的功能和目的。

3. 设计原理图元件

Altium Designer 提供元件库,但不可能包括所有元件。在元件库中找不到需要的元件时,用户需动手设计原理图库文件,建立自己的元件库。

4. 绘制原理图

找到所有需要的原理图元件后,即可开始绘制原理图。可根据电路的复杂程度决定是否使用层次原理图。完成原理图后,用 ERC(电气法则检查)工具检查。找到出错原因并修改电路原理图,重新进行 ERC 检查,直到没有原则性错误为止。

5. 设计元件封装

和原理图元件库一样,Altium Designer 也不可能提供所有的元件封装。用户需要时可以自行设计并建立新的元件封装库。

6. 设计 PCB

在所有用到的元件都已有了自己的封装并确认原理图没有错误之后,即可开始制作 PCB。首先绘出 PCB 的轮廓,确定元件来源及功能、设计规则,在原理图的引导下完成布局和布线。设计规则检查工具用于对绘制好的 PCB 进行检查。PCB 设计是电路设计的另一个关键环节,它将决定该产品的实用性能,需要考虑的因素很多,并且不同的电路有不同要求。

7. 文档保存

在完成所有操作后切记对文档进行保存,否则所有工作将付之东流。对原理图、PCB 图及元件清单等文件予以保存,以便日后维护和修改。

1.4 Altium Designer 的安装

Altium Designer 安装后的文件大小约为 2.51GB。由于增加了新的设计功能,Altium Designer 与以前版本的 Protel 相比,对硬件的要求更高。

1.4.1 软硬件环境需求

Altium Designer 对操作系统的要求比较高。最好使用 Windows XP、Windows 7 或版本更高的操作系统,它不再支持 Windows 95、Windows 98 和 Windows ME 操作系统。

为了获得符合要求的软件运行速度和更稳定的设计环境,Altium Designer 对计算机的硬件要求也比较高。

1. 推荐的计算机最佳性能配置

(1) CPU:英特尔酷睿 2 双核/四核 2.66GHz 或同等或更快的处理器。
(2) 内存:2GB 或更大的内存。
(3) 硬盘:80GB 或更大的硬盘。
(4) 显卡:256MB 或更大显存的独立显卡。
(5) 显示器:分辨率在 1152 像素×864 像素以上。

2. 最低的计算机性能配置

(1) CPU:英特尔奔腾 1.8GHz 或同等处理器。
(2) 内存:256MB 内存。
(3) 硬盘:20GB 硬盘。
(4) 显卡:128MB 显存的独立显卡。
(5) 显示器:分辨率不低于 1024 像素×768 像素。

1.4.2 安装 Altium Designer

双击 AltiumDesignerSetup_19_1_2.exe 文件,打开安装向导,如图 1-1 所示。

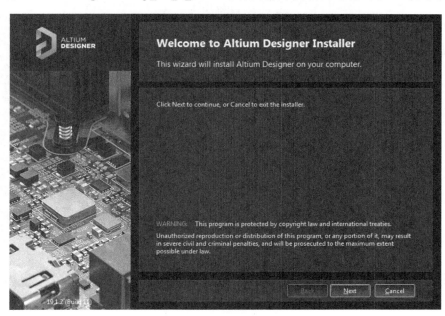

图 1-1 安装向导界面

单击 Next 按钮,进入 License Agreement 界面,如图 1-2 所示。

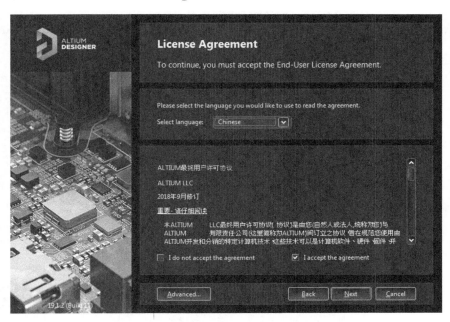

图 1-2 License Agreement 界面

选中 I accept the agreement 复选框,然后单击 Next 按钮,进入 Select Design Functionality 界面,如图 1-3 所示。

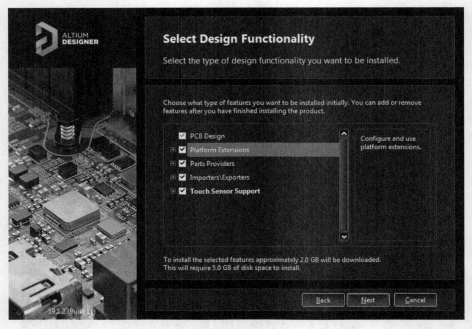

图 1-3 Select Design Functionality 界面

在该界面选择需要安装的功能,可保持默认设置。单击 Next 按钮,进入 Destination Folders 界面,如图 1-4 所示。

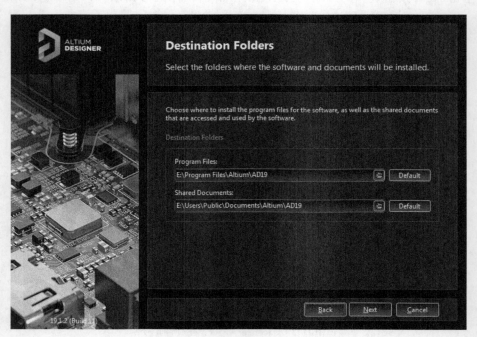

图 1-4 Destination Folders 界面

注：原理图仿真默认有些选项未被选中，如在此处没有选中，则在软件安装后无法使用该部分功能。原理图仿真等相关功能在 Platform Extensions 栏中。

在 Destination Folders 界面中，设定安装路径。然后，单击 Next 按钮，进入 Ready To Install 界面，如图 1-5 所示。

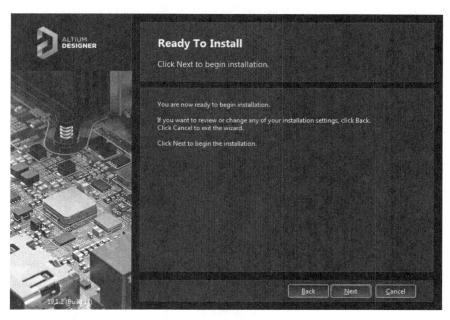

图 1-5　Ready To Install 界面

单击 Next 按钮，开始安装程序，如图 1-6 所示。

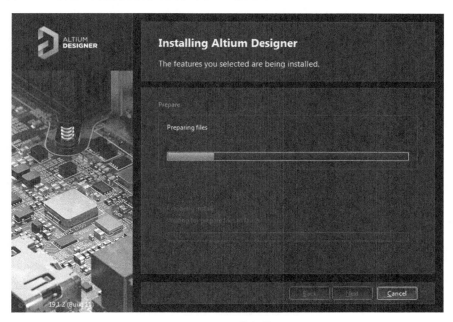

图 1-6　开始安装

当程序安装完毕后,会出现如图 1-7 所示的安装完成界面。

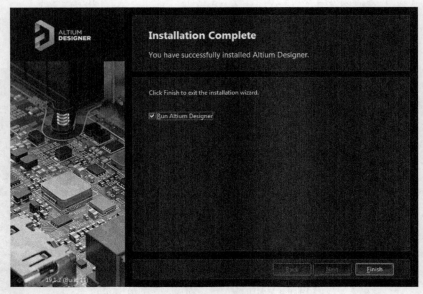

图 1-7　程序安装完成界面

单击 Finish 按钮,至此 Altium Designer 程序安装完毕。

1.4.3　启动 Altium Designer

视频讲解

单击 Windows 桌面的"开始"菜单,执行"所有程序"→X2 命令,如图 1-8 所示。

图 1-8　运行 Altium Designer

启动 Altium Designer，启动界面如图 1-9 所示。

图 1-9　Altium Designer 的启动界面

由于该软件的功能复杂，启动会耗费一定的时间。经过一段时间的等待，进入 Altium Designer 的主界面，如图 1-10 所示。

图 1-10　Altium Designer 的主界面

Altium Designer 主界面包括标题栏、菜单栏、工具栏和状态栏等，如图 1-11 所示。

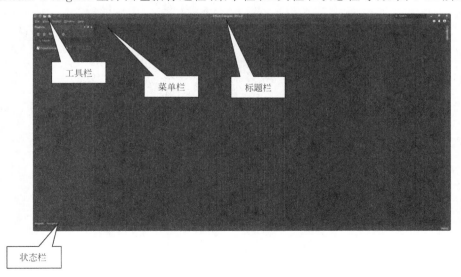

图 1-11　Altium Designer 主界面的各组成部分

首先来看 New 子菜单命令,选择菜单栏中 File→New 命令,可以看到其中所包含的子菜单命令,如图 1-12 所示。

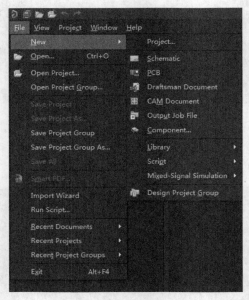

图 1-12　New 子菜单命令

本书中将用到的 New 子菜单命令包括 Schematic、PCB、Project 和 Library。

Schematic:可以用该命令创建一个空白的原理图编辑文件。

PCB:可以用该命令创建一个空白的印制电路板编辑文件。

Project:可以用该命令创建一个项目文件,选择该命令打开 Create Project 界面,如图 1-13 所示。

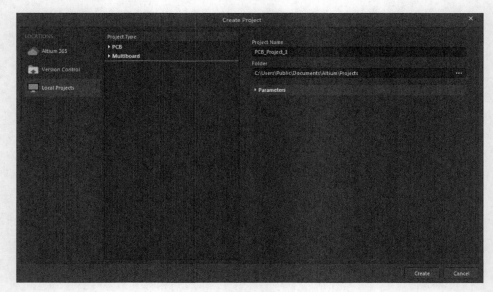

图 1-13　Create Project 界面

在 Create Project 界面中可以在 LOCATIONS 栏中选取模板出处，在 Project Type 栏中选中模板类型，在界面最右侧对工程文件的名称和保存位置以及参数进行设置。

本书用到的该子菜单命令有 Project、Schematic、PCB、Draftsman Document 和 CAM Document。

Altium Designer 以设计项目为中心，一个设计项目中可以包含各种设计文件，如原理图（SCH）文件、电路图（PCB）文件及各种报表，多个设计项目可以构成一个 Project Group（设计项目组）。因此，项目是 Altium Designer 工作的核心，所有设计工作均是以项目形式展开的。

在 Altium Designer 中，项目是共同生成期望结果的文件、连接和设置的集合，如板卡可能是十六进制（位）文件。把所有这些设计数据元素综合在一起就得到了项目文件。完整的项目一般包括原理图文件、PCB 文件、元件库文件、BOM 文件以及 CAM 文件。

项目这个重要的概念需要加以理解。因为在传统的设计方法中，每个设计应用从本质上说是一种具有专用对象和命令集合的独立工具。与此不同的是，Altium Designer 的统一平台在工作时就对项目设计数据进行解释，在提取相关信息的同时告知用户设计状态的信息。Altium Designer 像一个很好的数字处理器，会在用户工作时加亮显示错误。这就可以在发生简单错误时及时进行纠正，而不是在后续步骤中进行错误检查。

Altium Designer 通过"编译"设计来实现在内存中维护完整的连接性模型，可直接访问组件及其相应的连接关系。这种精细但强大的功能给设计带来了活力。比如，按住快捷键并单击线路时，会看到页面上加亮显示的网络，使用导航器可以在整个设计中跟踪总线。另外，按住快捷键并在导航器中单击组件，它会在原理图前面和中部，以及 PCB 上显示出来。这只是以项目为中心的编辑设计环境能带来的几个小的好处示范而已。

Library：该命令用来创建一个新的元件库文件，其下一级子菜单如图 1-14 所示。

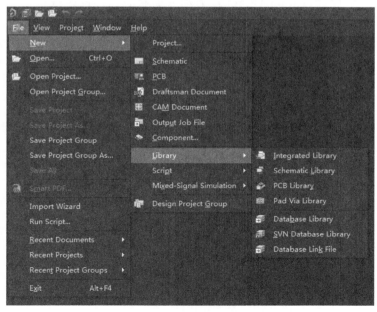

图 1-14　元件库子菜单

本书用到的该子菜单命令有 Schematic Library、PCB Library 和 Integrated Library。

Schematic Library：创建一个空白的元件原理图库文件。

PCB Library：创建一个空白的元件封装图库文件。

Integrated Library：创建一个空白的元件集成库文件。

1.5　切换编辑环境

视频讲解

图 1-14 是英文状态的编辑环境,为了以后设计的方便,可将该状态切换到中文状态。如何进行中/英文状态之间的切换呢?

如图 1-15 所示,在主界面单击右上角"设置"按钮,进入 Preferences 设置对话框。

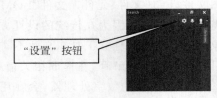

"设置"按钮

图 1-15　主界面"设置"按钮

Preferences 设置如图 1-16 所示。

该对话框包含了 4 个设置区域,分别是 Startup、General、Reload Documents Modified Outside of Altium Designer 和 Localization 区域。

1. Startup 区域

该区域是用来设置 Altium Designer 启动后的状态的。该区域包括 2 个复选框,其含义如下。

Reopen Last Project Group：选中该复选框,表示启动时重新打开上次的工作空间。

Show startup screen：选中该复选框,表示启动时,显示启动界面。

2. General 区域

Monitor clipboard content within this application only：用于设置剪切板的内容是否能被用于该应用软件。

Use Lift/Right selection：用左键/右键来进行选择。该复选框被选中时意为左键选中。

3. Reload Documents Modified Outside of Altium Designer 区域

该区域包含四个选项,用于设置重新载入在 Altium Designer 之外修改过的文档,打开后是否保存。本设置采用默认选项。

4. Localization 区域

该区域是用来设置中/英文切换的,选中 Use localized resources 复选框,系统会弹出信息提示框,如图 1-17 所示。

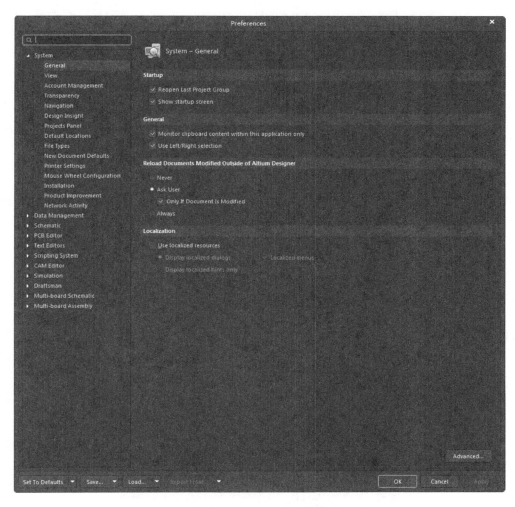

图 1-16　Preferences 设置

图 1-17　信息提示框

　　单击 OK 按钮，然后在 System-General 设置界面中单击 Apply 按钮，使设置生效。再单击 OK 按钮，退出设置界面。关闭软件，重新进入 Altium Designer 系统，可以发现主界面除菜单栏外并没有其他变化，如图 1-18 所示。但其内部各个操作界面已经完成汉化，各个编辑环境的内容将在下面介绍。

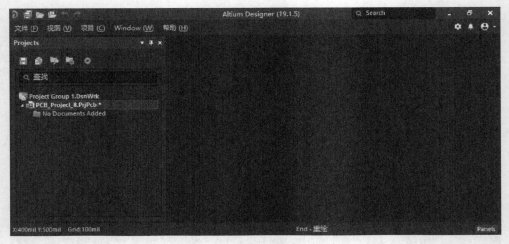

图 1-18　中文编辑环境

1.6　Altium Designer 的编辑环境

视频讲解

1.6.1　原理图编辑环境

在 Altium Designer 的主界面中,如图 1-19 所示,执行"文件"→"新的"→"原理图"命令,打开一个新的原理图绘制文件,如图 1-20 所示。

图 1-19　打开原理图编辑环境命令

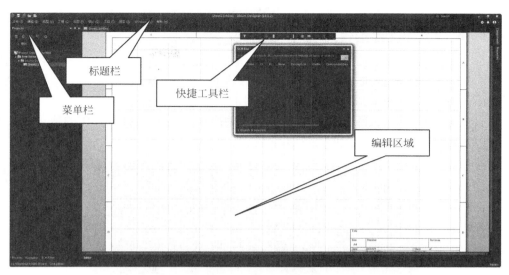

图 1-20　原理图编辑环境

由图 1-20 可以看到,原理图编辑环境中包含一些工具栏,具体的使用方法会在后面进行详细介绍。

1.6.2　PCB 编辑环境

在 Altium Designer 的主界面中,执行"文件"→"新的"→PCB 命令,打开一个新的 PCB 绘制文件,如图 1-21 所示。

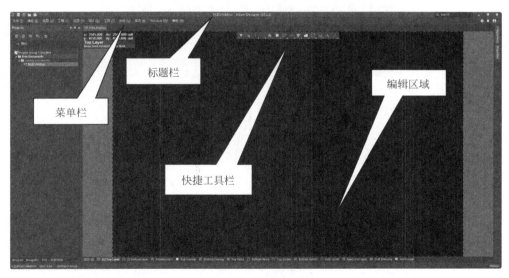

图 1-21　PCB 编辑环境

由图 1-21 可以看到,PCB 编辑环境中包含一些工具栏,具体的使用方法会在后面进行详细介绍。

1.6.3 原理图库文件编辑环境

视频讲解

在 Altium Designer 的主界面中,如图 1-22 所示,执行"文件"→"新的"→"库"→"原理图库"命令,打开一个新的原理图库文件,如图 1-23 所示。

由图 1-23 可以看到,原理图库文件编辑环境中包含一些工具栏,具体的使用方法会在后面进行详细介绍。

图 1-22 打开原理图库编辑环境的命令

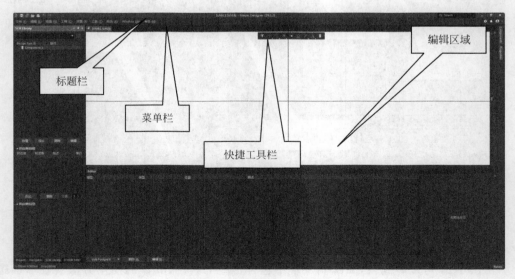

图 1-23 原理图库文件编辑环境

1.6.4　元件封装库文件

在 Altium Designer 的主界面中,执行"文件"→"新的"→"库"→"PCB 元件库"命令,打开一个新的元件封装库文件,如图 1-24 所示。

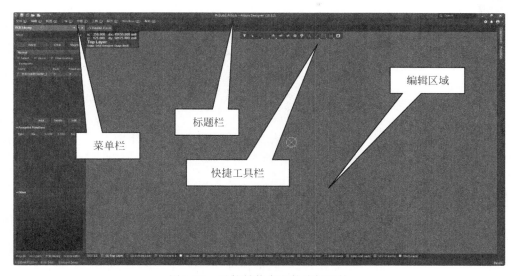

图 1-24　元件封装库文件编辑环境

由图 1-24 可以看到,元件封装库文件编辑环境中包含一些工具栏,具体的使用方法会在后面进行详细介绍。

第2章 元件库的设计

内容提要：

- 原理图库文件介绍
- 绘制元件
- 库文件输出报表
- 使用 PCB 元件向导制作元件封装
- 手动绘制元件的封装
- 采用编辑方式制作元件封装

目的：本章以 89C51 芯片为例，介绍了用户如何在没有库文件的元件情况下，自己创建它的库文件并使用。由于现在 Altium Designer 用的库文件为原理图与 PCB 整合后的库文件，本章将按顺序创建并讲解。

在介绍新建库之前，简单介绍一下原理图和 PCB。原理图也就是元件在原理上的组合呈现，原理图上的电气符号表示了 PCB 上的构成内容，而 PCB 图则体现了电路板的布局与布线，以及元件信息和网络信息。现在的 PCB 图内更加入了 3D 视图，能让设计师更直观地感受样板的尺寸大小。

Altium Designer 的元件库中包含了全世界众多厂商的多种元件，其中，Altium Designer 软件的官方提供了一部分，元件厂商和第三方提供了一部分，但由于电子元件不断在更新，因此 Altium Designer 19 元件库不可能完全包含用户需要的元件。不过，即使存在这样的问题，用户也不必为找不到元件而忧虑，因为在该系统中提供了创建新元件的功能。

注：设计元件库的前提是已经有该原件的成品，不能通过自己的臆想进行库设计；否则，即使满足设计要求，通过了仿真也无法在实际设计中使用。

2.1 创建原理图元件库

2.1.1 原理图库文件介绍

视频讲解

1. 运行原理图库文件编辑环境

在 Altium Designer 的主界面中，执行"文件"→"新的"→"库"→

"原理图库"命令,如图 2-1 所示。

图 2-1 打开原理图库文件编辑环境的命令

这样一个默认名为 SchLib1. SchLib 的原理图库文件被创建,同时原理图库文件编辑环境被启动,如图 2-2 所示。

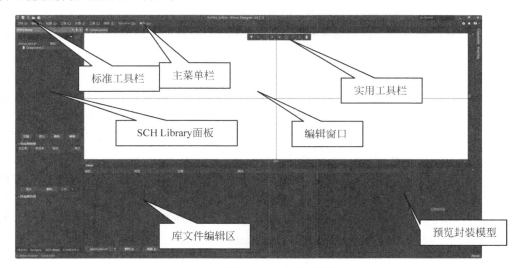

图 2-2 原理图库文件编辑环境

下面分别介绍该界面中的各个功能。

1) 主菜单栏

通过对比可以看出,原理图库文件编辑环境中的主菜单栏与原理图编辑环境中的主菜单栏是有细微区别的。在原理图库文件编辑环境中,主菜单栏如图 2-3 所示。

图 2-3　原理图库文件编辑环境中的主菜单栏

2）标准工具栏

在 Altium Designer 19 中,工具栏与标题栏合并在一起。它在各个界面中保持一致,可以使用户完成对文件的操作,如打开、保存、撤销等。标准工具栏如图 2-4 所示。

图 2-4　标准工具栏

3）实用工具栏

该工具栏提供了众多原理图绘制工具,包括了选择过滤器、移动和选择的方式、放置各类文本等内容。实用工具栏如图 2-5 所示。

图 2-5　实用工具栏

4）编辑窗口

编辑窗口是被"十"字坐标轴划分的 4 个象限,坐标轴的交点即为窗口的原点。一般制作元件时,将元件的原点放置在窗口的原点,而将绘制的元件放置到坐标轴的第四象限中。

5）SCH Library 面板

该控制面板用于对原理图库的编辑进行管理。SCH Library 面板如图 2-6 所示。原理图库属性界面整合了在以前版本中的 SCH Library 面板的引脚等信息,并新增了参数界面,更详细地列出了设计者、评论描述以及占用的空间、模型等信息。

- Design Item ID 列表:在该栏中列出了当前所打开的原理图库文件 Place 按钮即可将该元件放置在打开的原理图纸上。单击"添加"按钮可以往该库中加入新的元件。选中某一元件,单击"删除"按钮,可以将选中的元件从该原理图库文件中删除。选中某一元件,单击"编辑"按钮或双击该元件可以进入对该元件的 Properties 界面,如图 2-7 所示。
- Models 栏:该栏用于列出库元件的其他模型,如 PCB 封装模型、信号完整性分析模型和 VHDL 模型等。
- Footprint 栏:在该列表中列出了选中库元件的封装。通过"添加"、"删除"和"编辑"3 个按钮,可以完成对引脚的相应操作。

2. 工具栏应用介绍

1）选择过滤器

第一个选项是选择过滤器,用于选择图中可操作的部件分类。如图 2-8 所示,所有亮色的选项为可操作的部分。当某一项(如 Pins)为灰色时,表示该部分内容不可在图中选中。通过这个选项,可以避免在操作时误选。

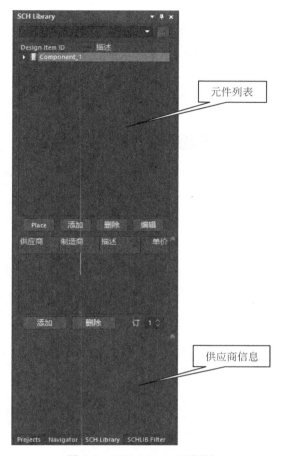

图 2-6 SCH Library 面板图

图 2-7 原理图库文件属性编辑

图 2-8 选择过滤器下拉列表框

2）移动对象

第二个按钮是移动对象，是对已选中的对象进行移动操作，其下拉列表框如图 2-9 所示的内容。

3）对象选择

对象选择下拉列表框主要是范围的选择方式，简单地说，就是以何种方式画出一个区域来，选中与这个区域有怎样关系的目标，如图 2-10 所示。

4）排列对象

排列对象下拉列表框的内容主要用于选择对象的分布方式，如图 2-11 所示。

5）其他放置选项

剩下的几个按钮分别是放置引脚、放置 IEEE 符号、放置贝塞尔曲线及其他图像、放置文本字符串或文本框、添加元件部件。当单击"添加元件部件"按钮时，返回原理图中心位置，如图 2-12 所示。

图 2-9 "移动对象"下拉列表框

图 2-10 "对象选择"下拉列表框

图 2-11 "排列对象"下拉列表框

图 2-12 快捷键菜单

2.1.2 绘制元件

当在所有库中找不到要用的元件时，就需要用户自行制作元件了。例如，89C51 芯片，在 Altium Designer 所提供的库中无法找到该元件，如图 2-13 所示。

由于找不到该元件，就需要制作该元件。绘制元件的常用方法有两种：新建法和复制法。下面就以制作 89C51 和 DS18B20 为例，介绍这两种方法。

1. 新建法制作元件

对于图形标志简单的元件可以选择用新建法制作元件，新建法也是最基础最需要掌握的元件制作方法。

【例 2-1】 为 89C51 制作封装模型。

第 1 步：执行"文件"→"新的"→"库"→"原理图库"命令，打开原理图库文件编辑环境，并将新创建的原理图库文件命名为 New1. SchLib。按快捷键 O，在出现的菜单中选择"文档选项"命令,打开 Properties 界面,如图 2-14 所示。

图 2-13 查找 89C51 结果显示

图 2-14 Properties 界面

该界面与原理图编辑环境中的"文档选项"对话框基本一致,这个界面也可以对目标进行过滤筛选。下面简单介绍:

(1) 在该对话框的 General 区域中,Show Hidden Pins 复选框用来设置是否显示库元件的隐藏引脚。当该复选框处于选中状态时,元件的隐藏引脚将被显示出来。Show Comment/Designator 复选框可用于选择是否显示评论和标志。

(2) Visible Grid 为可视网格,Snap Grid 为捕捉网格,用户可用来设置图纸中的网格大小,其大小可用 mm 单位或 mils 单位进行设置。

(3) 板设置包括 Sheet Border(板边设置),可选颜色以及是否显示板边缘和 Sheet Color,对板底色进行设置。

在完成对"库编辑器工作台"对话框的设置后,就可以开始绘制需要的元件了。

89C51 采用 40 引脚的 PIN 封装,绘制其原理图符号时,应绘制成矩形,并且矩形的长边应该长一点,以方便引脚的放置。在放置所有引脚后,可以再调整矩形的尺寸,美化图形。

第 2 步:右击"放置线"按钮,选择"矩形"命令,此时光标变为"十"字形,并在旁边附有一个矩形框,调整鼠标位置,选择合适的位置,单击完成设置,如图 2-15 和图 2-16 所示。

在合适位置,再次单击。这样就在编辑窗口的第四象限内绘制了一个矩形。

绘制好后,右击或按 Esc 键,就可以退出绘制状态。

第 3 步:放置好矩形框后,就要开始放置元件的引脚了。单击工具栏中的"放置引脚"按钮,则光标变为"十"字形,并附有一个引脚符号,如图 2-17 所示。

移动鼠标将该引脚移动到矩形边框处,单击完成一个引脚的放置,如图 2-18 所示。

图 2-15　开始放置矩形框

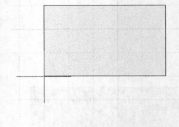

图 2-16　完成放置

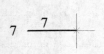

图 2-17　开始放置引脚

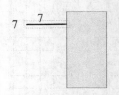

图 2-18　完成放置

第4步：在设置引脚时，单击"放置引脚"后按 Tab 键，则系统会弹出如图 2-19 所示的 Properties-Pin 界面，在该对话框中可以完成引脚的各项属性设置。

现在介绍该界面中各参数的含义。

- Name：用于对库元件引脚命名，可在该文本框中输入其引脚的功能名称。
- Designator：用于设置引脚的编号，其编号应与实际的引脚编号相对应。

在这两选项后，各有一个"可见的"按钮 ⊙ ，单击选中该按钮则 Name 和 Designator 所设置的内容将会在图中显示出来。

- Electrical Type：用于设置库元件引脚的电气特性。单击右侧的下三角按钮可以进行选择设置。其中包括 Input(输入引脚)、Output(输出引脚)、Power(电源引脚)、Open Emitter(发射极开路)、Open Collector(集电极开路)、HiZ(高阻)、I/O(数据输入/输出)和 Passive(不设置电气特性)。在这里一般选择 Passive，表示不设置电气特性。
- Description：该文本编辑框用于输入描述库元件引脚的特性信息。
- Font Settings：用来设置编号和命名的字体格式等。

在 Symbols 设置区域中，包含 5 个选项，分别是 Inside(里面)、Inside Edge(内边沿)、Outside Edge(外边沿)、Outside(外部)和 Line Width。每项设置都包含一个下拉列表。

下拉列表中常用的 Symbols 设置包括 Clock、Dot、Active Low Input、Active Low Output、Right Left Signal Flow、Left Right Signal Flow 和 Bidirectional Signal Flow。

- Clock：表示该引脚输入为时钟信号。其引脚符号如图 2-20 所示。
- Dot：表示该引脚输入信号取反。其引脚符号如图 2-21 所示。
- Active Low Input：表示该引脚输入有源低信号。其引脚符号如图 2-22 所示。

图 2-19　Properties-Pin 界面

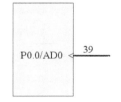

图 2-20　Clock 引脚符号

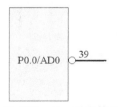

图 2-21　Dot 引脚符号

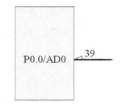

图 2-22　Active Low Input 引脚符号

- Active Low Output：表示该引脚输出有源低信号。其引脚符号如图 2-23 所示。
- Right Left Signal Flow：表示该引脚的信号流向是从右到左的。其引脚符号如图 2-24 所示。

- Left Right Signal Flow：表示该引脚的信号流向是从左到右的。其引脚符号如图 2-25 所示。
- Bidirectional Signal Flow：表示该引脚的信号流向是双向的。其引脚符号如图 2-26 所示。

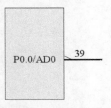

图 2-23　Active Low Output 引脚符号

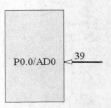

图 2-24　Right Left Signal Flow 引脚符号

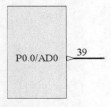

图 2-25　Left Right Signal Flow 符号

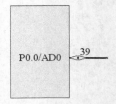

图 2-26　Bidirectional Signal Flow 符号

需要指出的是，设置引脚名称时，若引线名上带有横线（如 $\overline{RESET}$），则设置时应在每个字母后面加反斜杠，表示形式为 R\E\S\E\T\，如图 2-27 所示。

完成上述设置后，Properties-Pin 界面如图 2-28 所示。

图 2-27　设置带有取反符号的引脚

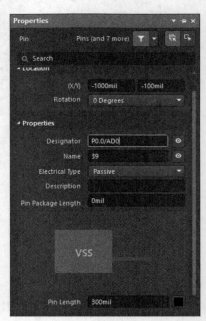

图 2-28　完成设置的 Properties-Pin 界面

第 5 步：重复上述过程，完成所有的引脚放置与设置，右击或按 Esc 键，就可以退出绘制状态了，绘制好的元件模型如图 2-29 所示。

注意：在放置引脚时，应确保具有电气特性的一端，即带有"X"号的一端朝外。可以通过在放置时按 Space 键，将引脚旋转 90° 来实现。

第 6 步：在原理图库文件编辑环境左侧面板中选中 SCH Library 面板，在元件列表中选中刚才设计好的元件，双击进入 Properties-Component 界面，如图 2-30 所示。

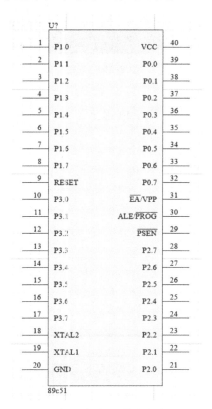

图 2-29　完成所有引脚放置

图 2-30　Properties-Component 界面

下面就介绍该界面中比较重要的属性参数。

- Designator：可在该文本框中输入库元件的标志符。在绘制原理图时，放置该元件并选中其后的 👁 按钮，文本框输入的内容就会显示在原理图上。当 🔒 按钮被选中时，该项内容不能被更改。

- Comment：该文本框用于输入库元件型号的说明。这里设置为 89C51，并选中其后的 👁 按钮，则放置该元件时，89C51 就会显示在原理图中。当 🔒 按钮被选中时，该项内容不能被更改。

- Description：该文本框用于给出对库元件性能及用途的描述。

- Graphical：滑动图中的右侧滑动条可以看见 Graphical 选项，即可对元件线条等颜色的选择和填充，如图 2-31 所示。

选中 Local Colors 复选框，设置好库元件的颜色后，也就完成了元件 89C51 的原理图符号的绘制。在绘制电路原理图时,将该元件所在的库文件加载,就可以按照第3章介绍的,方便取用该元件了。

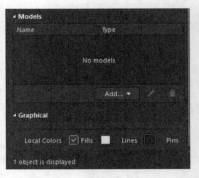

图 2-31 Graphical 选项

2. 复制法制作元件

对于复杂的元件来说,使用复制法来创建元件,需要进行大量的修改工作,还不如使用新建法来制作元件。为了体现出复制法的优越性,本节就以一个简单元件(DS18B20)为例介绍一下复制法制作元件的操作过程。

DS18B20 是一个温度测量元件,它可以将模拟温度量直接转换成数字信号量输出,与其他设备连接简单,广泛应用于工业测温系统。首先看一下 DS18B20 的元件外观,如图 2-32 所示。

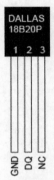

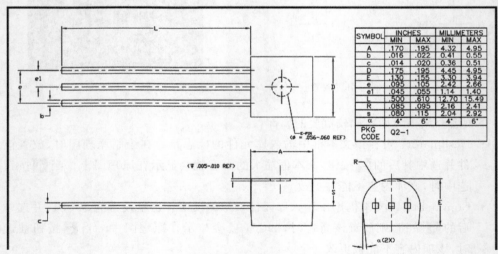

图 2-32 DS18B20 的元件外观与封装

它采用 TO-92 封装。其中 1 引脚接地,2 引脚为数据输入/输出端口,3 引脚为电源引脚。

经观察，DS18B20 元件外观与 Miscellaneous Connectors. IntLib 中的 Header 3 相似，Header 3 元件外观如图 2-33 所示。

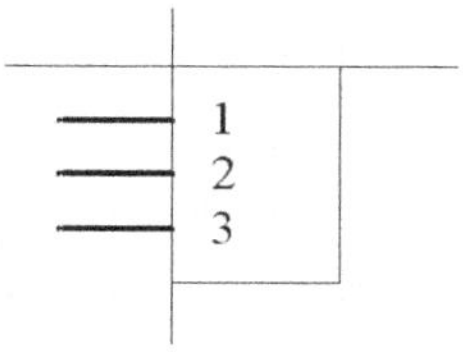

把系统给出的库文件 Miscellaneous Connectors. IntLib 中的 Header 3 复制到所创建的原理图库文件 New1. SchLib 中。

【例 2-2】　利用复制法为 DS18B20 添加封装模型。

第 1 步：打开并复制 Header 3 元件。

打开原理图库文件 New1. SchLib，执行"文

视频讲解

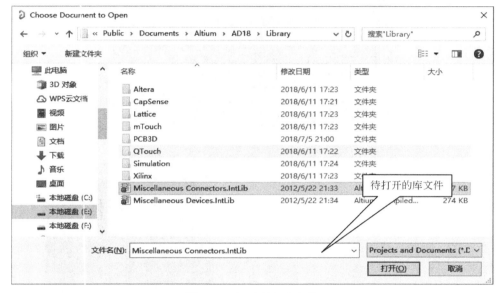

图 2-33　Header 3 外观

件"→"打开"命令，找到库文件 Miscellaneous Connectors. IntLib，如图 2-34 所示。

图 2-34　打开现有库文件

单击"打开"按钮，系统会自动弹出如图 2-35 所示的"解压源文件或安装"提示框。

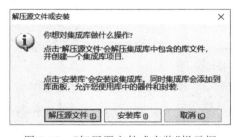

图 2-35　"解压源文件或安装"提示框

单击"解压源文件"按钮，由于库文件格式问题，会弹出如图 2-36 所示的"文件格式"对话框，选中第一个选项，单击"确定"按钮，将原来为 5.0 版本的库文件操作后保存为 6.0 版本。

在 Projects 面板上将会显示出该库所对应的原理图库文件 Miscellaneous Connectors. LibPkg，如图 2-37 所示。双击面板中的 Miscellaneous Connectors. SchLib 文件。

在 SCH Library 面板的元件列表中显示出了库文件 Miscellaneous Connectors. IntLib 的所有库元件,如图 2-38 所示。

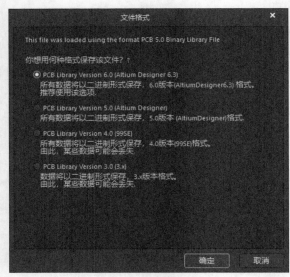

图 2-36 "文件格式"对话框

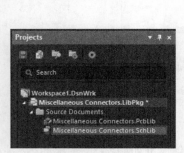

图 2-37 打开现有的原理图库文件　　　图 2-38 库文件 Miscellaneous Connectors. IntLib
　　　　　　　　　　　　　　　　　　　　　　所包含元件列表

选中库元件 Header 3,执行"工具"→"拷贝元件"命令,则系统弹出 Destination Library 对话框,如图 2-39 所示。

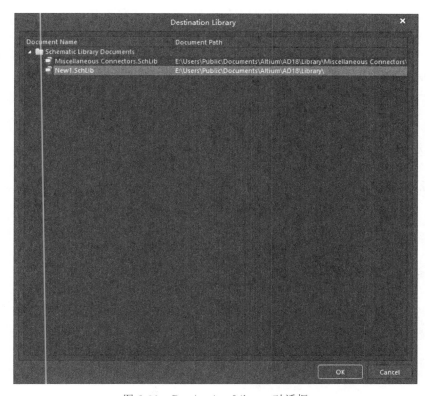

图 2-39　Destination Library 对话框

第 2 步：将复制的 Header 3 修改为 DS18B20。

选择原理图库文件 New1. SchLib,单击"确定"按钮,关闭对话框。打开原理图库文件 New1. SchLib,可以看到库元件 Header 3 已被复制到该原理图库文件中,如图 2-40 所示。

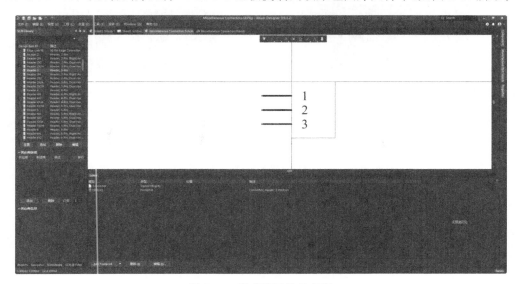

图 2-40　完成库元件的复制

在 SCH Library 面板的元件列表中选择 Header 3 并双击弹出 Properties 界面,在 Design Item ID 栏,对元件进行重命名,如图 2-41 所示。

在文本框内输入元件的新名称。更改名称后,再将原来元件的描述信息删除。通过 SCH Library 面板可以看到修改名称后的库元件,如图 2-42 所示。

图 2-41 Properties 界面

图 2-42 完成操作后的库元件

单击,选中元件绘制窗口的矩形框,则在矩形框的四周出现如图 2-43 所示的拖动框。改变矩形框到合适尺寸,如图 2-44 所示。

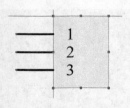

图 2-43 出现拖动框

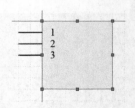

图 2-44 更改矩形框尺寸

接着调整引脚的位置。将鼠标放置到引脚上拖动,在期望放置引脚的位置释放鼠标,即可改变引脚的位置,如图 2-45 所示。

双击 1 号引脚,在弹出的 Properties-Pin 界面中,对引脚进行修改,如图 2-46 所示。

图 2-45　改变引脚位置　　　　图 2-46　Properties-Pin 界面

设置 Name 为 GND,设置 Designator 为 1,设置引脚的 Electrical Type 为 Power,设置 Designator、Name 均为 ⊙ (可见的),Pin Package Length 为 30,其他选项采用系统默认设置,如图 2-47 所示。

按照上述方法编辑其他引脚,完成所有编辑后如图 2-48 所示。

单击图标 🖫 ,保存绘制好的原理图符号。

3. 创建复合元件

有时一个集成电路会包含多个门电路,比如集成块 7400 芯片包含了 4 个与非门电路。下面介绍如何创建这种元件。

【例 2-3】 为 7400 芯片创建封装模型。

第 1 步:在 Altium Designer 19 的主界面执行"文件"→"新的"→"库"→"原理图库"命令,进行原理图库创建操作,如图 2-49 所示。

视频讲解

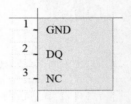

图 2-47　设置完成 Properties-Pin 界面　　　　图 2-48　编辑好的元件引脚

图 2-49　创建库

第 2 步：在原理图库文件编辑环境，执行"工具"→"新元件"命令，弹出 New Component 对话框，默认的元件名为 Component_2，如图 2-50 所示。将元件名称修改为"7400"。

单击"确定"按钮,在原理图库文件中就完成了添加新元件,在 SCH Library 面板中可以查看,如图 2-51 所示。

图 2-50 New Component 对话框

图 2-51 SCH Library 面板

第 3 步:执行"放置"→"IEEE 符号"→"与门"命令,将与门放置到原理图库文件的编辑环境中,如图 2-52 所示。

双击与门符号,弹出 Properties-IEEE Symbol 界面,如图 2-53 所示。

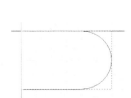

图 2-52 放置与门符号

图 2-53 Properties-IEEE Symbol 界面

修改该符号的线宽,将其改为 Small,如图 2-54 所示。

利用在新建法中提到的方法,为元件添加 5 个引脚,如图 2-55 所示。

第 4 步:设置这些引脚的引脚名都为不可见。引脚 1 和引脚 2 的"电气类型"为 Input,引脚 3 的"电气类型"为 Output,同时其符号类型为 Dot。电源引脚(引脚 14)和接地引脚(引脚 7)都是隐藏的引脚。这两个引脚对所有的功能模块都是共用的,因此只需设置一次。这里将引脚 7 设置为隐藏的引脚。此处的设置方法与新建法中的第 4 步一致。引脚 14 的设置方法一样,只需将"显示名字"改成 VCC。

创建完成的原理图库文件,如图 2-56 所示。

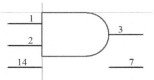

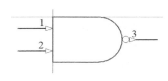

图 2-54 设置 IEEE 符号线宽 　　图 2-55 添加元件引脚 　　图 2-56 创建的与非门电路

第 5 步：为创建新的元件部件，执行"编辑"→"选择"→"全部"菜单命令。也可直接使用快捷键 Ctrl+A。然后执行"编辑"→"复制"菜单命令，或使用快捷键 Ctrl+C,将所选定的内容复制到粘贴板中。

执行"工具"→"新部件"菜单命令,如图 2-57 所示。

原理图库文件编辑环境,将切换到一个空白的元件设计区。同时在 SCH Library 面板的元件库中自动创建 Part A 和 Part B 两个子部件,如图 2-58 所示。

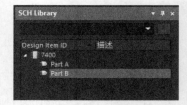

图 2-57 "工具"→"新部件"菜单命令   图 2-58 SCH Library 面板

在 SCH Library 面板中选中 Part B 部件,执行"编辑"→"粘贴"命令,或按快捷键 Ctrl+V,光标位置出现所复制的元件轮廓,如图 2-59 所示。

在新建元件 Part B 中重新设置引脚属性,设置完成的 Part B 如图 2-60 所示。

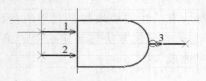

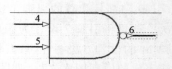

图 2-59 复制元件到 Part B   图 2-60 创建的 Part B 部件

第 6 步：重复上述步骤,分别创建 Part C 和 Part D 部件,结果如图 2-61 所示。

第 7 步：在 SCH Library 面板中单击所创建的元件 7400,单击"编辑"按钮。系统会弹出 Properties-Component 界面,将 Design Item ID 文本框中的内容修改为"7400",如图 2-62 所示。

单击 图标,保存创建的元件。

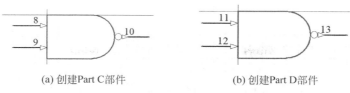

(a) 创建Part C部件   (b) 创建Part D部件

图 2-61　创建 Part C 和 Part D 部件

4. 为库元件添加封装模型

封装是指安装半导体集成电路芯片用的外壳,它起着安放、固定、密封、保护芯片和增强导热性能的作用,也是连接芯片上的接点与外部电路的桥梁。不同的封装代表了不同的外包装规格。在完成原理图库文件的制作后,应为所绘制的图形添加封装(Footprint)模型。

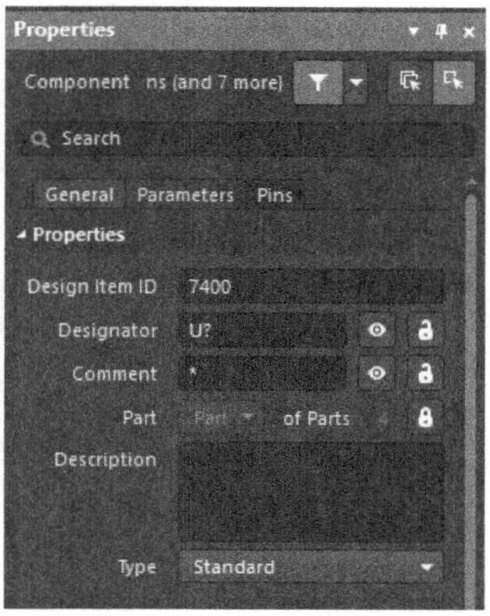

【例 2-4】 为 7400 芯片添加封装模型。

第 1 步:选中待添加封装模型的元件,这里以 7400 为例。双击该元件打开 Properties-Component 界面。在 Footprint 区域中单击 Add 按钮,打开"PCB 模型"对话框,如图 2-63 所示。

视频讲解

图 2-62　Properties-Component 界面

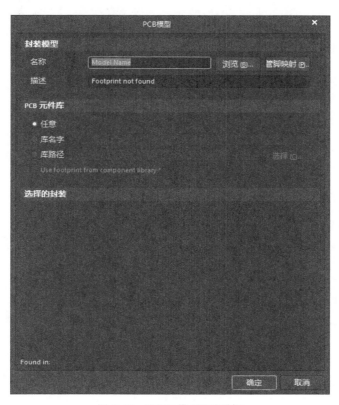

图 2-63　"PCB 模型"对话框

单击"浏览"按钮,打开"浏览库"对话框,如图 2-64 所示。

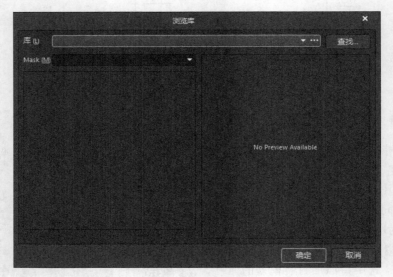

图 2-64 "浏览库"对话框

该对话框可以用来查找已有模型。单击"查找"按钮,打开"搜索库"对话框,如图 2-65 所示。

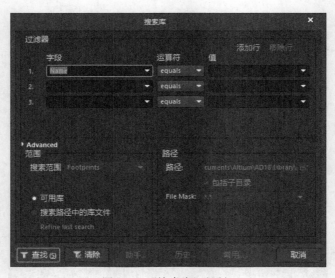

图 2-65 "搜索库"对话框

7400 是一个 14 引脚元件,在"1."行的"运算符"下拉列表中选择 contains,在"值"内输入 DIP-14。在 Advanced 区域选中"可用库",单击"查找"按钮,对封装进行搜索。结果如图 2-66 所示。

注:选中"可用库"选项时,指在已安装的封装库中搜索;选中"搜索路径中的库文件"时,可自行设定搜索路径搜索文件夹中未安装的库。

第 2 步:选中 DIP-14 并单击"确定"按钮,返回到"PCB 模型"对话框,如图 2-67 所

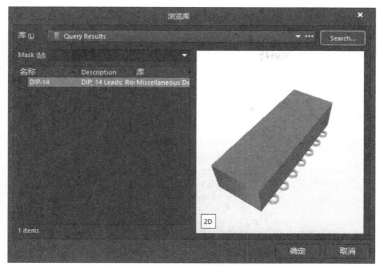

图 2-66　搜索结果

示。可以看到,此时已成功为 7400 添加了 DIP-14 封装。

　　单击"确定"按钮,返回原理图库文件编辑环境中,在 Properties 界面的 Footprint 列表中可以看到新添加的封装模型,如图 2-68 所示。

图 2-67　添加封装模型

图 2-68　完成添加工作

完成了添加封装模型的工作,结果如图 2-69 所示。

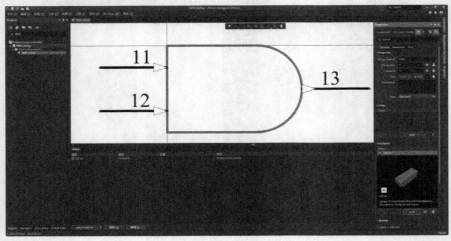

图 2-69　为 7400 添加 DIP-14 封装模型

5. 库元件编辑命令

在原理图库文件编辑环境中,系统提供了一系列对库元件进行维护的命令,如图 2-70 所示。

- 新器件:在当前库文件中创建一个新的库元件。
- 移除器件:删除当前库文件中选中的所有库元件。
- 复制器件:把当前选中的库元件复制到目标库文件中。
- 移动器件:把当前选中的库元件移动到目标库文件中。
- 新部件:为当前所选中的库元件创建一个子部件。
- 移除部件:删除当前库元件中选中的一个子部件。
- 模式:该级联菜单命令用来对库元件的显示模式进行选择,包括"添加""移除"等。它的功能与模式工具栏相同,如图 2-71 所示。
- 符号管理器:对当前的原理图库文件及其库元件的相关参数进行管理,可以追加或删除。执行该命令后,弹出如图 2-72 所示的"参数编辑选项"对话框。

在该对话框中可以选择设置所要显示的参数,如零件、引脚、模型和文档等。

- 模式管理:用于为当前所选中的库元件引导添加其他模型,包括 PCB 模型(Footprint)、信号完整性模型(Signal Integrity)、仿真信号模型(Simulation)和 PCB 3D 模型(PCB3D),如图 2-73 所示。

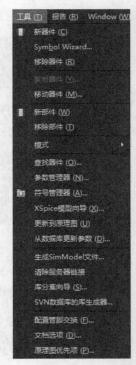

图 2-70　"工具"菜单命令[*]

———————————

[*]　因软件汉化原因,界面中的"器件"在文中表述为"元件"。

图 2-71　"模式"级联菜单　　　　　图 2-72　"参数编辑选项"对话框 *

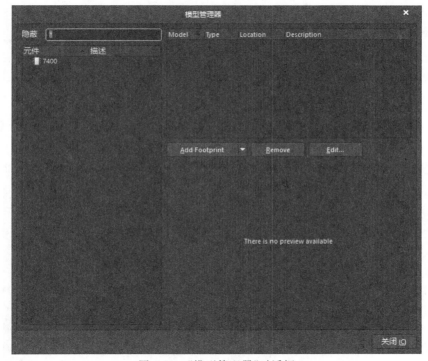

图 2-73　"模型管理器"对话框

- Spice Model Wizard：用来引导用户为所选中的库元件添加一个 Xspice 模型。

注：Xspice 模型是 SPICE(以集成电路为重点的仿真程序)的一种应用模型，是一种用于电路描述与仿真的语言与仿真器软件，用于检测电路的连接和功能的完整性，以及用于预测电路的行为，主要用于模拟电路和混合信号电路的仿真。

【例 2-5】　为电容添加一个 Xspice 模型。

第 1 步：执行"工具"→Spice Model Wizard 命令。打开"SPICE 模型向导"对话框，如图 2-74 所示。

视频讲解

图 2-74　"SPICE 模型向导"对话框(一)

第 2 步：单击 Next 按钮，进入 SPICE 模型向导对话框，在该对话框中选择希望生成 SPICE 模型的元件，选择 Semiconductor Capacitor，如图 2-75 所示。

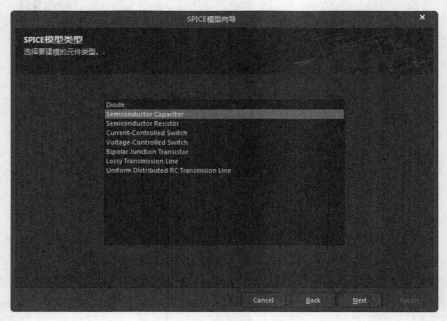

图 2-75　"SPICE 模型向导"对话框(二)

第 3 步：单击 Next 按钮，进入"电容半导体 SPICE 模型向导"对话框，在该对话框中设置添加新建的 SPICE 模型到新建原理图库文件或添加到已有的原理图库文件，如图 2-76 所示。

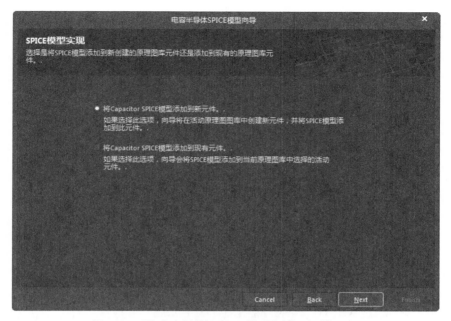

图 2-76　"电容半导体 SPICE 模型向导"对话框（一）

第 4 步：单击 Next 按钮，设置电容模型的具体名称及输入电容的描述，如图 2-77 所示。

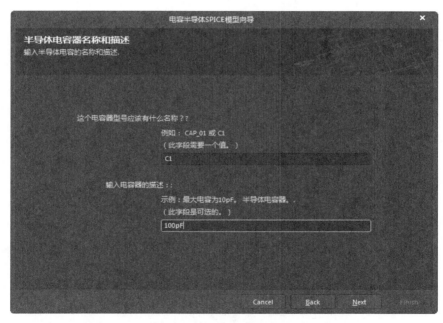

图 2-77　"电容半导体 SPICE 模型向导"对话框（二）

第 5 步：单击 Next 按钮，设置 SPICE 模型的各项参数值，如图 2-78 所示。

第 6 步：单击 Next 按钮，该对话框中列出了 SPICE 模型的各项设置值，如图 2-79 所示。

第 7 步：单击 Next 按钮，完成设置，如图 2-80 所示。

第 8 步：单击 Finish 按钮，弹出保存选项，单击"保存"按钮，如图 2-81 所示。

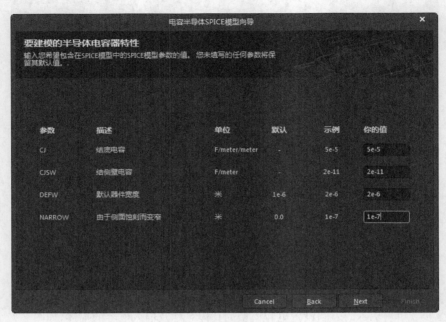

图 2-78　"电容半导体 SPICE 模型向导"对话框(三)

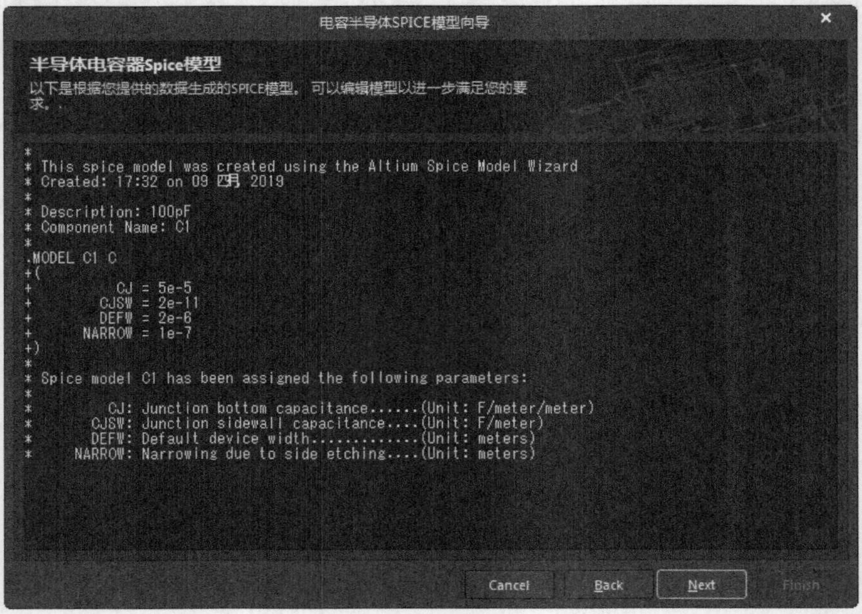

图 2-79　"电容半导体 SPICE 模型向导"对话框(四)

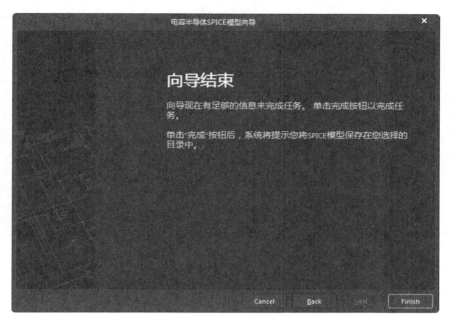

图 2-80　"电容半导体 SPICE 模型向导"对话框(五)

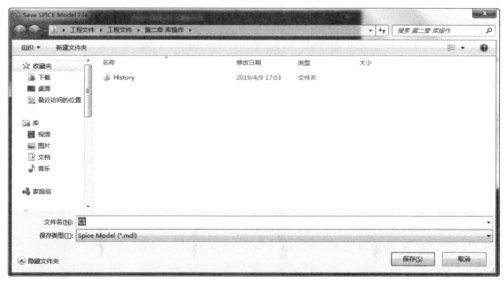

图 2-81　进行保存操作

第 9 步:退出向导设置界面,同时在原理图库文件中生成一个 Xspice 模型,如图 2-82 所示。

更新原理图:执行该命令后,会将当前编辑修改后的库元件更新到打开的电路原理图中。

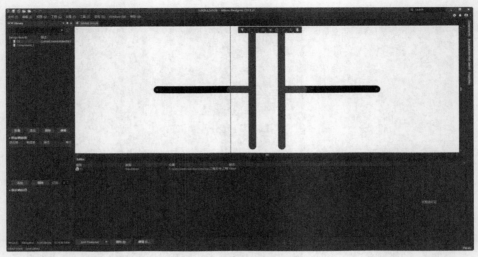

图 2-82   生成的 Xspice 模型

2.1.3   库文件输出报表

本章介绍了 4 种不同类型的库文件输出报表,主要用于展示：元件的属性、引脚的名称、引脚编号、隐藏引脚的属性等;元件的设计错误检查;包含了综合的元件参数、引脚和模型信息、原理图符号预览,以及 PCB 封装和 3D 模型。

【例 2-6】   以前面创建的原理图库文件 New. SchLib 为例,介绍一下各种报表的生成及作用。

1. 生成元件报表

在 Altium Designer 19 的主编辑环境中,打开原理图库文件 New. SchLib。在 SCH Library 面板的元件栏中需要选择一个用来生成报表的库元件,如选择其中的 LED。执行"报告"→"元件"命令,则系统会生成该库元件的报表,如图 2-83 所示。元件报表列出了库元件的属性、引脚的名称及引脚编号、隐藏引脚的属性等,便于用户检查。

同时元件报表会在 Projects 面板中以一个后缀为 . cmp 的文本文件被保存,如图 2-84 所示。

2. 生成元件规则检查报表

在原理图库文件编辑环境中,执行"报告"→"元件规则检查"命令,弹出"库元件规则检测"设置对话框,如图 2-85 所示。

- 元件名称：设置是否检查重复的库元件名称。选中该复选框后,如果库文件中存在重复的库元件名称,则系统会把这种情况视为规则错误,显示在错误报表中。
- 引脚[*]：设置是否检查重复的引脚名称。选中该复选框后,系统会检查每个库元件的引脚是否存在重复的引脚名称,如果存在,则系统会视为同名错误,显示在错误报表中。

---

[*] 因软件汉化原因,界面中的"管脚"在文中表述为"引脚"。

```
7400.SchLib *    LED.SchLib    LED.cmp
Component Name : LED

Part Count : 2

Part : *
        Pins - (Normal) : 0
                Hidden Pins :

Part : *
        Pins - (Normal) : 24
                H          1          Passive
                G          2          Passive
                F          3          Passive
                E          4          Passive
                1          5          Passive
                2          6          Passive
                3          7          Passive
                4          8          Passive
                5          9          Passive
                10         10         Passive
                11         11         Passive
                12         12         Passive
                8          13         Passive
                7          14         Passive
                6          15         Passive
                5          16         Passive
                4          17         Passive
                3          18         Passive
                2          19         Passive
                1          20         Passive
                D          21         Passive
                C          22         Passive
                B          23         Passive
                A          24         Passive
                Hidden Pins :
```

图 2-83　库元件报表

图 2-84　元件报表的保存

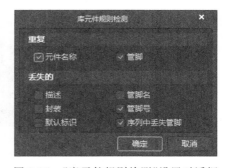

图 2-85　"库元件规则检测"设置对话框

- 描述：选中该复选框时，系统将检查每个库元件属性中的"描述"栏是否空缺，如果空缺，则系统会给出错误报告。
- 封装：选中该复选框时，系统将检查每个库元件属性中的"封装"栏是否空缺，如果空缺，则系统会给出错误报告。
- 默认标识：选中该复选框时，系统将检查每个库元件的标志符是否空缺，如果空缺，则系统会给出错误报告。
- 引脚名：选中该复选框时，系统将检查每个库元件是否存在引脚名的空缺，如果空缺，则系统会给出错误报告。
- 引脚号：选中该复选框时，系统将检查每个库元件是否存在引脚编号的空缺，如果空缺，则系统会给出错误报告。

- 序列中丢失引脚：选中该复选框时，系统将检查每个库元件是否存在引脚编号不连续的情况，如果存在，则系统会给出错误报告。

设置完毕后，单击"确定"按钮，关闭对话框，生成该库文件的元件规则检查报表，如图 2-86 所示(给出存在引脚编号空缺的错误)。

图 2-86　元件规则检查报表

同时元件规则检查报表会在 Projects 面板中被以一个后缀为.ERR 的文本文件保存，如图 2-87 所示。

根据生成的元件规则检查报表，用户可以对相应的库元件进行修改。

3. 生成元件库报表

在原理图库文件编辑环境中，执行"报告"→"库列表"命令，生成该元件库的报表，如图 2-88 所示。

该报表列出了当前原理图库文件 New.SchLib 中所有元件的名称及相关描述。

同时元件库报表会在 Projects 面板中以一个后缀为.rep 的文本文件保存，如图 2-89 所示。

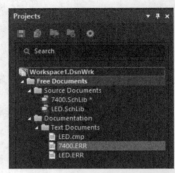

图 2-87　元件规则检查报表保存

图 2-88　元件库报表

4. 元件库报告

元件库报告描述特定库中所有元件的详尽信息，包含了综合的元件参数、引脚和模型信息、原理图符号预览，以及 PCB 封装和 3D 模型等。生成报告时可以选择生成文档(Word)格式或浏览器(HTML)格式，如果选择浏览器格式的报告，还可以额外提供库中所有元件的超链接列表，即通过网络可进行发布。

在原理图库文件编辑环境中，执行命令"报告"→"库报告"，弹出如图 2-90 所示的"库报告设置"对话框。

该对话框用于设置生成的库报告格式及显示的内容。

以文档样式输出的库报告的形式为"库名称.doc"，以浏览器格式输出的库报告的形式为"库名称.html"。这里选择以浏览器格式输出报告，其他设置按默认设置。单击"确定"按钮，关闭对话框，同时生成了浏览器格式的库报告，如图 2-91 所示。

图 2-89　元件库报表的保存

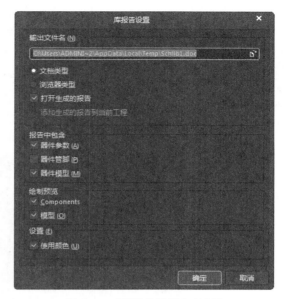

图 2-90　"库报告设置"对话框

图 2-91　输出库报告

2.2　创建 PCB 元件库

视频讲解

对于在 PCB 库中找不到的元件封装,需要用户对元件精确测量后手动制作出来。制作元件封装时共有 3 种方法,分别是使用 PCB 元件向导制作元件封装、绘制元件封装和采用编辑的方法制作元件。

2.2.1　使用 PCB 元件向导制作元件封装

Altium Designer 19 为用户提供了一种简便快捷的元件封装制作方法,即使用 PCB 元件向导。用户只需按照向导给出的提示,逐步输入元件的尺寸参数,即可完成封装的制作。

【例 2-7】 以电容模型 RB2.1-4.22 添加封装模型。

视频讲解

第 1 步:执行"文件"→"新的"→"库"→"PCB 元件库"命令,新建了一个空白的 PCB 库文件,将其另存为 New. PcbLib,同时进入 PCB 库文件编辑环境。执行"工具"→"元件向导"命令或在 PCB Library 面板的元件封装栏中右击,选择快捷菜单中的 Footprint Wizard 命令,打开元件向导对话框,如图 2-92 所示。

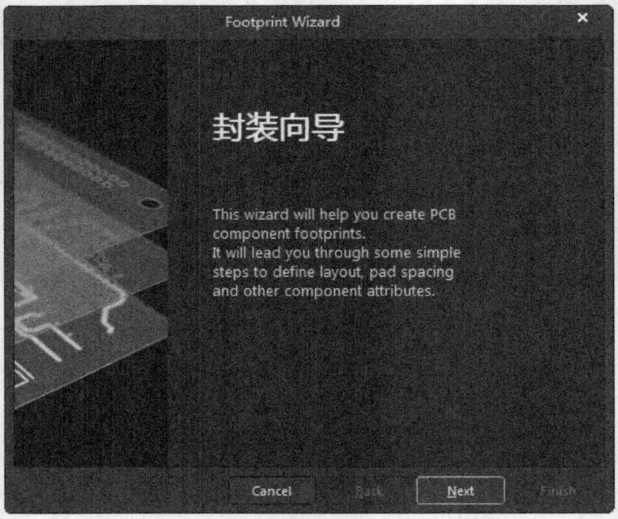

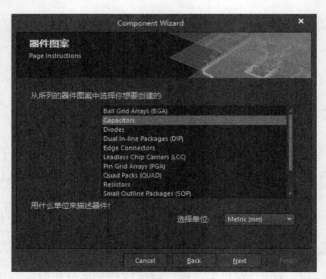

图 2-92　进入 PCB 元件向导

第 2 步:单击 Next 按钮,进入元件选型窗口,根据设计需要,可在 12 种封装模型中选择一种适合的封装类型。此处以电容封装 RB2.1-4.22 为例进行讲解,所以选择 Capacitors,选择单位为 Metric(mm),如图 2-93 所示。

图 2-93　选择封装类型及单位

系统给出的封装模型有 12 种。

（1）Ball Grid Arrays(BGA)：球形栅格列阵封装，是一种高密度、高性能的封装形式。

（2）Capacitors：电容型封装，可以选择直插式或贴片式封装。

（3）Diodes：二极管封装，可以选择直插式或贴片式封装。

（4）Dual In-line Packages(DIP)：双列直插型封装，是最常见的一种集成电路封装形式。其引脚分布在芯片的两侧。

注：对于 DIP 封装有多种区别，例如，DIP 14 与 DIP-14 为两种不同的封装。

（5）Edge Connectors：边缘连接的接插件封装。

（6）Leadless Chip Carriers(LCC)：无引线芯片载体型封装，其引脚紧贴于芯片体，在芯片底部向内弯曲。

（7）Pin Grid Arrays(PGA)：引脚栅格阵列式封装，其引脚从芯片底部垂直引出，整齐地分布在芯片四周。

（8）Quad Packs(QUAD)：方阵贴片式封装，与 LCC 封装相似，但其引脚是向外伸展的，而不是向内弯曲的。

（9）Resistors：电阻封装，可以选择直插式或贴片式封装。

（10）Small Outline Packages(SOP)：是与 DIP 封装相对应的小型表贴式封装，体积较小。

（11）Staggered Ball Grid Arrays(SBGA)：错列的 BGA 封装形式。

（12）Staggered Pin Grid Arrays(SPGA)：错列引脚栅格阵列式封装，与 PGA 封装相似，只是引脚错开排列。

第 3 步：选择好封装模型和单位后，单击 Next 按钮，进入定义电路板技术对话框。该对话框中给出了两种工艺的选择，即直插式和贴片式，这里选择直插式，如图 2-94 所示。

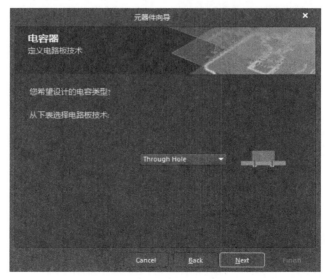

图 2-94　选择电路板技术

第4步：选择好后，单击 Next 按钮，进入焊盘尺寸设置对话框。根据数据手册，将焊盘的直径设为 0.42mm，如图 2-95 所示。

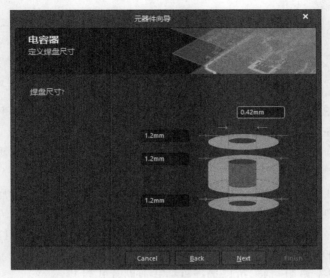

图 2-95　焊盘尺寸设置

第5步：单击 Next 按钮，进入焊盘间距设置对话框。在这里按照手册的参数，将其设置为 2.1mm，如图 2-96 所示。

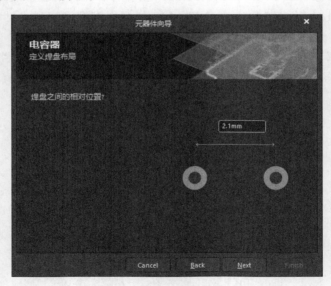

图 2-96　焊盘间距设置

第6步：单击 Next 按钮，进入电容的外框类型对话框。这里选择电容是有极性的(Polarised)、电容的安装类型是圆形(Radial)，如图 2-97 所示。

第7步：单击 Next 按钮，进入外环半径和边界线宽的设定对话框。将外环半径设置为 2.11mm，线宽采用系统默认值，如图 2-98 所示。

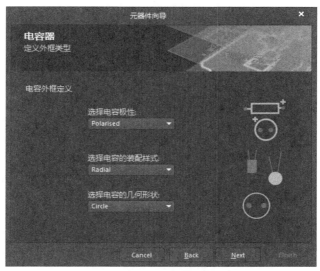

图 2-97　定义外框类型

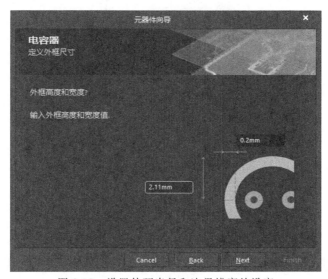

图 2-98　设置外环半径和边界线宽的设定

　　第 8 步：单击 Next 按钮，进入设定元件名称对话框。在文本框内输入封装的名称，将该封装命名为 RB2.1-4.22，如图 2-99 所示。

　　第 9 步：单击 Next 按钮，弹出封装制作完成对话框，如图 2-100 所示。

　　单击 Finish 按钮，退出 PCB 元件向导。在 PCB 库文件编辑环境内显示了制作的元件封装，如图 2-101 所示。

　　第 10 步：在 PCB 库文件编辑环境中，执行"文件"→"保存"命令，将制作好的封装 RB2.1-4.22 保存起来。

　　除这种元件向导方式外，还可利用"IPC 标准封装向导"，相对于普通的元件向导，它可以直接套用 IPC 标准的模板，封装的形式更加标准、精确，操作也更简捷，但是自由度相对较低。

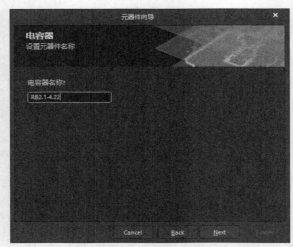

图 2-99   设定元件名称

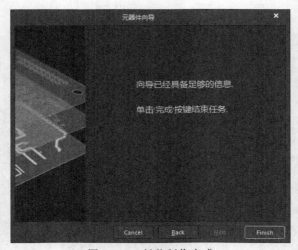

图 2-100   封装制作完成

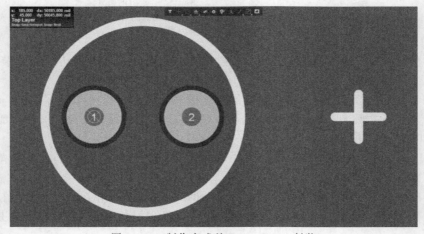

图 2-101   制作完成的 RB2.1-4.22 封装

2.2.2　手动绘制元件的封装

使用 PCB 元件向导可以完成多数常用标准元件封装的创建,但有时会遇到一些特殊的、非标准的元件,无法使用 PCB 元件向导来创建封装,此时就需要手工进行绘制。手工绘制需要完成的工作如图 2-102 所示。

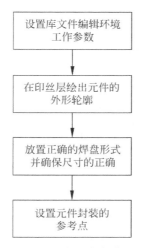

图 2-102　绘制元件封装流程

此处三端稳压电源 L7815CV(3)或 L7915CV(3)有 3 个引脚,其尺寸数据如表 2-1 所示。

表 2-1　三端稳压电源 **L7815CV(3)** 或 **L7915CV(3)** 尺寸数据

标号(见图 2-103)	Min(最小值)/mil	Type(典型值)/mil	Max(最大值)/mil
A	173		181
b	24		34
b1	45		77
c	19		27
D	700		720
E	393		409
e	94		107
e1	194		203
F	48		51
H1	244		270
J1	94		107
L	511		551
L1	137		154
L20		745	
L30		1138	
ΦP	147		151
Q	104		117

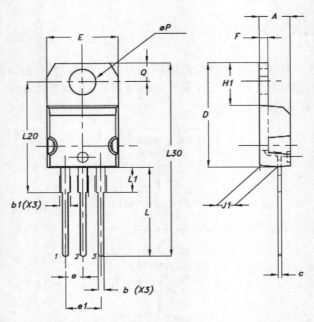

图 2-103　三端稳压电源 L7815CV(3)或 L7915CV(3)尺寸标注

在本例中期望的元件封装形式如图 2-104 所示。

图 2-104　期望的元件封装形式

因此,用户需要如表 2-2 所示的数据。

表 2-2　用户创建稳压电源时需要的数据

标号(见图 2-103)	Min(最小值)/mil	Type(典型值)/mil	Max(最大值)/mil
A(宽度)	173	180	181
b(孔径直径)	24	30	34
c	19	20	27
E(长度)	393	400	409
e(焊盘间距)	94	100	107
F(散热层厚度)	48	50	51
J1	94	100	107

注:焊盘孔径直径=Min+Max×10%。

得到数据后,用户需要使用相关数据创建元件。使用元件创建向导进行新元件的创建时,一般是不需要事先进行参数设置的,在手工创建一个新元件时,用户最好事先进行版面和系统的参数设置,然后再进行新元件的绘制。

打开已创建的库文件,可以看到,在 PCB Library 面板的元件封装栏中已有一个空白的封装 PCBCOMPONENT_1,单击该封装名,就可以在编辑环境内绘制所需的封装了。

【例 2-8】　以三端稳压电源 TO220 为例手动绘制封装。

第 1 步:在 PCB Library 面板双击元件名称,打开 Properties-Library Options 界面,设置相应的工作参数,如图 2-105 所示。

视频讲解

为了绘制元件封装的方便,一般需要对栅格的类型规格进行设置:在 Grid Manager 栏,双击 Global Board Snap Grid,打开 Cartesian Grid Editor[mm]对话框,将步进 X 值和步进 Y 值都设置成 10mil,如图 2-106 所示。完成设置后,单击"确定"按钮,退出 Cartesian Grid Editor 对话框。

第 2 步:单击板层标签中的 Top overlay,将顶层丝印层设置为当前层。执行"编辑"→"设置参考"→"位置"菜单命令,如图 2-107 所示。

设置 PCB 库文件编辑环境的原点。设置好的参考点如图 2-108 所示。

第 3 步:单击 PCB"库配线"工具栏中的 图标,根据设计要求绘制元件封装的外形轮廓。通过查找技术手册可知,元件的长为 400mil,所以绘制一条长为 400mil 的线段,如图 2-109 所示。

元件的宽度为 180mil,因此单击 PCB"放置"工具栏中的"放置线条"工具后,在线段上双击,设置长度为 180mil 的线段,如图 2-110 所示。

图 2-105　Properties-Library Options 界面

设置完成后,单击"确定"按钮确认设置。结果如图 2-111 所示。

按照上述方式完成另外两条线段的绘制,其设置方式如图 2-112 所示。

按照上述方式绘制另外两条线段,结果如图 2-113 所示。

第 4 步:接下来放置区分散热层的线段。散热层的厚度为 50mil,因此单击 PCB"放置"工具栏中的"放置线条"工具后,双击所放置的线段,设置区分散热层的线段,如图 2-114 所示。

设置完成后,单击"确定"按钮确认设置,结果如图 2-115 所示。

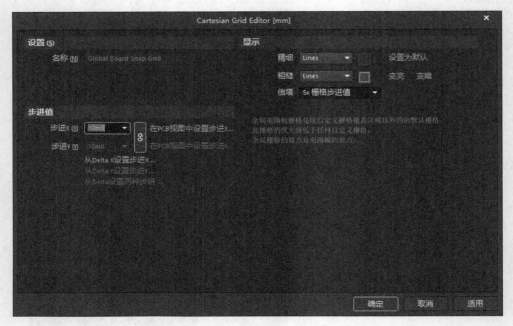

图 2-106　设置 Cartesian Grid Editor 对话框

图 2-107　"编辑"→"设置参考"→"位置"菜单命令

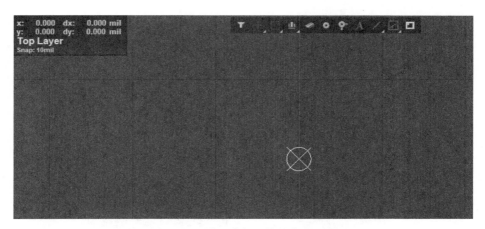

图 2-108 设置编辑环境的参考原点

(a) 设置直线长为400mil   (b) 绘制好的线段

图 2-109 绘制长为 400mil 的线段

图 2-110　设置元件宽线段长

图 2-111　在原点处放置长度为 180mil 的线段

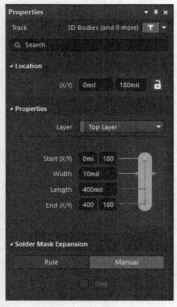

(a) 另一条线段A

(b) 另一条线段B

图 2-112　另外两条线段设置

图 2-113　完成元件外边框绘制

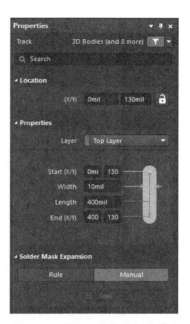

图 2-114　设置区分散热层的线段

图 2-115　放置区分散热层的线段

至此,元件轮廓设置完成。接下来在元件轮廓中放置焊盘。左边第一个焊盘的中心位置纵坐标为:$180-100-10=70$mil,横坐标为 100mil。焊盘的孔径要保证元件的引脚可以顺利插入,同时还要保证尽可能小,以便满足两焊盘的间距要求。由表 2-2 可知,元件引脚的最大值为 34mil,故将通孔尺寸设为 35mil,略大于引脚尺寸,Altium Designer 16 及以上版本增加焊盘通孔公差功能,本设计将下极限设为 0mil,上极限设为 +3.5mil,以满足相关要求。

第 5 步:单击 PCB"放置"工具栏中的"焊盘"工具,如图 2-116 所示。

图 2-116　工具栏

放下焊盘后,双击焊盘,设置它的坐标位置及焊盘的孔径大小,如图 2-117 所示。

其中焊盘直径通常为焊盘内径的 1.5～2.0 倍,因此,在本设计中焊盘直径设置为 70mil。设置完成后,单击"确定"按钮确认设置,结果如图 2-118 所示。

图 2-117 设置焊盘对话框

图 2-118 完成设置的焊盘

第 6 步: 按照上述方式放置另外两个焊盘。已知两个焊盘的间距为 100mil,因此另外两个焊盘可按图 2-119 所示设置。

设置完成后,单击"确定"按钮确认设置,结果如图 2-120 所示。

第 7 步: 元件封装制作完成,执行"工具"→"元件属性"命令,在弹出的对话框中,可以对刚绘制好的元件进行命名,如图 2-121 所示。

第 8 步: 在对话框中输入 TO220 后,单击"确定"按钮,完成重命名操作,结果如图 2-122 所示。

单击"保存"按钮完成稳压电源 PCB 元件的设计。

2.2.3 采用编辑方式制作元件封装

编辑法与复制法类似,都依赖于元件之间的相似点,通过修改不同的地方得到所需的元件封装。

图 2-119　设置另外两个焊盘

图 2-120　绘制好的 TO220 封装

图 2-121　"PCB 库封装 [mil]"对话框

图 2-122   重命名封装

二极管 1N4148 的元件实物图及其尺寸图如图 2-123 所示。

其引脚编号如图 2-124 所示。

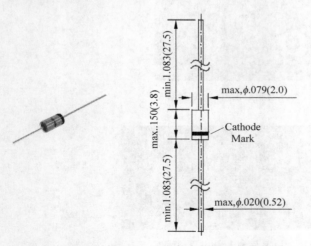

图 2-123   二极管 1N4148 元件实物图及其尺寸图   图 2-124   1N4148 引脚编号

从 1N4148 的元件外观及其尺寸图可知,该二极管的 PCB 封装与 Altium Designer 提供的元件封装 DIODE-0.4 相近,只是在尺寸上略有不同,因此,用户可采用编辑 DIODE-0.4 的方式制作元件 1N4148 元件的 PCB 封装。

【例 2-9】 以二极管 1N4148 为例制作封装。

第 1 步:执行"文件"→"打开"命令,选择路径为:C:\Users\Public\ Documents\Altium\AD19\库\Miscellaneous Devices. IntLib,该路径为安装时的默认路径,请自行匹配自己的安装路径。单击"打开"按钮,弹出"解压源文件或安装"对话框,选择解压源文件,打开库文件,在 Project 界面双击 Miscellaneous Devices. PcbLib,打开 PCB 库文件,如图 2-125 所示。

在 PCB 元件列表中查找 DIODE-0.4,结果如图 2-126 所示。

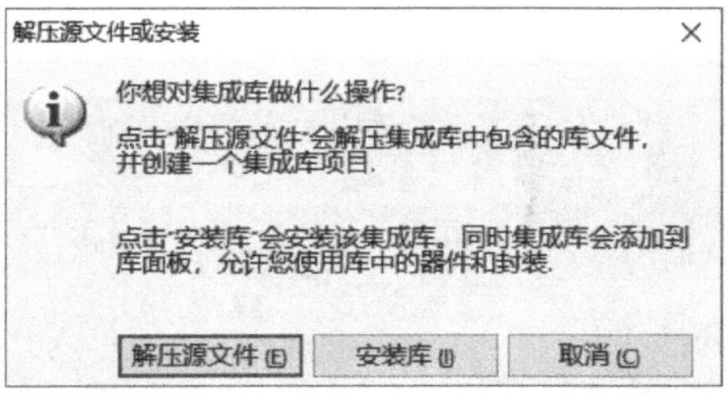

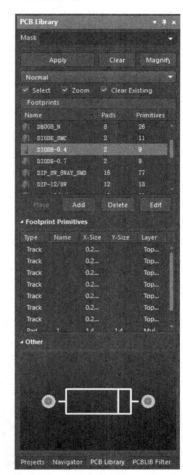

图 2-125 打开 PCB 库文件

图 2-126 DIODE-0.4 封装形式

第 2 步:将鼠标指针放置到元件列表中的 DIODE-0.4 上右击,弹出如图 2-127 所示的快捷菜单。

单击其中的 Copy 命令后,将界面切换到前面建立的 PCB 库文件编辑环境,并在 PCB 库文件的编辑窗口内右击,出现如图 2-128 所示的快捷菜单。

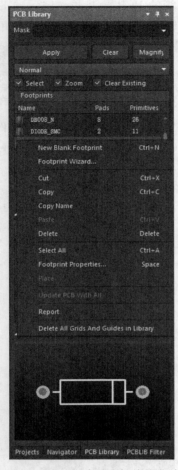

图 2-127   PCB 库的右键快捷菜单

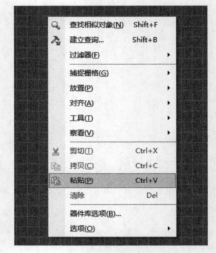

图 2-128   右键快捷菜单

单击其中的"粘贴"命令,此时 DIODE-0.4 元件添加到了 PCB 库文件中,结果如图 2-129 所示。

选择合适位置,放下该封装形式,如图 2-130 所示。

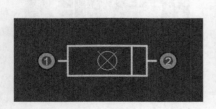

图 2-129   添加 DIODE-0.4 到 PCB 库文件

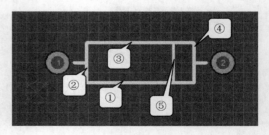

图 2-130   放下 DIODE-0.4 封装

第 3 步:双击图 2-130 中的①号线,系统将弹出①号线的编辑界面,如图 2-131 所示。修改①号线的长度为 $150+150\times20\% =180$mil,即按照图 2-132 所示编辑①号线。

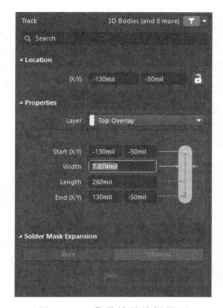

图 2-131　①号线的编辑界面

图 2-132　修改①号线属性

修改完成后,单击"确定"按钮确认修改,结果如图 2-133 所示。

按照上述方式编辑③号线为 180mil,编辑②、④、⑤号线为 80mil,结果如图 2-134 所示。

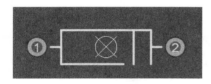

图 2-133　修改①号线

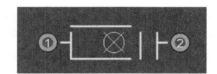

图 2-134　编辑②、③、④、⑤号线

移动③、④、⑤号线,将其调整到合适位置,如图 2-135 所示。

第 4 步:重新命名该封装,如图 2-136 所示。

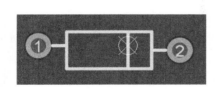

图 2-135　调整好的新建封装形式

图 2-136　重新命名封装

执行"保存"命令,将创建的 PCB 文件保存到库文件中,如图 2-137 所示。

需要说明的是,在 Altium Designer 中,其实有 DO-35 这种封装形式。选这个例子只是为了说明如何使用编辑的方式创建新的 PCB 库文件。

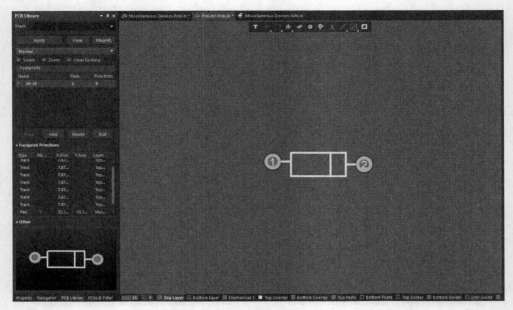

图 2-137   将元件重命名为 DO-35

2.3   创建元件集成库

Altium Designer 采用了集成库的概念。在集成库中的元件不仅具有原理图中代表元件的符号,还集成了相应的功能模块,如 Foot Print 封装、电路仿真模块、信号完整性分析模块等,甚至还可以加入设计约束等。集成库具有以下一些优点:便于移植和共享,元件和模块之间的连接具有安全性。集成库在编译过程中会检测错误,如引脚封装对应等。

【例 2-10】   以 430F149 为例介绍创建集成库封装的方法。

视频讲解

第 1 步:在 Altium Designer 19 主界面执行"文件"→"新的"→"项目"→ Project 命令,如图 2-138 所示。

弹出"新工程"对话框,选择"工程类别"为 Integrated Library,命名为 430F149,并设置保存路径,如图 2-139 所示。

单击 OK 按钮,430F149 集成库项目顺利建立,如图 2-140 所示。

第 2 步:创建 430F149 集成库项目后,向此项目添加新建原理图库文件和新建 PCB 库文件,添加完毕如图 2-141 所示。

查看 430F149 的引脚标号和功能,如图 2-142 所示。在原理图库文件中,绘制 430F149 单片机元件,如图 2-143 所示。

430F149 集成库中原理图库文件绘制完毕后,将原理图库文件保存,并切换到 PCB 库绘制环境下。在绘制 PCB 库之前,首先查阅 430F149 的封装尺寸,如图 2-144 所示。

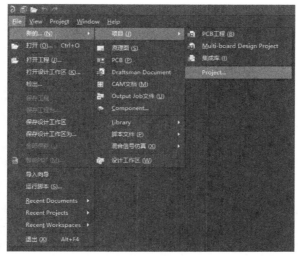

图 2-138 Project 命令

图 2-139 "新工程"对话框

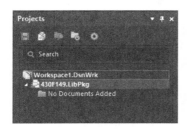

图 2-140 430F149 集成库项目

图 2-141 工程面板

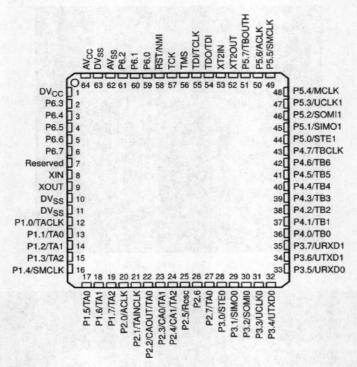

图 2-142   430F149 引脚图

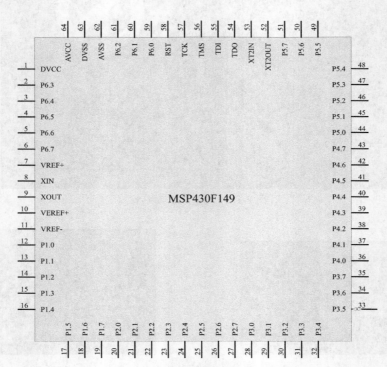

图 2-143   原理图库

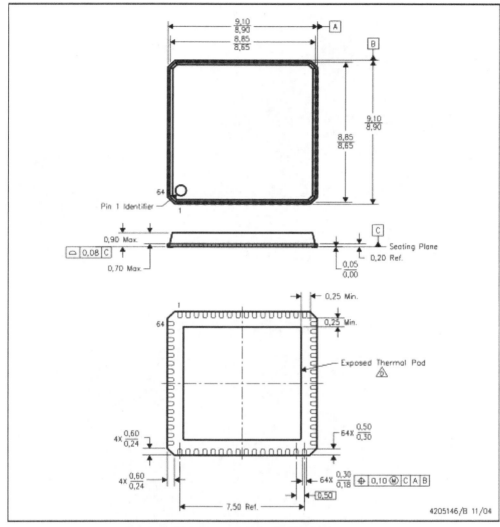

图 2-144   430F149 的封装尺寸

第 3 步：进入 PCB 库编辑环境,采用元件向导的方式建立 430F149 芯片的封装,执行"工具"→"元件向导"命令,弹出 Component Wizard 对话框,选择形状和单位,如图 2-145 所示。

根据封装手册设置相关参数,绘制完成后的封装如图 2-146 所示,并将 PCB 库文件保存在同一路径下。

接下来为 PCB 创建合适 3D 模型。在 PCB 库编辑环境下,执行"工具"→Manager 3D for Library 命令,对元件体进行批量更新,如图 2-147 所示。

3D 效果图如图 2-148 所示。

注：在制作复杂元件 3D 模型时,建议按照 ECAD 与 MCAD 协作的方式获得精准的 3D 模型(STEP 格式)。在制作简单形体 3D 模型时,可在 Altium Designer 中,在 PCB 库编辑环境下可以使用"放置"→"3D 元件体"命令,完成放置后通过双击该模块打开 Properties 界面进行参数设置。3D 元件体也可以组合成复杂的元件体。

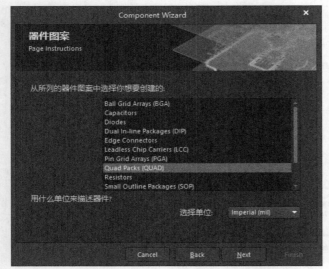

图 2-145 Component Wizard 对话框

图 2-146 PCB 库图

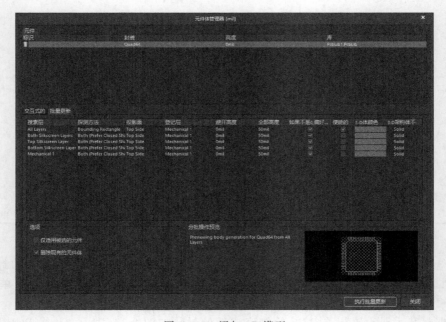

图 2-147 添加 3D 模型

图 2-148 3D 效果图

第 4 步：两个基本文件创建完毕后，下一步制作集成库。切换到原理图库编辑环境下，右击 SCH Library 面板中元件栏的编辑按钮，弹出 Properties-Component 界面，如图 2-149 所示。

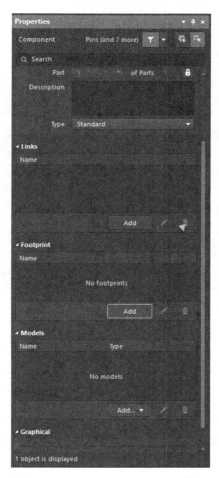

图 2-149　Properties-Component 界面

在 Footprint 栏中，单击 Add 按钮，弹出"PCB 模型"对话框，单击"浏览"按钮，选择新建立的 430F149 的 PCB 封装，单击"引脚映射"按钮，查看或修改原理图库和 PCB 库元件引脚的对应情况，设置完成后，如图 2-150 所示。

第 5 步：两个库文件相互建立联系，通过编译集成库的原始文件，便可生成集成库。执行"工程"→Compile Integrated Library 430F149.LibPkg 命令，如图 2-151 所示。

完成后，编译成功。

编译成功后，就完成了集成库的创建，可以根据此方法创建多个元件，集成在同一个集成库中，方便调用和编辑。熟练掌握对库的操作，可为原理图绘制和 PCB 绘制的学习打下坚实的基础。

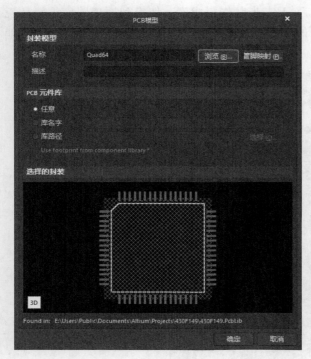

图 2-150　"PCB 模型"对话框

图 2-151　编译命令图

习题

1. 创建新元件有几种方法？
2. Altium Designer 中提供的元件引脚的类型有哪些？
3. 练习自己创建元件体(例如添加电阻的元件体)，并更新到 PCB。

第3章 绘制电路原理图

内容提要：
- 原理图设计知识
- 原理图操作介绍
- 元件 Components 操作介绍
- 元件操作介绍
- 绘制原理图介绍
- 原理图绘制技巧
- 绘制原理图的规则及步骤
- 原理图绘制实例
- 编译及查错
- 网络表及报表

目的：首先让读者熟悉、了解在原理图绘制过程中通常会用到的功能、操作和界面，接下来以一个实例使读者能贯通地练习。

在电子产品的设计过程中，电路原理图的设计是设计最根本的基础。如何将已设计好的电路原理图，用通用的工程表达方式呈现出来就是本章所要完成的任务。

本章主要介绍原理图绘制的基础知识，如新建原理图文件、原理图纸的设置、元件的加载与卸载、元件的放置及属性操作等。本章将介绍原理图的绘制过程。学完本章，将可以完成对简单原理图的绘制。

3.1 Altium Designer 电路原理图绘制预备知识

使用 Altium Designer 绘制电路原理图时，用户需要了解一些绘制电路原理图的基本知识，充分利用这些小知识、小技巧能使电子线路的设计工作变得高效。本节将对原理图设计中的常用设置进行介绍，读者可以自行根据设计需求进行调整。

3.1.1 设计参数

参数的设定一般采取默认设置，需要改动的只需在软件安装时设定一次，以后就可以沿用了。在原理图主界面中，单击右上角的 Setup system preference 按钮进入"优选项"对话框，如图 3-1 所示。

图 3-1 单击 Setup system preference 按钮

注:

(1) 原理图部分或全部向 Word 的剪贴问题:在"优选项"对话框中的 Schematic-Graphical Editing 选项卡中取消选中"添加模板到剪切板"复选框,这样,就不会在复制所选电路时将图纸的图边、标题栏等也复制过去了,如图 3-2 所示。

图 3-2 设置在剪贴方式

(2) 单位问题:最好使用英制单位,以免在英制和公制单位之间不停地换算。

3.1.2 Tab 键的应用

放置元件是绘制电路原理图一个重要的步骤,在放置元件时按 Tab 键可以暂时中断当前操作打开元件的 Properties 面板,更改元件的参数,包括元件的名称、大小和封装等。通常在一个原理图中会有相同的元件,如果在放置元件时用 Tab 键更改属性,那么其他相同元件的属性系统也会自动遵循上次更改的规则,特别是元件的名称和封装,这样不仅很方便,还会减少不必要的错误,如忘记更改元件的属性等。如果等放置完元件再统一更改属性,这样既费时,又费力,还容易出现错误。

3.1.3 元件的创建与放置

可以利用元件 Components 面板放置元件,对于元件库内未包括的元件用户要自己创建。在 Protel 中画原理图时,可能会出现不小心使元件(或导线)掉到了图纸外面,却怎么也清除不了的情况。这是由于 Protel 在原理图编辑状态下,不能同时用鼠标选中工作面内外的元件。而使用 Altium Designer 绘制原理图时就不会出现这种问题,这是因为在 Altium Designer 中不允许在图纸边界外放置元件或进行电路连接。

注:在创建元件时,一定要在工作区的中央(0,0)处(即"十"字形的中心)绘制元件,否则可能会出现在原理图中放置(place)制作的元件时,鼠标指针总是与要放置的元件相隔很远的现象。

元件放置好后,最好及时设置好其属性,若找不到其相应的封装形式,也要及时为其创建适当的封装形式。

在 Protel 中绘制原理图时,对于已完成连接的元件,拖动它时发现连接线就会断开。为了解决这一问题,Altium Designer 提供了"橡皮筋"功能,即拖曳完成连接的元件,不会发生断线。这一功能在 Preferences 中进行设置。

单击 Setup system preference 按钮进入"优选项"对话框,切换到 Schematic-Graphical Editing 界面,选中"始终拖曳"复选框,如图 3-3 所示。

3.1.4 元件封装

元件封装是指实际元件焊接到电路板时所指示的外观和焊点的位置,是纯粹的空间概念。因此不同的元件可共用同一元件封装,同种元件也可有不同的元件封装。比如,电阻有传统的针插式,这种元件体积较大,电路板必须钻孔才能放置元件,完成钻孔后,插入元件,再过锡炉或喷锡(也可手焊),成本较高,较新的设计都是采用体积小的表面贴片式元件(SMD),这种元件不必钻孔,用钢膜将半熔状锡膏倒入电路板,再把 SMD 元件放上,即可焊接在电路板上。

3.1.5 原理图布线

根据设计目标进行布线,可利用网络标号(Net Label)。网络标号表示一个电气连接点,具有相同网络标号的元件表明是电气连接在一起的。虽然网络标号主要用于层次式电路或多重式电路中各模块电路之间的连接,但在同一张普通的原理图中也可使用网络标号,可通过命名相同的网络标号使它们在电气上属于同一网络(即连接在一起),从而

图 3-3　开启"橡皮筋"功能

不用电气接线就实现各引脚之间的互连,使原理图简洁明了,不易出错,这不但简化了设计,还提高了设计速度。

注:布线应该用原理图工具栏上的 Wiring Tools,不要误用了 Drawing Tools。Wiring Tools 包含有电气特性,而 Drawing Tools 不具备电气特性,会导致原理图出错。

在设计中,有时会发生 PCB 图与原理图不相符,有一些网络没有连上的问题。这种问题的根源在原理图上。原理图的连线看上去是连上了,实际没有连上。由于画线不符合规范,而导致生成的网络表有误,从而 PCB 图也出现错误。

不规范的连线方式主要有:

(1) 超过元件的端点连线;

(2) 连线的两部分有重复。

解决方法是在画原理图连线时,应尽量做到:

(1) 在元件端点处连线;

(2) 元件连线尽量一线连通,少用直接将其端点对接上的方法来实现。

3.1.6 原理图编辑与调整

编辑和调整是保证原理图设计成功很重要的一步。

当电路较复杂或是元件的数目较多时,用手动编号的方法不仅慢,而且容易出现重号或跳号问题。重号的错误会在 PCB 编辑器中载入网络表时表现出来,跳号也会导致管理不便,所以 Altium Designer 提供了很好的元件自动编号功能,应该好好利用,即在原理图绘制界面执行"工具"→"标注"→"原理图标注"菜单命令,如图 3-4 所示。

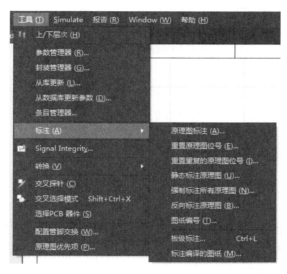

图 3-4 "工具"→"标注"→"原理图标注"菜单命令

在后面将会对这个命令的操作进行详细介绍。

3.1.7 层次电路图

对于一个庞大的电路原理图,要成为项目,不可能一次完成,也不可能将这个原理图画在一张图纸上,更不可能一个人完成。因此,在 Altium Designer 中提供了一个很好的项目设计工作环境。项目主管的主要工作是将整张原理图划分为各个功能模块。这样,由于网络的应用,整个项目可以分层次进行并行设计,使得设计进程大大加快。

层次设计的方法为用户将系统划分为多个子系统,子系统下面又可以划分为若干功能模块,功能模块又可以再细划分为若干基本模块。设计好基本模块,定义好模块之间的连接关系,即可完成整个电路的设计过程。设计时,用户可以从系统开始逐级向下进行,也可以从基本的模块开始逐级向上进行,调用的原理图可以重复使用。

3.1.8 网络表

Altium Designer 能提供电路图中的相关信息,如元件表、阶层表、交叉参考表、ERC 表和网络表等,最重要的还是网络表。网络表是连接原理图和 PCB 的桥梁,网络表正确与否直接影响着 PCB 的设计。对于复杂方案的设计文件,产生正确的网络表更是设计的关键。

网络表的格式很多,通常为 ACLII 码文本文件。网络表的内容主要为原理图中各元件的数据以及元件之间网络连接的数据。Altium Designer 格式的网络表分为两部分:第一部分为元件定义,第二部分为网络定义。

由于网络表是纯文本文件,所以用户可以利用一般的文本文件编辑程序自行建立或是修改存在的网络表。当用手工方式编辑网络时,在保存文件时必须以纯文本格式保存。

3.2 对原理图的熟悉

对原理图的熟悉是绘制电路原理图的前期准备工作,其中包括创建原理图文件、原理图编辑环境、原理图纸的设置、原理图画面管理和元件 Components 的操作。熟悉和了解原理图的操作环境,能更好地完成这些操作,可以方便对电路原理图的绘制。本节利用一个空白文档,进行原理图设计界面常用功能的介绍与设置。

3.2.1 创建原理图文件

对于 Altium Designer 文档的保存来说,虽然 Altium Designer 允许在计算的任意存储空间对工程文件进行建立和保存操作,但是,为了保证设计的顺利进行和便于管理,建议在进行电路设计之前,先选择合适的路径,建立一个专属于该项目的文件夹,用于专门存放和管理该项目所有的相关设计文件。

建立原理图文件的操作如下所述。

【例 3-1】 创建原理图文件。

视频讲解

第 1 步:在原理图编辑环境中,运行"文件"→"新的"→"项目"命令,如图 3-5 所示。在弹出的 Create Project 对话框中选中<Default>。

第 2 步:在 Projects 面板中,系统创建一个默认名为 PCB_Project1.PrjPCB 的项目,如图 3-6 所示。在 PCB_Project1.PrjPCB 工程名上右击,执行"保存工程为"命令,根据用户需求将工程重命名。

第 3 步:单击选中 PCB_.PrjPCB,右击执行"添加新的...到工程"→Schematic 命令,则在该项目中添加了一个新的空白原理图文件,系统默认名为 Sheet1.SchDoc。此时会打开原理图的编辑环境。在该名称上右击,执行 Save as 命令,可对其进行重命名。完成上述操作后,结果如图 3-7 所示。

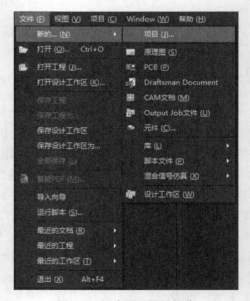
图 3-5 新建原理图的操作

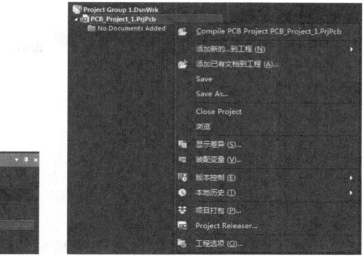

图 3-6　PCB 项目创建　　　　　　　图 3-7　原理图文件的添加

3.2.2　原理图编辑环境

原理图编辑环境与其他几个界面相似,主要由主菜单栏、标准工具栏、布线工具栏、原理图编辑窗口和面板控制列表等部分组成。了解这些部分的用途,可以更有效地完成原理图的绘制。原理图编辑环境如图 3-8 所示。

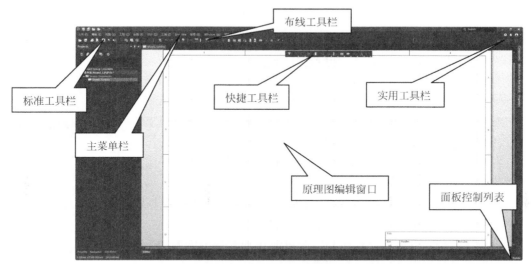

图 3-8　原理图编辑环境

1. 主菜单栏

这里需要强调,Altium Designer 系统在处理不同类型文件时,主菜单内容会发生相应的变化。在原理图编辑环境中,主菜单如图 3-9 所示。在主菜单中可以完成所有对原理图的编辑操作。

文件 (F)　编辑 (E)　视图 (V)　工程 (C)　放置 (P)　设计 (D)　工具 (T)　Simulate　报告 (R)　Window (W)　帮助 (H)

图 3-9　原理图编辑环境中的主菜单栏

2. 标准工具栏

该工具栏可以使用户完成对文件的操作,如打印、复制、粘贴和查找等。与其他 Windows 操作软件一样,使用该工具栏对文件进行操作时,只需将光标放置在对应操作的按钮图标上并单击即可完成操作。标准工具栏如图 3-10 所示。

该栏在默认设置中处于关闭状态,如需开启该工具栏,执行"视图"→Toolbars→"原理图标准"命令即可。

图 3-10　标准工具栏

3. 布线工具栏

该工具栏主要完成放置原理图中的元件、电源、地、端口、图纸符号和网络标签等的操作。同时给出了元件之间的连线和总线绘制的工具按钮。布线工具栏如图 3-11 所示。

图 3-11　布线工具栏

同标准工具栏,它在默认设置中也处于不显示的状态。通过执行"视图"→Toolbars→"布线"命令,可完成对工具栏的打开或关闭。

4. 实用工具栏

该工具栏包括 4 个实用高效的工具栏:实用工具栏、排列工具栏、电源工具栏和栅格工具栏。实用工具栏如图 3-12 所示(从左向右依次为实用工具栏、排列工具栏、电源工具栏和栅格工具栏)。

图 3-12　实用工具栏

实用工具栏:用于在原理图中绘制所需要的标注信息,不代表电气联系。

排列工具栏:用于对原理图中的元件位置进行调整、排列。

电源工具栏:给出了原理图绘制中可能用到的各种电源。

栅格工具栏:用于完成栅格的操作。

在原理图编辑环境中,执行"视图"→"工具栏"→"应用工具"命令,可以打开或关闭这个工具栏。

5. 原理图编辑环境

在原理图编辑环境中,用户可以新绘制一个电路原理图,并完成该设计的元件的放置,以及元件之间的电气连接等工作,也可以在原有的电路原理图中进行编辑和修改。该编辑环境是由一些栅格组成的,这些栅格可以帮助用户对元件进行定位。按住 Ctrl 键调节鼠标滑轮或者按住鼠标滑轮前后移动鼠标,即可对该窗口进行放大或缩小。

6. 面板控制列表

面板控制列表是用来开启或关闭各种工作面板的。面板控制列表如图 3-13 所示。

该面板控制列表与集成开发环境中的面板控制列表相比,增减了一些内容。单击 Panel 按钮可进行控制。

7. 快捷工具栏

与其他界面的快捷工具栏类似,是由几个该界面常用的功能组合而成。

3.2.3　原理图纸的设置

图 3-13　面板控制列表

为了更好地完成电路原理图的绘制,并符合绘制的要求,要对原理图纸进行相应的设置,包括图纸参数设置和图纸设计信息设置。

1. 图纸参数设置

进入了电路原理图编辑环境后,系统会给出一个默认的图纸相关参数,但在多数情况下,这些默认的参数不适合用户的要求,如图纸的尺寸大小。用户应当根据所设计的电路复杂度来对图纸的相关参数进行重新设置,为设计创造最优的环境。

下面就给出如何改变新建原理图图纸的大小、方向、标题栏、颜色和栅格大小等参数的方法。

在新建的原理图文件中,按 O 键后选择"文档选项",如图 3-14 所示。

右侧属性栏则会显示 Properties-Document Options 界面,如图 3-15 所示。

可以看到,图中有两个选项卡,即 Parameters 和 General。其中 Parameters 选项卡为单独一页,General 选项卡包括 Page Options 栏和 General 栏。图 3-16 为 Page Options 栏,主要用于设置图纸的大小、方向、标题栏和颜色等参数。

- 单击 Standard 选项,下方内容可以选择已定义好的标准图纸尺寸,有公制图纸尺寸(A0～A4)、英制图纸尺寸(A～E)、OrCAD 标准尺寸(OrCAD A～OrCAD E),还有一些其他格式(Letter、Legal、Tabloid)等。Orientation 可以用来调整图纸的放置方向,包括 Landscape(横向)或 Portrait(纵向)。
- 单击 Custom 选项,即可对图纸的长宽进行自行设置,其他部分都与标准风格相同,如图 3-17 所示。

图 3-14 按 O 键后选择"文档选项"

图 3-15 Properties-Document Options 界面

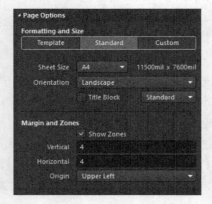

图 3-16 Standard 选项

图 3-17 Custom 选项

- 选择 Template 选项,可以直接套用已有的模板,与 Standard 网格不同的主要地方在于可以直接套用自定义后保存好的模板,如图 3-18 所示。
- Margin and Zones 可以用来调整图纸的边距已经是否显示可用区域等。

- 单击 Title Block 右侧的下三角按钮,可对明细表即标题栏的格式进行设置,有两种选择:Standard(标准格式)和 ANSL(美国国家标准格式)。

在 Units 栏主要包括以下几部分内容,界面如图 3-19 所示。

图 3-18　Template 选项

图 3-19　Units 栏

- 单击 Sheet Color 或 Sheet Border 的颜色,则会打开"选择颜色"对话框,可以更改板的底色或者板边界的颜色。同时还可选择是否边界可见。

在 Grid 的设置区域中,可对栅格进行具体的设置。

- Snap Grid 是光标每次移动时的距离大小栅格值。
- Visible Grid 栅格值是在图纸上可以看到的栅格的大小;选中 Enable 复选框,意味着启动了系统自动寻找电气节点功能。

栅格方便了元件的放置和线路的连接,用户可以轻松地完成排列元件和布线的整齐化,极大地提高了设计速度和编辑效率。设定的栅格值不是一成不变的,在设计过程中执行"视图"→"栅格"命令,可以在弹出的菜单中随意地切换 3 种网格的启用状态,或者重新设定捕获栅格的栅格范围。"栅格"菜单如图 3-20 所示。

- 单击 Document Font 按钮,则会打开相应的字体设置对话框,可对原理图中所用的字体进行设置,如图 3-21 所示。

图 3-20　"栅格"菜单

图 3-21　设置字体

2. 图纸信息设置

图纸的信息记录了电路原理图的信息和更新记录,这项功能可以使用户更系统、更有效地对电路图纸进行管理。

在 Properties-Document Options-Parameters 界面,可看到图纸信息设置的参数具体内容,如图 3-22 所示。

- Address1、Address2、Address3、Address4:设置设计者的通信地址。

- Application_BuildNumber：应用标号。
- ApprovedBy：项目负责人。
- Author：设置图纸设计者姓名。
- CheckedBy：设置图纸检验者姓名。
- CompanyName：设置设计公司名称。
- CurrentDate：设置当前日期。
- CurrentTime：设置当前时间。
- Date：设置日期。
- DocumentFullPathAndName：设置项目文件名和完整路径。
- DocumentName：设置文件名。
- DocumentNumber：设置文件编号。
- DrawnBy：设置图纸绘制者姓名。
- Engineer：设置设计工程师。
- ImagePath：设置映像路径。
- ModifiedDate：设置修改日期。
- Orgnization：设置设计机构名称。
- ProjectName：设置项目名称。
- Revision：设置设计图纸版本号。
- Rule：设置设计规则。
- SheetNumber：设置电路原理图编号。
- SheetTotal：设置整个项目中原理图总数。
- Time：设置时间。
- Title：设置原理图标题。

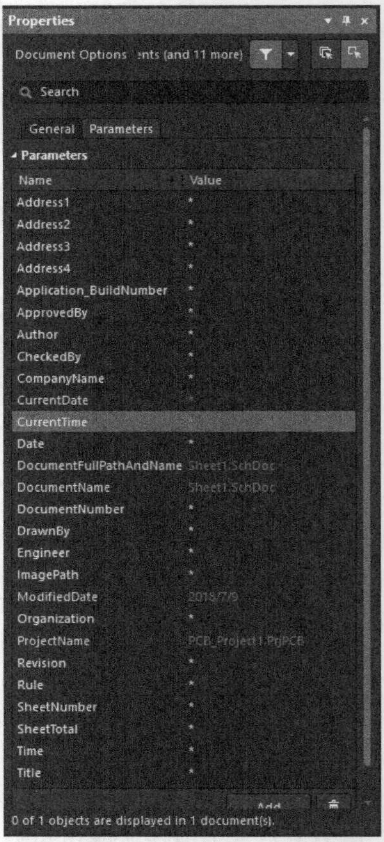

图 3-22　Properties-Document Options-Parameters 界面

在需要更改的内容单击,即可实现对内容的修改。

3.2.4　原理图系统环境参数的设置

系统环境参数的设置是原理图设计过程中重要的一步,用户根据个人的设计习惯,设置合理的环境参数,将会大大提高设计的效率。

执行 Setup System Preference 命令,或者在编辑环境内右击,如图 3-23 所示,在弹出的快捷菜单中执行"原理图优先项"命令,将会打开原理图的"优选项"对话框,如图 3-24 所示。

该对话框中有 11 个选项卡供设计者进行设置。

1. General

用于设置电路原理图的环境参数,如图 3-24 所示。下面给出部分参数的说明。

图 3-23　右键快捷菜单

1）选项

- 在节点处断线：用于设置在原理图上拖动或插入元件时，与该元件相连接的导线一直保持直角。若不勾选该复选框，则在移动元件时，导线可以为任意的角度。

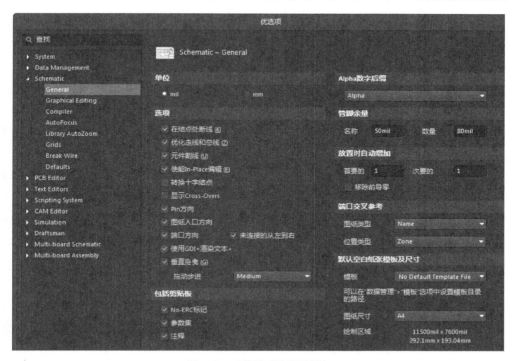

图 3-24 "优选项"对话框 *

- 元件割线：当选中该功能时，它若放置一个元件到原理图导线上，则该导线将被分割为两段，并且导线的两个端点分别自动与元件的两个引脚相连。
- 使能 In-Place 编辑：用于设置在编辑原理图中的文本对象时，如元件的序号、注释等，可以双击后直接进行编辑、修改，而不必打开相应的对话框。
- 转换十字节点：用于设置在 T 字连接处增加一段导线形成 4 个方向的连接时，会自动产生两个相邻的三向连接点，如图 3-25 所示。若没有选中该复选框，则形成两条交叉且没有电气连接的导线，如图 3-26 所示。

图 3-25 选中"转换十字节点"

---

* 由于软件汉化原因，界面中的"结点"在文中表述为"节点"。

- 显示 Cross-Overs：用于设置非电气连线的交叉点处以半圆弧显示，如图 3-27 所示。

 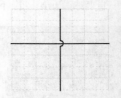

图 3-26　未选中"转换十字节点"　　　　图 3-27　非电气连接的导线

- Pin 方向：用于设置在原理图文档中显示元件引脚的方向，引脚方向由一个三角符号表示。
- 图纸入口方向：用于设置在层次原理图的图纸符号的形状，若选中则图纸入口按其属性的 I/O 类型显示，若不勾选，则图纸入口按其属性中的类型显示。
- 端口方向：用于设置在原理图文档中端口的类型，若选中则端口按其属性中的 I/O 类型显示，若不勾选，则端口按其属性中的类型显示。
- 未连接的从左到右：用于设置当"端口方向"选中时，原理图中未连接的端口将显示左到右的方向。
- 使用 GDI＋渲染文本＋：要查看文体在打印输出上的效果，需启用此项。
- 垂直拖曳：若启用，则在拖动组件时，与组件一起被拖动的保持正交。若取消布线则会变为倾斜地重新定位。

2）包括剪贴板
- No-ERC 标记：用于设置在复制、剪切设计对象到剪切板或打印时，将包含图纸中的忽略 ERC 检查符号。
- 参数集：用于设置在复制、剪切设计对象到剪切板或打印时，将包含元件的参数信息。

3）Alpha 数字后缀
用于设置在放置复合元件时，其子部件的后缀形式。
- 字母：用于设置子部件的后缀以字母显示，如 U1A、U1B 等。
- 数字：用于设置子部件的后缀以数字显示，如 U1：1、U1：2 等。

4）引脚余量
- 名称：用于设置元件的引脚名称与元件符号边界的距离，系统默认值为 5mil。
- 数量：用于设置元件的引脚号与元件符号边界的距离，系统默认值为 8mil。

放置时自动增加：在放置元件时，元件的 Name（次要的）与 Designators（首要的）按其值自动递增，若为负则递减。

移除前导零：启用此项可从数字字符串中删除前导。

5）端口交叉参考

- 图纸类型：可以设置为 name 或 number。
- 位置类型：用于设置空间位置或坐标位置的形式。

6）默认空白纸张模板及尺寸

可应用已有的模板，也可以用于设置默认的空白原理图的尺寸，用户可以从下拉列表框中选择。

2. Graphical Editing

用于设置图形编辑环境参数，如图 3-28 所示。

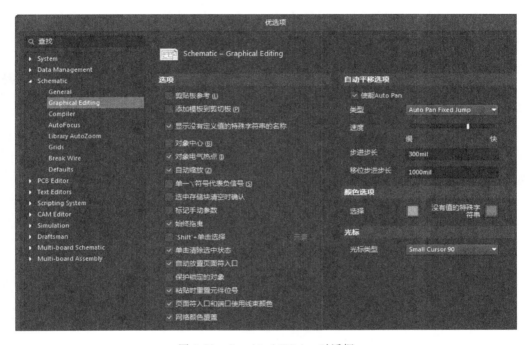

图 3-28　Graphical Editing 对话框

1）选项

- 剪贴板参考：用于设置当用户执行 Edit→Copy 或 Cut 命令时，将会被要求选择一个参考点。建议用户选中该复选框。
- 添加模板到剪切板：用于设置当执行复制或剪切命令时，系统将会把当前原理图所用的模板文件一起添加到剪切板上。
- 显示没有定义值的特殊字符串的名称：可在没有定义时显示特殊字符串的名称。
- 对象中心：用于设置对象进行移动或拖动时以其参考点或对象的中心为中心。
- 对象电气热点：用于设置对象通过与对象最近的电气节点进行移动或拖动。
- 自动缩放：用于设置当插入元件时，原理图可以自动实现缩放。

- 单一'/'符号代表负信号：用于设置以"\"表示某字符为非或负，即在名称上面加一横线。
- 选中储存块清空时确认：用于设置在清除被选的存储器时，将出现要求确认的对话框。
- 标记手动参数：用点来表示自动标记已关闭的参数，并且参数的移动或旋转跟随其创建对象，若要隐藏点，关闭此项。
- 始终拖曳：用于设置使用鼠标拖动对象时，与其相连的导线也会随之移动。
- 'Shift'＋单击选择：用于设置同时使用 Shift 键和鼠标才可以选中对象。
- 单击清除选中状态：用于设置鼠标单击原理图中的任何位置就可以取消设计对象的选中状态。
- 自动放置页面符入口：用于设置系统自动放置图纸入口。
- 保护锁定的对象：用于设置系统保护锁定的对象。
- 粘贴时重置元件位号：启用此项，在粘贴时，将元件的 Designators 重置为"?"。
- 页面符入口和端口使用线束颜色：若要使页面符入口和端口改变颜色去匹配线束需选中此项。
- 网络颜色覆盖：选中可以查看网络高亮部分。

2) 自动平移选项

用于设置自动移动参数，即绘制原理图时，常常要平移图形，通过该操作框可设置移动的形式和速度。

3) 颜色选项

用于设置所选中的对象和栅格的颜色。

- 选择：用来设置所选中对象的颜色，默认颜色为绿色。

4) 光标

光标类型：用于设置光标的类型，可以设置为四种：90°大光标、90°小光标、90°微光标和 90°微小光标。

3.3 对元件 Components 的操作

电路原理图是由大量的元件构成的。绘制电路原理图的本质就是在编辑环境内不断放置元件的过程。但元件的数量庞大、种类繁多，因而需要按照不同生产商及不同的功能类别进行分类，并分别存放在不同的文件内，这些专用于存放元件的文件就是所谓的 Components 文件。在 Altium Designer 19 中，Altium Designer 公司将原有的 Library 面板整合为 Component 面板。在完成了工程文件的操作设置和原理图的设置后，本节将对于如何查找元件、安装元件库、对于元件的各类操作进行举例演示。

3.3.1 Components 面板

Components 面板是 Altium Designer 系统中最重要的应用面板之一，不仅是为原理图编辑器服务，而且在印制电路板编辑器中也同样离不开它，为了更高效地进行电子产

品设计，用户应当熟练掌握它。通过按 K 键选择 Components 或是 Panels 按钮可调出
Components 面板。Components 面板如图 3-29 所示。

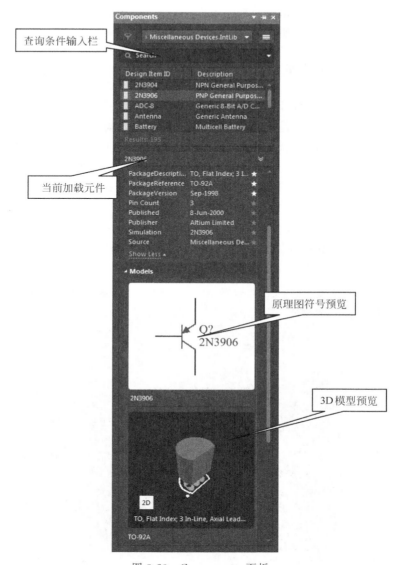

图 3-29　Components 面板

- 当前加载元件：该文本栏中列出了当前项目加载的所有 Components 文件。单击
  右边的下三角按钮，可以进行选择并改变激活的 Components 文件。
- 查询条件输入栏：用于输入与要查询的元件相关的内容，帮助用户快速查找。
- 元件列表：用来列出满足查询条件的所有元件或用来列出当前被激活的元件
  Components 的所包含的所有元件。
- 原理图符号预览：用来预览当前元件在原理图中的外形符号。
- 3D 模型预览：用来预览当前元件的各种模型，如 PCB 封装形式、3D PCB 视
  图等。

在这里,Components 面板提供了对所选择的元件的预览,包括原理图中的外形符号、印制电路板封装形式,以及其他模型符号,以便在元件放置之前就可以先看到这个元件大致是什么样子。另外,利用该面板还可以完成元件的快速查找、元件 Components 的加载,以及元件的放置等多种便捷而全面的功能。

3.3.2 加载和卸载元件库

为了方便地把相应的元件原理图符号放置到图纸上,一般应将包含所需要元件的元件库载入内存中,这个过程就是元件库的加载。但不能加载系统包含的所有元件库,这样会占用大量的系统资源,降低应用程序的使用效率。所以,如果有的元件库暂时用不到,应及时将该元件库从内存中移出,这个过程就是元件库的卸载。

下面就具体介绍一下加载和卸载元件库的操作过程。

【例 3-2】 安装库文件。

视频讲解

第 1 步:单击 Panels 按钮,选择 Components 选项,打开 Components 界面,单击 ▤ 按钮选择 File-based Libraries Preferences 即可打开 Available File-based Libraries 对话框,如图 3-30 所示。

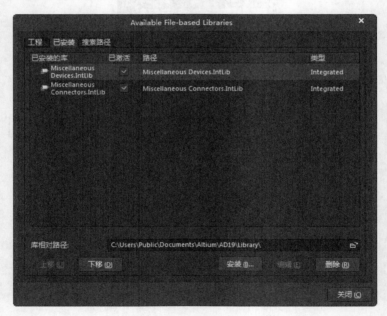

图 3-30 Available File-based Libraries 对话框

第 2 步:单击"安装"按钮,弹出"打开"对话框,如图 3-31 所示。

第 3 步:在对话框中选择确定的 Components 文件夹,打开后选择相应的元件库。如选择 Altera Library 文件夹中的元件库 Altera ACEX 1K,单击"打开"按钮后,该元件库就会出现在 Available File-based Libraries 对话框中,如图 3-32 所示。

重复上述操作过程,将所需要的元件库进行加载。加载完毕后,单击"关闭"按钮关闭该对话框。

图 3-31 "打开"对话框

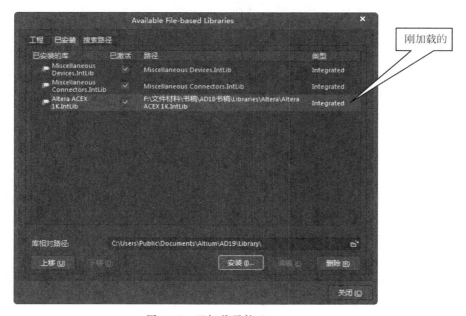

图 3-32 已加载元件 Components

第 4 步：在 Available File-based Libraries 对话框中选中某一不需要的元件库，单击"删除"按钮，即可完成对该元件库的卸载。

3.3.3 元件的查找

系统提供两种查找方式：一种是在 Available Flie-based Libraries（已安装的可用库）中进行元件的查找；另一种是用户只知道元件的名称，并不知道该元件所在的元件库名

视频讲解

称,这时可以利用系统所提供的查找功能来查找元件,并加载相应的元件 Components。

在 Components 面板中,单击 ■ 按钮选择 File-based Libraries Search,可以打开如图 3-33 所示的 File-based Libraries Search 对话框。

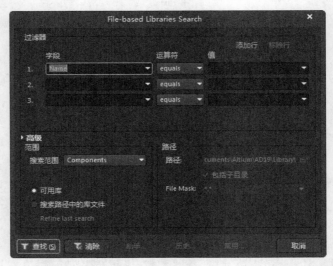

图 3-33　File-based Libraries Search 对话框

该对话框主要分成了以下几个部分,了解每部分的用途,便于查找工作的完成。

图 3-33 所示为高级查找对话框。

(1)过滤器:可以输入查找元件的"域"属性,如 Name 等;然后选择"运算符",如 equals、contains、starts with 和 ends with 等;在"值"下拉列表框中输入所要查找的属性值。

(2)"范围"区域,用来设置查找的范围。

搜索范围:单击下三角按钮,会提供四种可选类型,即 Components(元件)、Footprints(PCB 封装)、3D Models(3D 模型)、Database Components(数据 Components 元件)。

可用库:选中该选项后,系统会在已加载的元件 Components 中查找。

搜索路径中的库文件:选中该选项后,系统按照设置好的路径范围进行查找。

(3)"路径"区域,用来设置查找元件的路径,只有在选中"库文件路径"单选框时,该项设置才是有效的。

路径:单击右侧的文件夹图标,系统会弹出"浏览文件夹"对话框,供用户选择设置搜索路径,若选中下面的"包含子目录"复选框,则包含在指定目录中的子目录也会被搜索。

File Mask:用来设定查找元件的文件匹配域。

(4)"高级"选项用于进行高级查询,如图 3-34 所示。在该选项的文本框中,输入一些与查询内容有关的过滤语句表达式,有助于使系统进行更快捷、更准确的查找。如在文本框中输入"(Name LIKE ' * LF347 * ')",单击"查找"按钮后,系统开始搜索。

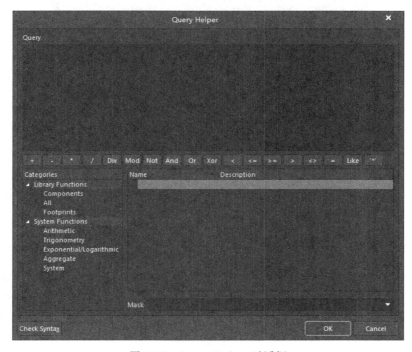

图 3-34　"高级"选项组

在对话框的下方还有一排按钮,它们的作用如下。

清除:单击该按钮可将 File-based Libraries Search 文本编辑框中的内容清除干净,以方便下次的查找工作。

助手:单击该按钮,可以打开 Query Helper 对话框。在该对话框内,可以输入一些与查询内容相关的过滤语句表达式,有助于对所需的元件快捷、精确的查找。Query Helper 对话框如图 3-35 所示。

图 3-35　Query Helper 对话框

历史：单击该按钮，则会打开 Expression Manager 的 History 选项卡，如图 3-36 所示。里面存放着以往所有的查询记录。

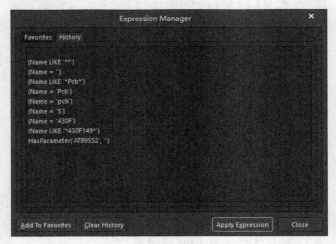

图 3-36 "历史"选项卡

常用：单击该按钮，则会打开 Expression Manager 的 Favorites 选项卡，如图 3-37 所示，用户可将已查询的内容保存在这里，以便于下次用到该元件时可直接使用。

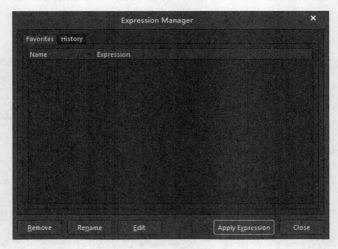

图 3-37 "常用"选项卡

下面就介绍如何在未知库中进行元件的查找，并添加相应的库文件。

打开 File-based Libraries Search 对话框，如图 3-38 所示。

设置"搜索范围"为 Components，选中"搜索路径中的库文件"单选框，此时"路径"文本编辑栏内显示的是安装时的系统默认路径，设置运算符为 contains，在"值"文本编辑栏内输入元件的全部名称或部分名称，如 Diode，设置好 File-based Libraries Search 对话框。

单击"查找"按钮后，系统开始查找元件。在查找过程中，原来 Components 面板上的元件列表中多了 Stop 按钮。要终止查找服务，单击 Stop 按钮即可。

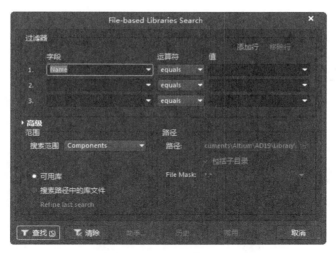

图 3-38　查找元件设置

查找结束后的元件 Components 面板如图 3-39 所示。经过查找,满足查询条件的元件共有 34 个,它们的元件名、原理图符号、模型名及封装形式都在 Models 栏列出。References 栏中为厂商提供的参考信息,Part Choices 栏允许搜索、添加或删除指定零部件项目的公司认可的设计零部件。Where Used 栏给出元件的应用范围。

在 Design Item ID 列表框中,单击选中需要的元件,如这里选中 Diode。在选中的元件名称上右击,系统会弹出一个菜单,如图 3-40 所示。

3.3.4　元件的放置

在原理图绘制过程中,将各种元件的原理图符号放置到原理图纸中是很重要的操作之一。系统提供了两种放置元件的方法:一种是利用菜单命令来完成原理图符号的放置,另一种是使用 Components 面板来实现对原理图符号的放置。

由于 Components 面板不仅可以完成对元件库的加载、卸载,以及对元件的查找、浏览等功能,还可以直观、快捷地进行元件的放置。所以本书建议使用 Components 面板来完成对元件的放置。至于第一种放置的方法,这里就不做过多介绍了。

打开 Components 面板,先在库文件下拉列表中选中所需元件所在的元件库,之后在相应的"元件名称"列表框中选择需要的元件。例如,选择元件库 Miscellaneous Devices.IntLib,选择该库的元件 Res1,如图 3-41 所示。

双击选中的元件 Res1,相应的元件符号就会自动出现在原理图编辑环境内,并随"米"字光标移动,如图 3-42 所示。

到达放置位置后,单击即可完成一次该元件的放置,同时系统会保持放置下一个相同元件的状态。连续操作,可以放置多个相同的元件,右击可以退出放置状态。

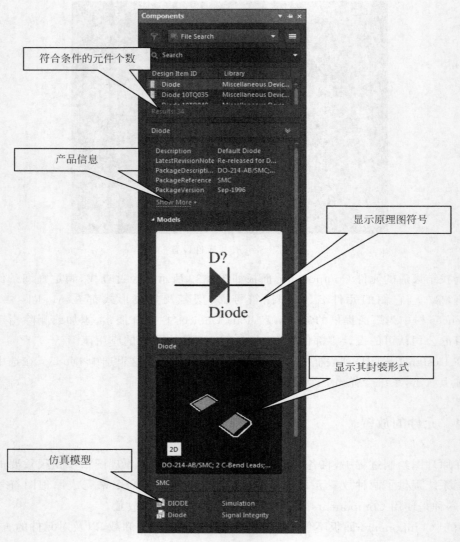

图 3-39　元件查找结果

图 3-40　元件操作菜单

图 3-41 选中需要的元件

图 3-42 放置元件

3.3.5 编辑元件的属性

在原理图上放置的所有元件都具有自身的特定属性,如标识符、注释、位置和所在库名等,在放置好每一个元件后,都应对其属性进行正确的编辑和设置,以免在后面生成网络表和制作印制电路板时出现错误。

1. 手动给各元件加标注

下面就以一个电阻的属性设置为例,介绍一下如何设置元件属性。

双击元件或是单击选中元件后右击选择 Properties,右侧界面变成 Properties-Components 界面,如图 3-43 所示。

该界面包括 General、Parameters 和 Pins 三个选项卡。

General 区域包括 Properties 和 Location 等文档编辑栏。

- Properties 文档编辑栏是对原理图中的元件进行主要内容的说明,包括元件的名称、描述、标号等。其中,Designator 文档编辑栏是用来对原理图中的元件进行标识的,以对元件进行区分,方便印制电路板的制作。Comment 文档编辑栏是用来对元件进行注释、说明的。

一般来说,应选中 Designator 后面的 Visible 按钮,不选 Comment 后面的 Visible 按钮。这样在原理图中只是显示该元件的标识,不会显示其注释内容,便于原理图的布局。该区域中其他属性均采用系统的默认设置。

- Location 栏用来显示元件的坐标位置及设置元件的旋转角度。
- Footprint 栏主要是显示该元件的封装模型。
- Graphical 可以选择元件的模式、颜色、是否镜像等。

在 Parameters 选项卡中,设置参数项 Value 的值为 1K,其余项为系统的默认设置,如图 3-44 所示。

图 3-43　Properties-Components 界面

图 3-44　Parameters 界面

在 Pins 选项卡中单击下方的 按钮,打开如图 3-45 所示的"元件引脚编辑器"对话框,在这里可对元件引脚进行编辑设置。右侧栏为引脚的属性界面,可以对引脚的各类参数进行编辑。

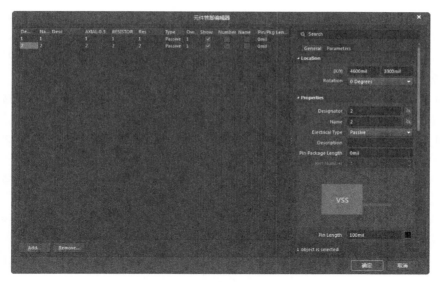

图 3-45 "元件引脚编辑器"对话框

完成上述属性设置后,单击"确定"按钮关闭 Properties
for Schematic Components in Sheet 对话框,设置后的元件如
图 3-46 所示。

图 3-46 设置后的元件

2. 自动给各元件添加标注

有的电路原理图比较复杂,由许多元件构成,如果用手动标注的方式对元件逐个进行
操作,不仅效率很低,而且容易出现标志遗漏、标注号不连续或重复标注的现象。为了避免
上述错误的发生,可以使用系统提供的自动标注功能来轻松完成对元件的标注编辑。

在原理图编辑界面,执行"工具"→"标注"→"原理图标注"命令,系统会弹出"标注"
对话框,如图 3-47 所示。

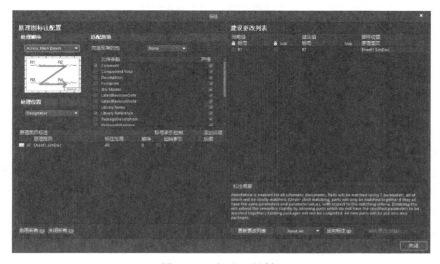

图 3-47 "标注"对话框

可以看到,该对话框包含 4 部分内容,分别是"处理顺序""匹配选项""原理图页标注""建议更改列表"。

(1) 处理顺序:用于设置元件标注的处理顺序,单击其列表框的下三角按钮,系统给出了 4 种可供选择的标注方案。

- Up Then Across:按照元件在原理图中的排列位置,先按从下到上、再按从左到右的顺序自动标注。

- Down Then Across:按照元件在原理图中的排列位置,先按从上到下、再按从左到右的顺序自动标注。

- Across Then Up:按照元件在原理图中的排列位置,先按从左到右、再按从下到上的顺序自动标注。

- Across Then Down:按照元件在原理图中的排列位置,先按从左到右、再按从上到下的顺序自动标注。

(2) 匹配选项:用于选择元件的匹配参数,在下面的列表框中列出了多种元件参数供用户选择。

(3) 原理图页标注:用来选择要标注的原理图文件,并确定注释范围、起始索引值及后缀字符等。

视频讲解

(4) 建议更改列表:用来显示元件的标志在改变前后的变化,并指明元件所在原理图名称。

【例 3-3】 给元件进行自动标注。

要进行标注原理图文件为 Sheet1.SchDoc,如图 3-48 所示。

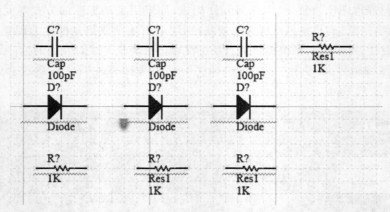

图 3-48 需要自动标注的元件

第 1 步:打开"标注"对话框,设置"处理顺序"为 Down Then Across(先按从上到下、再按从左到右的顺序),在"匹配选项"列表中选中两项:Comment 与 Library Reference,"标注范围"为 All,"顺序"为 0,"起始索引"也设置为 1,设置好后的"标注"对话框,如图 3-49 所示。

设置完成后,单击"更新更改列表"按钮,系统弹出提示框如图 3-50 所示,提醒用户元件状态要发生变化。

第 2 步:单击提示框的 OK 按钮,系统会更新要标注元件的标号,并显示在"建议更

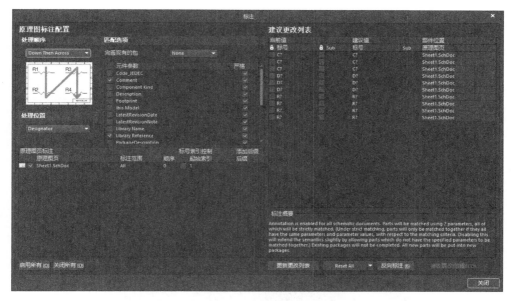

图 3-49　自动标注设置

图 3-50　元件状态变化提示框

改列表"中,同时"标注"对话框右下角的"接收更改(创建 ECO)"按钮处于激活状态,如图 3-51 所示。

　　第 3 步：单击"接收更改(创建 ECO)"按钮,系统自动弹出"工程变更指令"对话框,如图 3-52 所示。

　　第 4 步：单击"验证变更"按钮,可使标号变化有效,但此时原理图中的元件标号并没有显示出变化,单击"执行变更"按钮,"工程变更指令"对话框如图 3-53 所示。

　　依次关闭"工程变更指令"对话框和"标注"对话框,可以看到标注后的元件,如图 3-54 所示。

3.3.6　调整元件的位置

视频讲解

　　放置元件时,其位置一般是大体估计的,并不能满足设计清晰和美观的要求。所以需要根据原理图的整体布局,对元件的位置进行一定的调整。

　　元件位置的调整主要包括元件的移动、元件方向的设定和元件的排列等操作。

　　下面介绍一下如何对元件进行排列。对如图 3-55 所示的多个元件进行位置排列,使其在水平方向上均匀分布。

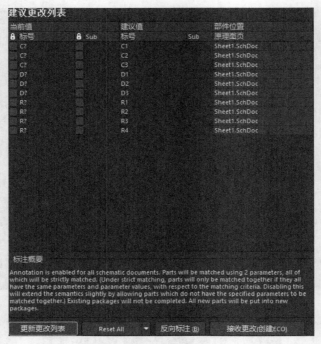

图 3-51　标号更新

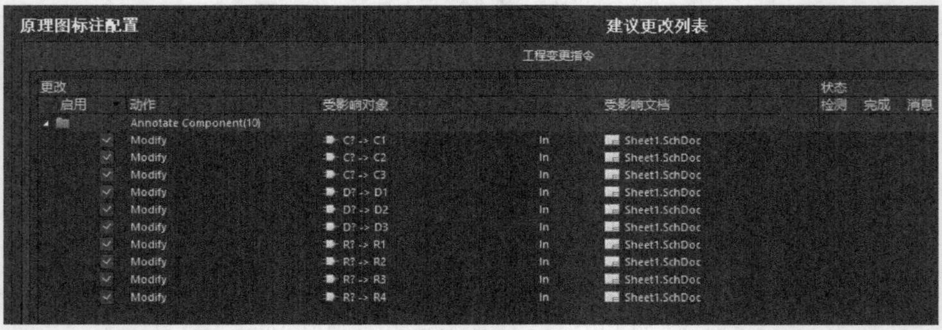

图 3-52　"工程变更指令"对话框

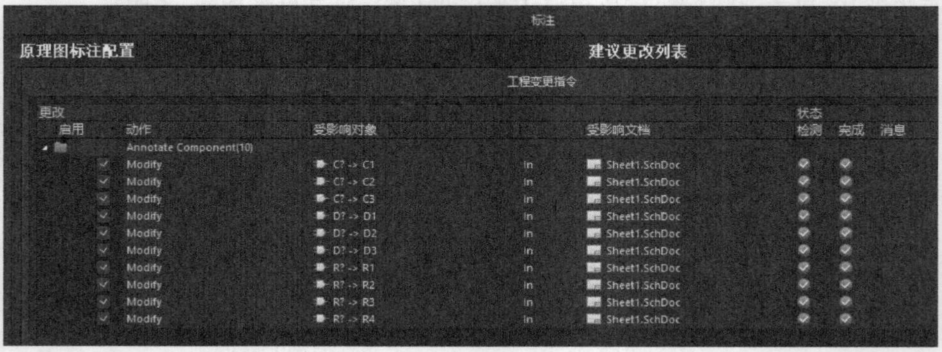

图 3-53　变化生效后"工程变更指令"对话框

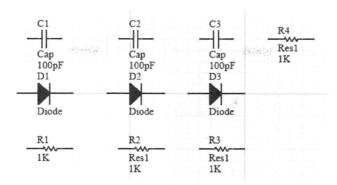

图 3-54 完成自动标注的元件

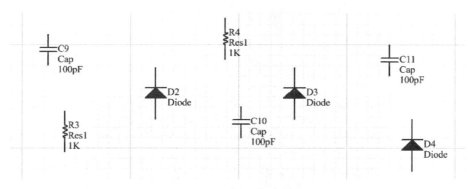

图 3-55 待排列的元件

单击"标准"工具栏中的 ■ 图标,光标变成"十"字形,单击并拖动将要调整的元件包围在选择矩形框中,再次单击后选中这些元件,如图 3-56 所示。

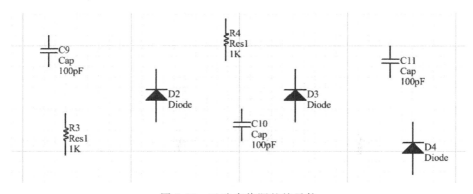

图 3-56 已选中待调整的元件

执行"编辑"→"对齐"→"顶对齐"命令,或者在编辑环境中按 A 键,如图 3-57 所示。

执行"顶对齐"命令,则选中的元件以最上边的元件为基准顶端对齐,如图 3-58 所示。

再按 A 键,在"对齐"菜单中执行"水平分布"命令,使选中的元件在水平方向上均匀分布。单击"标准"工具栏中的 ⁘ 图标,取消元件的选中状态,操作完成后如图 3-59 所示。

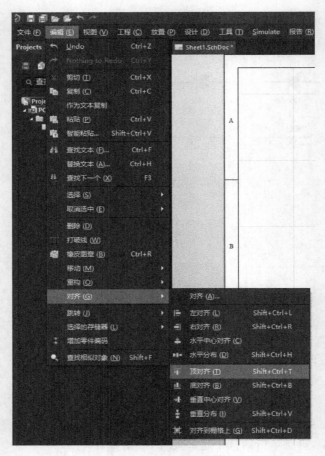

图 3-57　对齐命令菜单

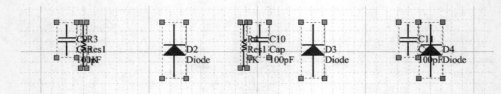

图 3-58　调整后的元件

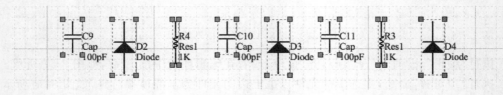

图 3-59　操作完成后的元件排列

3.4 绘制电路原理图

在原理图中放置好需要的元件,并编辑好它们的属性后,就可以着手连接各个元件,建立原理图的实际连接了。这里所说的连接,实际上就是电气意义上的连接。

电气连接有两种实现方式:一种是直接使用导线将各个元件连接起来,称为"物理连接";另一种是不需要实际的相连操作,而是通过设置网络标签使得元件之间具有电气连接关系。

原理图绘制从不追求一步到位,应当一部分、一个模块地进行分布绘制。本节以 3.7 节中的 LED 点阵驱动电路为例一部分一部分地绘制其原理图。

3.4.1 原理图连接工具的介绍

系统提供了 3 种对原理图进行连接的操作方法,即使用菜单命令、使用"配线"工具栏和使用快捷键。由于使用快捷键,需要记忆各个操作的快捷键,容易混乱,不易应用到实际操作中,所以这里不予介绍。

1. 使用菜单命令

"放置"菜单命令如图 3-60 所示。

在该菜单中,包含放置各种原理图元件的命令,也包括对总线、总线进口、导线和网络标签等的连接工具,以及文本字符串、文本框的放置。其中,"指示"中还包含若干项子菜单命令,如图 3-61 所示,常用的有"通用 No ERC 符号"(放置忽略 ERC 检查符号)等。

图 3-60 "放置"菜单

图 3-61 "放置"菜单的"指示"子菜单

2. 使用"配线"工具栏

"放置"菜单中的各项命令分别与"配线"工具栏中的图标一一对应,直接单击该工具栏中的相应图标,即可完成相应的功能操作。

3.4.2 元件的电气连接

元件之间的电气连接,主要是通过导线来完成的。导线具有电气连接的意义,不同于一般的绘图连线,后者没有电气连接的意义。

1. 绘制导线

在原理图编辑界面中,执行绘制导线命令,有以下两种方法。

(1) 执行"放置"→"线"命令。

(2) 单击"配线"工具栏中的"放置线"图标 。

执行"线"命令后,光标变为"十"字形。移动光标到将放置导线的位置,会出现一个红色"米"字标志,表示找到了元件的一个电气节点,如图 3-62 所示。

在导线起点处单击并拖动,随之绘制出一条导线,拖动到待连接的另一个电气节点处,同样会出现一个红色"米"字标志,如图 3-63 所示。

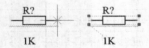

图 3-62 开始导线连接

图 3-63 连接元件

如果要连接的两个电气节点不在同一水平线上,则在绘制导线过程中需要单击确定导线的折点位置,再找到导线的终点位置后单击,完成两个电气节点之间的连接。右击或按 Esc 键退出导线的绘制状态,如图 3-64 所示。

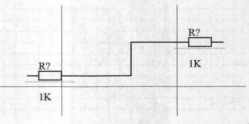

图 3-64 完成元件连接

2. 绘制总线

总线是一组具有相同性质的并行信号线的组合,如数据总线、地址总线和控制总线等。在原理图的绘制中,用一根较粗的线条来清晰方便地表示总线。其实在原理图编辑环境中的总线没有任何实质的电气连接意义,仅仅是为了绘制原理图和查看原理图方便而采取的一种简化连线的表现形式。

在原理图编辑界面中,执行绘制总线命令,有以下两种方法。

(1) 执行"放置"→"总线"命令。

(2) 单击"配线"工具栏中的"放置总线"图标 。

执行"总线"命令后,光标变成"十"字形,移动光标到待放置总线的起点位置单击,确定总线的起点位置,然后拖动光标绘制总线,如图 3-65 所示(其中 SW3 为自建元件)。

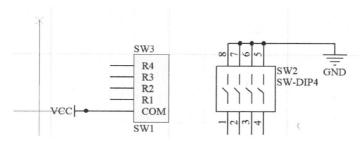

图 3-65　开始绘制总线

在每个拐点位置都单击确认,到达适当位置后,再次单击确定总线的终点。右击或按 Esc 键可退出总线的绘制状态。绘制完成的总线,如图 3-66 所示。

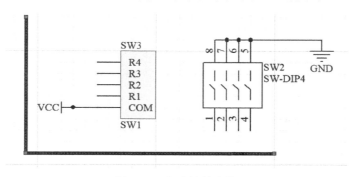

图 3-66　完成绘制总线

3. 绘制总线进口

总线进口是单一导线与总线的连接线。与总线一样,总线进口也不具有任何电气连接的意义。使用总线进口,可以使电路原理图更为美观和清晰。

在原理图编辑界面中,执行绘制总线进口命令,有两种方法。

(1) 执行"放置"→"总线进口"命令。

(2) 单击"配线"工具栏中的"放置总线进口"图标 ▉。

执行"总线进口"命令后,光标变为"十"字形,并带有总线进口符号"/"或"\",如图 3-67 所示。

在导线与总线之间单击,即可放置一段总线进口。同时在放置总线进口的状态下,按 Space 键可以调整总线进口线的方向,每按一次,总线进口线逆时针旋转 90°。右击或按 Esc 键退出总线进口的绘制状态。绘制完成的总线进口如图 3-68 所示。

3.4.3　放置网络标签

在绘制过程中,元件之间的连接除了可以使用导线外,还可以通过网络标签的方法来实现。

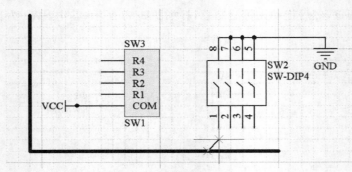

图 3-67　开始绘制总线进口

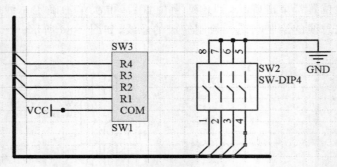

图 3-68　完成绘制总线进口

具有相同网络标签名的导线或元件引脚,无论在图上是否有导线连接,其电气关系都是连接在一起的。使用网络标签代替实际的导线连接可以大大简化原理图的复杂度。比如,在连接两个距离较远的电气节点时,使用网络标签就不必考虑走线的困难。这里还要强调,网络标签名是区分大小写的。相同的网络标签名是指形式上完全一致的网络标签名。

在原理图编辑界面中,执行放置网络标签命令,有以下两种方法。

(1) 执行"放置"→"网络标号"命令。

(2) 单击"配线"工具栏中的"放置网络标签"图标 Net 。

执行"网络标签"命令后,光标变为"十"字形,并附有一个初始标号为 Net Label1,如图 3-69 所示。

将光标移动到需要放置网络标签的导线处,当出现红色"米"字标志时,表示光标已连接到该导线,此时单击即可放置一个网络标签,如图 3-70 所示。

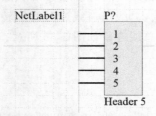

图 3-69　放置网络标签图

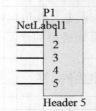

图 3-70　完成放置的网络标签

将光标移动到其他位置处,单击可连续放置,右击或按 Esc 键可退出网络标签的绘制状态。双击已经放置的网络标签,可以打开 Properties-Net Label 界面。在这个界面的编辑栏内可以更改网络标签的名称,并设置放置方向及字体,如图 3-71 所示。

图 3-71 Properties-Net Label 界面

3.4.4 放置输入/输出端口

实现两点间的电气连接,也可以使用输入/输出端口来实现。具有相同名称的输入/输出端口在电气关系上是相连的,这种连接方式一般只是使用在多层次原理图的绘制过程中。

在原理图编辑界面中,执行放置输入/输出端口命令,有以下两种方法。

(1) 执行“放置”→“端口”命令。

(2) 单击“配线”工具栏中的“放置端口”图标 ⬛ 。

执行“端口”命令后,光标变为“十”字形,并附带有一个输入/输出端口符号,如图 3-72 所示。

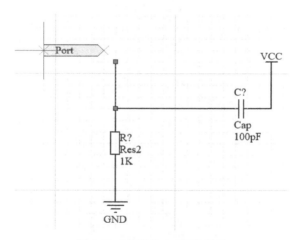

图 3-72 放置输入/输出端口

移动光标到适当位置处,当出现红色“米”字标志时,表示光标已连接到该处。单击确定端口的一端位置,然后拖动光标调整端口大小,再次单击确定端口的另一端位置,如图 3-73 所示。

右击或按 Esc 键退出输入/输出端口的绘制状态。双击所放置的输入/输出端口图标,可以打开 Properties-Port 界面,如图 3-74 所示。

在这个 Properties 界面中可以对端口名称、端口类型进行设置。端口类型包括 Unspecified(未指定类型)、Input(输入端口)、Output(输出端口)等。

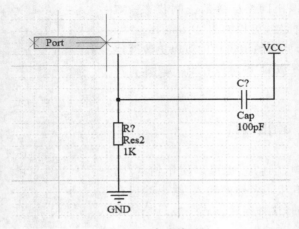

图 3-73　完成放置

图 3-74　Properties-Port 界面

3.4.5　放置电源或地端口

作为一个完整的电路,电源符号和接地符号都是其不可缺少的组成部分。系统给出了多种电源符号和接地符号的形式,且每种形式都有其相应的网络标签。

【例 3-4】　放置电源端口。

在原理图编辑界面中,执行放置电源和接地端口命令,有以下两种方法。

(1) 执行"放置"→"电源端口"命令。

(2) 单击"配线"工具栏中的"放置 VCC 电源端口" ![VCC] 或"放置 GND 端口" ![GND] 图标。

第 1 步:单击"放置 VCC 电源端口"或"GND 端口"图标,光标变为"十"字形,并带有一个电源或接地的端口符号,如图 3-75 所示。

移动光标到需要放置的位置处,单击即可完成放置,再次单击可实现连续放置。放置好后,如图 3-76 所示。

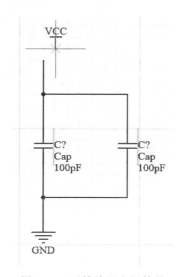

图 3-75　开始放置电源符号

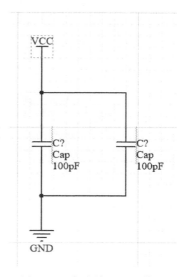

图 3-76　完成放置电源符号

右击或按 Esc 键可退出电源符号的绘制状态。

第 2 步:双击放置好的电源符号,打开 Properties- Power Port 界面,如图 3-77 所示。

在该对话框中可以对电源的名称、电源的样式进行设置,该界面中包含的电源样式,如图 3-78 所示。

3.4.6　放置忽略电气规则(ERC)检查符号

在电路设计过程中系统进行电气规则检查(ERC)时,可能会产生一些非实际错误的错误报告,如电路设计中并不是所有引脚都需要连接,而在 ERC 检查时,认为悬空引脚是错误的,会给出错误报告,并在悬空引脚处放置一个错误标志。

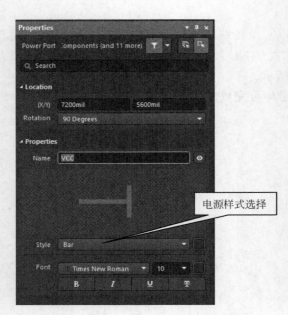 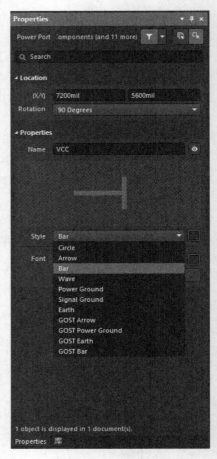

图 3-77 Properties-Power Port 界面   图 3-78   电源样式

为了避免用户为查找这种"错误"而浪费资源,可以使用忽略 ERC 检查符号,让系统忽略对此处的电气规则检查。

在原理图编辑界面中,执行放置忽略 ERC 命令,有以下两种方法。

(1) 执行"放置"→"指示"→"通用 No ERC 符号"命令。

(2) 单击"配线"工具栏中的"放置通用 No ERC 符号"图标■。

单击"放置通用 No ERC 符号"图标后,光标变为"十"字形,并附有一个红色的小叉,如图 3-79 所示。

将光标移动到需要放置的位置处,单击即可完成放置,如图 3-80 所示。

右击或按 Esc 键退出忽略 ERC 检查的绘制状态。

3.4.7 放置 PCB 布局标志

用户绘制原理图的时候,可以在电路的某些位置处放置印制电路板布局标志,以便预先规划指定该处的印制电路板布线规则。这样,在由原理图创建印制电路板的过程中,系统会自动引入这些特殊的设计规则。

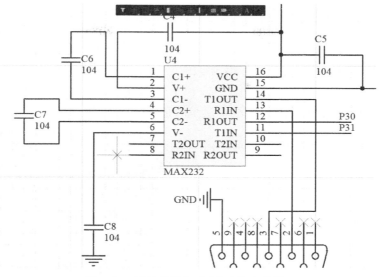

图 3-79 开始放置忽略 ERC 检查符号

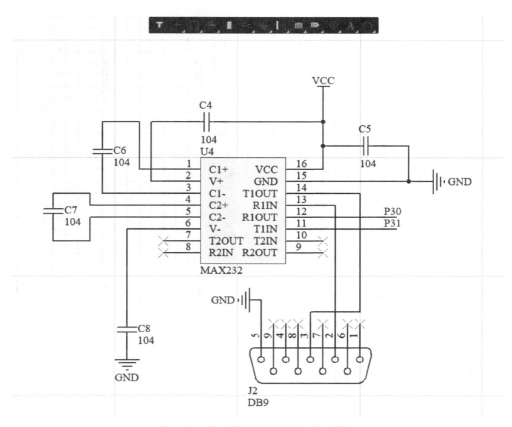

图 3-80 完成放置忽略 ERC 检查符号

这里介绍一下印制电路板标志设置导线拐角。

【例 3-5】 放置 PCB 布局标志。

视频讲解

第 1 步：在原理图编辑界面中，执行"放置"→"指示"→"参数设置"命令，或是单击"配线"工具栏中的"放参数设置"图标 ，在选定位置处放置 PCB 布局标志，如图 3-81 所示。

第 2 步：双击所放置的 PCB 布局标志，系统弹出相应的 Properties-Parameter Set 界面，此时在 Rules 栏中显示的是空的，如图 3-82 所示。

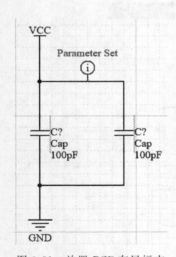

图 3-81 放置 PCB 布局标志

图 3-82 Properties-Parameter Set 界面

第 3 步：单击 Add 按钮，进入"选择设计规则类型"对话框，如图 3-83 所示，选中 Routing 规则下的 Routing Corners 选项。

第 4 步：单击"确定"按钮后，会打开相应的 Edit PCB Rule 对话框，如图 3-84 所示。设置"类型"为 90 Degrees。

设置完毕，单击"确定"按钮，返回 Properties-Parameter Set 界面，此时在 Rules 参数栏中显示的是已经设置的数值，如图 3-85 所示。

第 5 步：选中 "可见的"选项。此时在 PCB 布局标志的附近显示出所设置的具体规则，如图 3-86 所示。

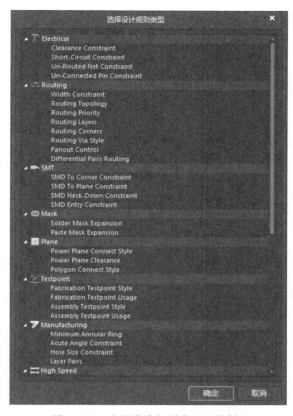

图 3-83 "选择设计规则类型"对话框

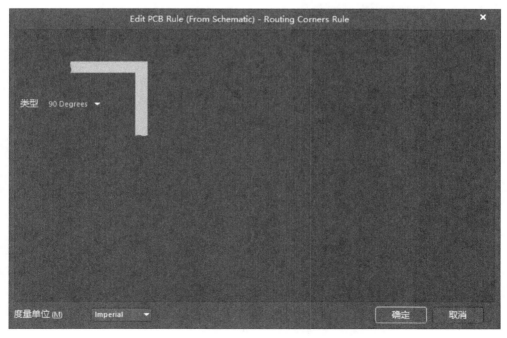

图 3-84 Edit PCB Rule 对话框

图 3-85　设置完成后"值"参数

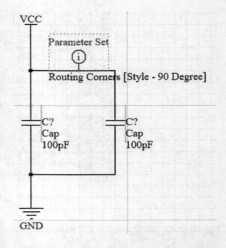

图 3-86　完成后的 PCB 布局标志

3.5　电路原理图绘制的相关技巧

本节对于在电路原理图绘制中使用的小技巧进行了讲解,学习这些技巧可更加快捷地绘制原理图。

3.5.1　页面缩放

在进行原理图设计时,用户不仅要绘制电路图的各个部分,而且要把它们连接成电路图。在设计复杂电路时,往往会遇到当设计某一部分时,需要观察整张电路图,此时就需要使用缩放功能;在绘制电路原理图时,有时还需要仅仅对于某一区域实行放大,以便更清晰地观察到各元件之间的关联,此时就需要使用放大功能。因此用户熟练掌握缩放功能,可加快电路原理图的绘制速度。

用户可选择以下三种方式缩放页面：使用键盘、使用菜单命令或使用鼠标滑轮。

1. 使用键盘来实现页面的放大和缩小

当系统处于其他命令下，用户无法用鼠标进行一般命令操作时，要放大或缩小显示状态，可使用功能键。

（1）放大：按 PageUp 键，可以放大绘图区域。

（2）缩小：按 PageDown 键，可以缩小绘图区域。

（3）居中：按 Home 键，可以从原来光标下的图纸位置，移到工作区域的中心位置显示。

（4）更新：按 End 键，可对绘图区域的图形进行更新，恢复正确显示状态。

2. 使用菜单来实现图纸的放大和缩小

Altium Designer 系统提供了"视图"菜单来控制图形区域的放大和缩小，"视图"菜单如图 3-87 所示。

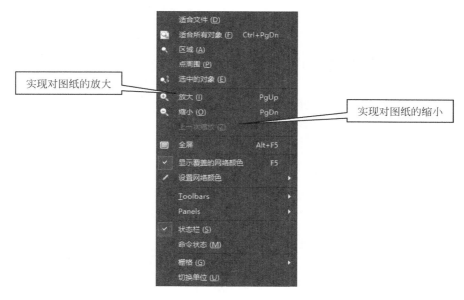

图 3-87 "视图"菜单

选择相应的缩放命令即可实现绘图页的缩放。

1）使用鼠标滑轮来实现对图纸的缩放

按住 Ctrl 键再用鼠标滑轮向上滚动，可以完成对图纸的放大操作。

按住 Ctrl 键再用鼠标滑轮向下滚动，可以完成对图纸的缩小操作。

2）使用原理图标准工具栏对图纸进行缩放

在原理图标准工具栏有 3 个可用的缩放工具。如 适合所有对象（快捷键 Ctrl＋PgDown）、 用于缩放区域和 用于缩放选中对象。

3.5.2 工具栏的打开与关闭

有效地利用工具栏可以大大减少工作量,因此适时打开和关闭工具栏可提高绘图效率。

在原理图编辑环境中,执行"视图"→Toolbars 菜单命令,此时系统将弹出级联菜单,如图 3-88 所示。

选择相应的工具栏,则可打开工具栏。以打开"布线"工具栏为例,选择"视图"→Toolbars 菜单命令中的"布线"选项,则系统则会打开"布线"工具栏,如图 3-89 所示。

图 3-88　工具条级联菜单　　　　　　　　　　图 3-89　"布线"工具栏

3.5.3 元件的复制、剪切、粘贴与删除

假定在原理图绘图页有一电阻元件,如图 3-90 所示。

拖动出一个选择框,选中 Res2 元件,如图 3-91 所示。

放开鼠标,即选中 Res2,如图 3-92 所示。

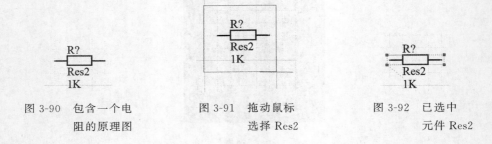

图 3-90　包含一个电　　　　图 3-91　拖动鼠标　　　　图 3-92　已选中
　　　阻的原理图　　　　　　　　　选择 Res2　　　　　　　元件 Res2

在原理图编辑环境中,执行"编辑"→"复制"菜单命令,使用 Ctrl+C 组合键也可实现复制功能。然后执行"编辑"→"粘贴"命令,或选择工具栏中的"粘贴"图标，或使用 Ctrl+V 组合键,此时在鼠标指针下会跟随一电阻元件,如图 3-93 所示。

在期望放置元件的位置单击即可放置元件,如图 3-94 所示。

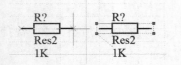　　　　　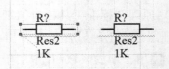

图 3-93　鼠标指针下跟随一电阻元件　　　　图 3-94　采用粘贴方式放置元件

剪切命令的使用与粘贴相同,执行"编辑"→"粘贴"命令 ✖ 或使用 Ctrl＋X 组合键也可实现剪切功能。

Altium Designer 系统为用户提供了阵列粘贴功能。按照设定的阵列粘贴能够一次性地将某一对象或对象组重复地粘贴到图纸中,当原理图中需要放置多个相同对象时,该功能可以很方便地完成操作。

在原理图编辑环境中,选中要进行复制的元件,执行"编辑"→"智能粘贴"命令,打开"智能粘贴"对话框,如图 3-95 所示。可以看到,在"智能粘贴"对话框的右侧有一个"粘贴阵列"区域。选中"使能粘贴阵列"复选框,则阵列粘贴功能被激活。

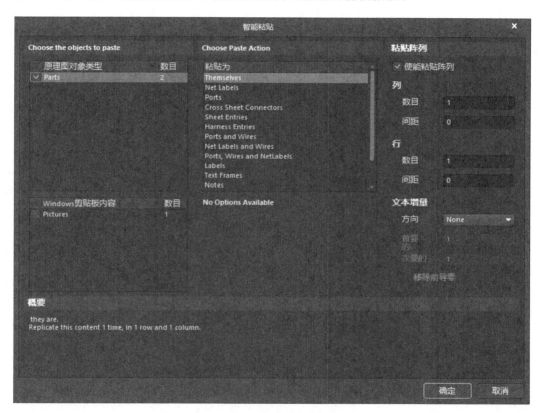

图 3-95 "智能粘贴"对话框

若要进行阵列粘贴,需要对如下参数进行设置。

（1）列:对阵列粘贴的列进行设置。

- 数目:该文本编辑框中,输入需要阵列粘贴的列数。
- 间距:该文本编辑框中,输入相邻两列之间的空间偏移量。

（2）行:对阵列粘贴的行进行设置。

- 数目:该文本编辑框中,输入需要阵列粘贴的行数。
- 间距:该文本编辑框中,输入相邻两行之间的空间偏移量。

(3) 文本增量：设置阵列粘贴中的文本增量。

- 方向：该下拉列表框是用来对增量的方向进行设置。系统给出了3种选择,分别是 None(不设置)、Horizontal First(先从水平方向开始递增)、Vertical First(先从垂直方向开始递增)。选中后两项中任意一项后,其下方的文本编辑栏被激活,可以在其中输入具体的增量数值。
- 首要的：用来指定相邻两次粘贴之间有关标志的数字递增量。
- 次要的：用来指定相邻两次粘贴之间元件引脚号的数字递增量。

下面就以复制得到一个电阻矩阵为例,介绍如何使用阵列粘贴功能。

首先使被复制的电阻处于选中状态,然后执行"编辑"→"复制"命令,使其粘贴在Windows粘贴板上。再执行"编辑"→"智能粘贴"命令,打开"智能粘贴"对话框。设置"粘贴阵列"区域中的各项参数,如图 3-96 所示。

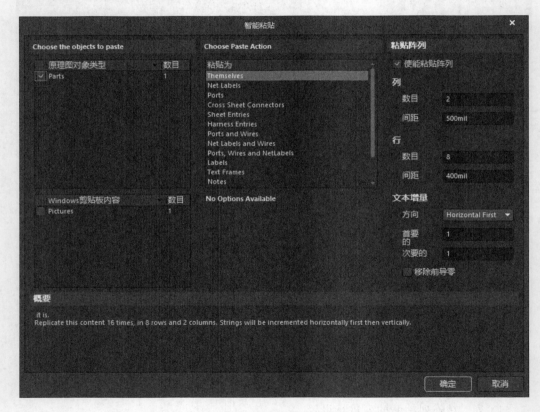

图 3-96　设置"粘贴阵列"区域中的参数

设置完成后,单击"确定"按钮。此时在鼠标指针下会出现一个选中目标的副本,如图 3-97 所示。

单击放置电阻阵到合适位置,如图 3-98 所示。

完成上述操作后,可以看到每个电阻下面都有波纹线,这是系统给出的重名错误提示。此时,可以进行之前所提到过的标注操作,对每个电阻命名,如图 3-99 所示。

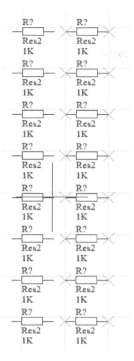

图 3-97 寻找电阻阵的合适位置

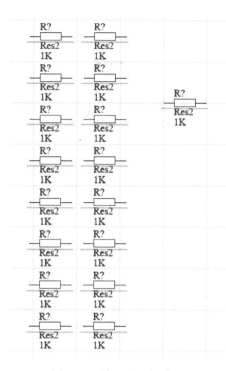

图 3-98 放置电阻矩阵图

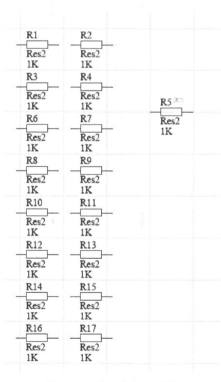

图 3-99 重命名电阻元件

3.6　绘制电路原理图的原则及步骤

　　将已完成的电子设计方案呈现出来的最好的方法就是绘制出清晰、简洁、正确的电路原理图。根据设计需要选择合适的元件,并把所选用的元件和相互之间的连接关系明确地表达出来,这就是原理图的设计过程。

　　绘制电路原理图时应当注意,应该保证电路原理图的电气连接正确,信号流向清晰;其次,应该使元件的整体布局合理、美观、精简。

　　电路原理图的绘制,可以按照如图 3-100 所示的流程图完成。

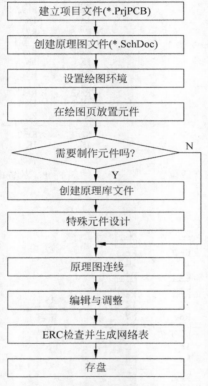

图 3-100　绘制电路原理流程图

3.7　实例介绍

　　为了更好地掌握绘制原理图的方法,接下来就通过一个综合实例来介绍一下整个绘制原理图过程。设计好的电路原理图,如图 3-101 所示。

视频讲解

　　【例 3-6】　LED 点阵驱动电路的设计练习。

　　注:读者可打开配套工程源文件中对应的例程,按照后面的讲述进行操作。

　　第 1 步:双击运行 Altium Designer,在 Altium Designer 主界面中执行"文件"→"新的"→Project→"PCB 工程"命令,在 Projects 面板中出现了新建的项

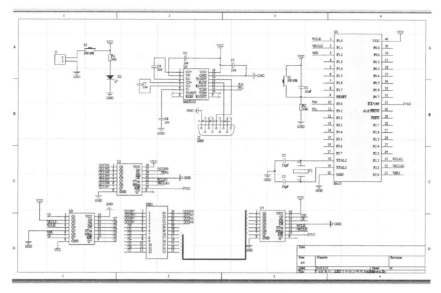

图 3-101　已设计好的电路原理图

目文件,系统给出默认名 PCB-Project1. PrjPCB。在项目文件 PCB-Project1. PrjPCB 上右击,执行快捷菜单中的"保存工程为"命令。在弹出的对话框中输入自己喜欢或与设计相关的名字,如"LED 点阵驱动电路. PrjPcb",如图 3-102 所示。在项目文件"LED 点阵驱动电路. PrjPcb"上右击,执行"添加新的…到工程"→Schematic 命令,则在该项目中添加了一个新的原理图文件,系统给出的默认名为 Sheet1. SchDoc。在该文件上右击,执行"保存"命令,将其保存为自定义的名字,如本例中的"LED 点阵驱动电路"如图 3-103 所示。

图 3-102　新建项目文件

图 3-103　新建原理图文件

在绘制原理图的过程中,首先应放置电路中的关键元件,然后再放置电阻、电容等外围元件。本例中用到的核心芯片 89C51,在系统提供的集成库中不能找到该元件,因此需要用户自己绘制它的原理图符号,再进行放置。对于元件库的制作,已经在第 2 章进行了详细的讲解,此处不再赘述。

第 2 步:在原理图编辑环境中,放置芯片 89C51,并对其进行属性编辑,如图 3-104 所示。

在 Components 面板的当前元件 Components 栏中选择 Miscellaneous Devices. IntLib Components,在元件列表中分别选择电容、电阻、单电源电平转换芯片、数据接口连接器等,并一一进行放置,在各个元件相应的 Components 的 Properties 界面中进行参

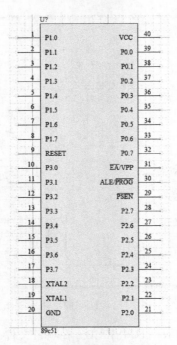

图 3-104　放置 89C51 芯片

数设置,完成标注工作后,如图 3-105 所示。

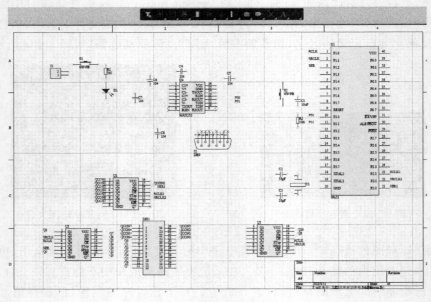

图 3-105　所有元件放置完成

第 3 步:单击"配线"工具栏中的"VCC 电源端口"图标 ,放置电源。

单击"配线"工具栏中的"GND 端口"图标 ,放置接地符号。

放置好电源和接地符号的原理图如图 3-106 所示。

第 4 步:对元件的位置进行调整,使其更加合理。单击"配线"工具栏中的"放置线"

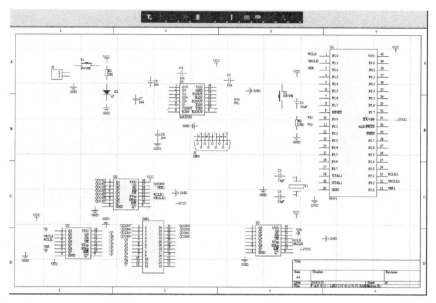

图 3-106 放置好电源和接地符号的原理图

图标 ![]，完成元件之间的电气连接。单击"配线"工具栏中的"放置总线"图标 ![] 和"放置总线入口"图标 ![]，完成电路原理图中总线的绘制。完成所有连接后的电路原理图，如图 3-107 所示，单击"保存"按钮，对绘制好的原理图加以保存。

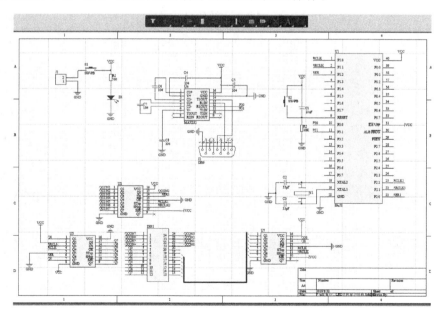

图 3-107 完成电路原理图的绘制

至此，原理图设计的主要部分已经完成，但整个设计还没有结束，剩下的内容在原理图设计中也很重要，是原理图设计成功的保障。

3.8 编译项目及查错

在使用 Altium Designer 进行设计的过程中,编译项目是一个很重要的环节。编译时,系统将会根据用户的设置检查整个项目。对于层次原理图来说,编译的目的就是将若干个子原理图联系起来。编译结束后,系统会提供相关的网络构成、原理图层次、设计文件包含的错误类型及分布等报告信息。

本节以之前使用的工程文件为例,进行查错工作。

3.8.1 设置项目选项

选中项目中的设计文件(就以上面的设计为例),执行"工程"→"工程选项"菜单命令,如图 3-108 所示。

图 3-108 "工程"→"工程选项"菜单命令

打开 Options for PCB Project 对话框,如图 3-109 所示。

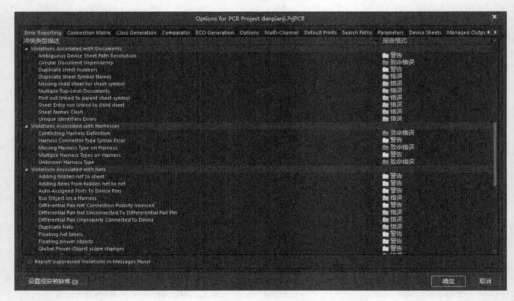

图 3-109 Options for PCB Project 对话框

在 Error Reporting(错误报告类型)选项卡中,可以设置所有可能出现错误的报告类型。报告类型分为"错误""警告""致命错误"和"不报告"4 种级别。单击"报告格式"栏中的报告类型,会弹出一个下拉列表框,如图 3-110 所示,用来设置类型的级别。

Connection Matrix 选项卡用来显示设置的电气连接矩阵,如图 3-111 所示。

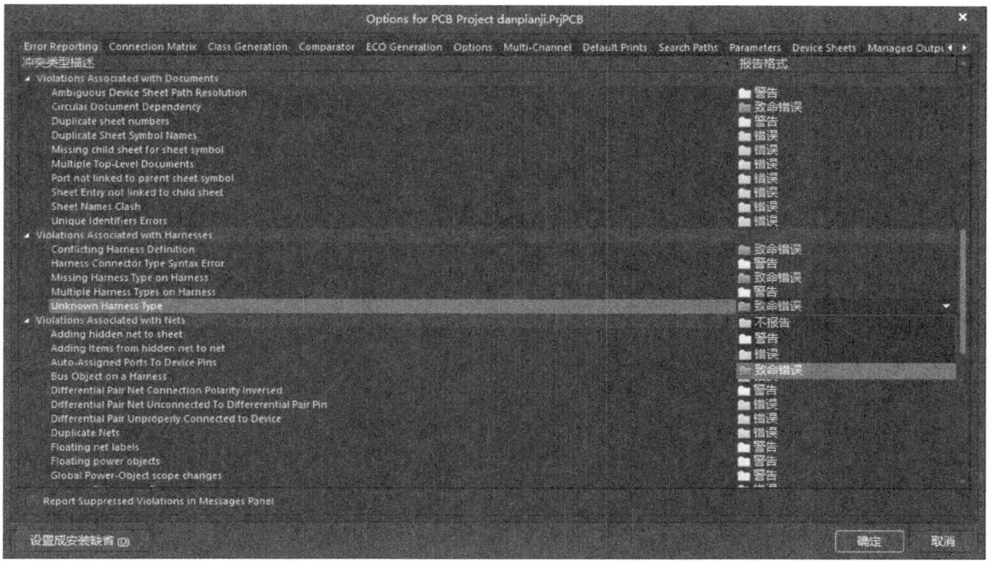

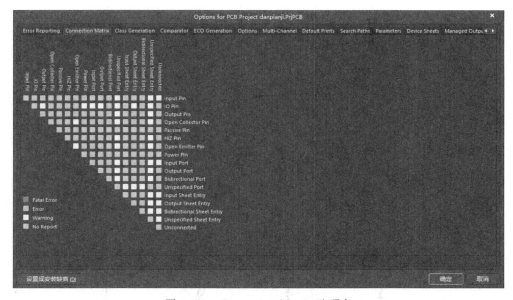

图 3-110　设置报告类型

图 3-111　Connection Matrix 选项卡

要设置当 Passive Pin(不设置电气特性引脚)未连接时是否产生警告信息,可以在矩阵的右侧找到其所在的行,在矩阵的上方找到 Unconnected(未连接)列。行和列的交点表示 Input Pin Unconnected,如图 3-112 所示。

移动光标到该点处,此时鼠标光标为手形,连续单击该点,可以看到该点处的颜色在绿、黄、橙、红之间循环变化。其中绿色代表不报告,黄色代表警告,橙色代表错误,红色代表致命错误。此处设置当不设置电气特性引脚未连接时系统产生警告信息,即设置为黄色。

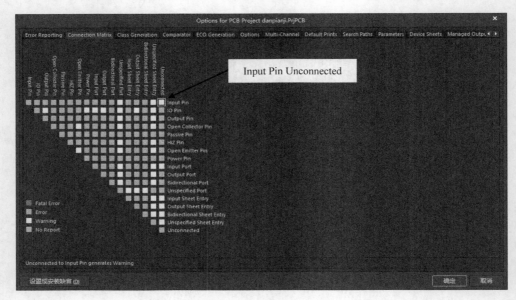

图 3-112　确定 Input Pin Unconnected 交点

Comparator 选项卡用于显示比较器,如图 3-113 所示。

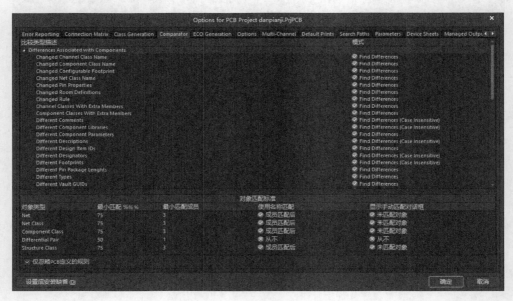

图 3-113　Comparator 选项卡

如果希望在改变元件封装后,系统在编译时有信息提示,则找到 Different Footprints 元件封装一行,如图 3-114 所示。

单击其右侧的"模式"栏,在下拉列表中选择 Find Differences,表示改变元件封装后系统在编译时有信息提示;选择 Ignore Differences,表示忽略该提示。

当设置完所有信息后,单击"确定"按钮,退出该对话框。

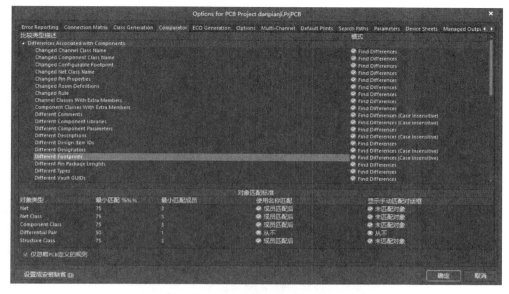

图 3-114 找到 Different Footprints

3.8.2 编译项目同时查看系统信息

在完成项目选项后,在原理图编辑环境中,执行"工程"→"Compile PCB Project LED 点阵驱动电路.PrjPCB"菜单命令,系统生成编译信息报告,如图 3-115 所示。

图 3-115 编译信息提示框

可以看出,这是由总线造成的报错,可以忽略。

3.9 生成原理图网络表文件

网络表可以提供该工程文件的网络连接信息,借由网络表可以检查元件参数和网络连接是否正确。本节以之前的工程为例进行生产网络表操作。

在原理图编辑环境中,执行"设计"→"工程的网络表"→Protel 菜单命令,则会在该项目中生成一个与项目同名的网络表文件,双击该文件,打开如图 3-116 所示的文件。

该文件主要分成两个部分。前一部分描述元件的属性参数(元件序号、元件的封装形式和元件的文本注释),方括号是一个元件的标志。以"["为起始标志,其后为元件序号、元件封装和元件注释,最后以"]"标志结束对该元件属性的描述。

后一部分描述原理图文件中电气连接,标志为圆括号。该网络以"("为起始,首先是网络号名,其后按字母顺序依次列出与该网络标号相连接的元件引脚号,最后以")"结束该网络连接的描述。

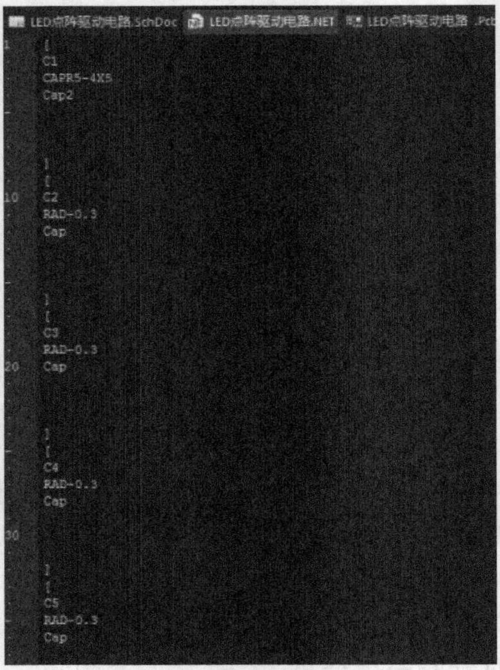

图 3-116　网络表文件

3.10　生成和输出各种报表和文件

原理图设计完成后,除了保存有关的项目文件和设计文件以外,还要输出和整个设计项目相关的信息,并以表格的形式保存。在 Altium Designer 中除了可以生成电路网络表以外,还可将整个项目中的元件类别和总数以多种格式输出保存和打印。报表可以将绘制的 PCB 板中的信息导出为其他格式,以便供厂商和其他设计师浏览。本节以之前的工程为例进行输出报表操作。

3.10.1　输出元件报表

下面以综合实例的电路为例介绍。在原理图编辑环境中执行"报告"→ Bill of Materials 菜单命令,系统会弹出 Bill of Materials 对话框,如图 3-117 所示。

该对话框中列出了整个项目中所用到的元件,在 Altium Designer 19 中右侧的 Properties 界面为设计师提供了供应链等信息。在 Columns 选项卡中可以对报表中信息的来源和显示与否进行设置。

在 Bill of Materials For Project 对话框中单击 Preview 按钮,系统将弹出如图 3-118 所示的报表预览。

单击 Bill of Material For Project 对话框中的 Expert 按钮,系统将会弹出 Export Report From Project 对话框,如图 3-119 所示。

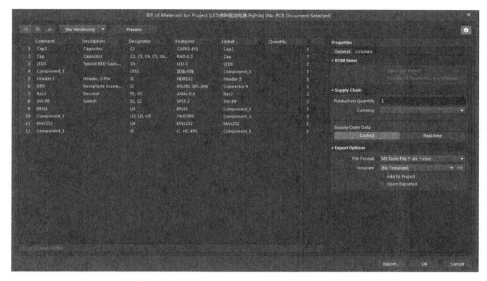

图 3-117　Bill of Material For Project 对话框

Comment	Description	Designator	Footprint	LibRef	Quantity
Cap2	Capacitor	C1	CAPR5-4X5	Cap2	1
Cap	Capacitor	C2, C3, C4, C5, C6, C7, C8	RAD-0.3	Cap	7
LED1	Typical RED GaAs LED	D1	LED-1	LED1	1
Component_1		DIS1	双色点阵	Component_1	1
Header 2	Header, 2-Pin	J1	HDR1X2	Header 2	1
DB9	Receptacle Assembly, 9 Position, Right Angle	J2	DSUB1.385-2H9	Connector 9	1
Res2	Resistor	R1, R2	AXIAL-0.4	Res2	2
SW-PB	Switch	S1, S2	SPST-2	SW-PB	2
89c51		U1	89c51	Component_1	1
Component_1		U2, U3, U5	74HC595	Component_1	3
MAX232		U4	MAX232	MAX232	1
Component_1		Y1	LC-HC-49S	Component_1	1

图 3-118　"报告预览"窗口

图 3-119　Export Report From Project 对话框

在"文件名"下拉列表框中输入保存文件的名字。

注：此时"保存类型"下拉列表框的内容已经固定，如需更改，应在 Bill of Material For Project 对话框的 Expert Option 栏中进行设置。

一般选择 Microsoft Excel Worksheet(＊.xls)。单击"保存"按钮将元件报表以 Excel 表格格式保存，同时系统会打开该文件，如图 3-120 所示。

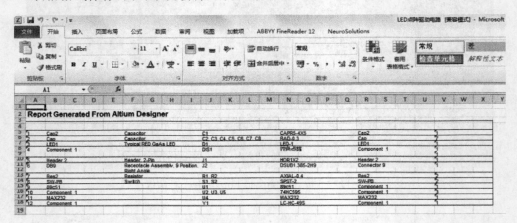

图 3-120　用 Excel 显示元件报表

在 Export Report From Project 窗口中的"保存类型"下拉列表框中选择 Web Page (＊.htm；＊.html)选项，单击"保存"按钮，系统将用 IE 浏览器保存并打开文件，如图 3-121 所示。

Report Generated From Altium Designer

	Comment	Description	Designator	Footprint	LibRef	Quantity
	Cap2	Capacitor	C1	CAPR5-4X5	Cap2	1
1	Cap	Capacitor	C2, C3, C4, C5, C6, C7, C8	RAD-0.3	Cap	7
2	LED1	Typical RED GaAs LED	D1	LED-1	LED1	1
3	Component_1		DIS1	双色点阵	Component_1	1
4						
5	Header 2	Header, 2-Pin	J1	HDR1X2	Header 2	1
6	DB9	Receptacle Assembly, 9 Position, Right Angle	J2	DSUB1.385-2H9	Connector 9	1
7	Res2	Resistor	R1, R2	AXIAL-0.4	Res2	2
8	SW-PB	Switch	S1, S2	SPST-2	SW-PB	2
9	89c51		U1	89c51	Component_1	1
10	Component_1		U2, U3, U5	74HC595	Component_1	3
11	MAX232		U4	MAX232	MAX232	1
12	Component_1		Y1	LC-HC-49S	Component_1	1

图 3-121　用 IE 显示元件报表

3.10.2　输出整个项目原理图的元件报表

如果一个设计项目由多个原理图组成,那么整个项目所用的元件还可以根据它们所处原理图的不同分组显示。在原理图编辑环境中,执行"报告"→Comment Cross Reference 菜单命令,输出结果如图 3-122 所示。

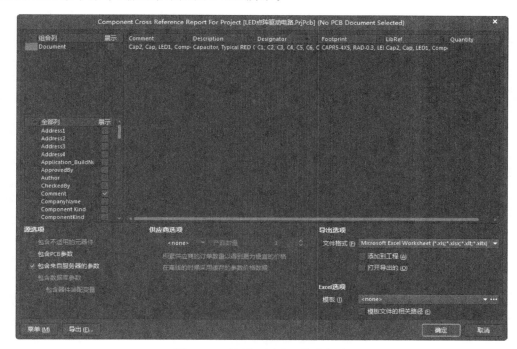

图 3-122　按原理图分组输出报表

对于如图 3-122 所示对话框的操作,与前面的操作方式相同,此处不再赘述。

习题

1. 启动 Altium Designer,创建一个新的项目文件,将其保存在自己创建的目录中,并为该项目文件加载一个新的原理图文件。

2. 对上题中的新建原理图文件进行相应的属性设置,图纸大小为 800mm×400mm(在本书中,单位若无特别说明均为 mm)、水平放置,其他参数按照系统默认设置即可。

3. 在新建原理图文件中绘制如图 3-123 所示的电路图。

在这个过程中,熟练对元件 Components 的操作、对元件放置的操作、对元件之间连接的操作。

(1) 熟悉电路原理图绘制的相关技巧。

(2) 项目编译有哪些意义?

(3) 输出本例电路图中的相关报表。

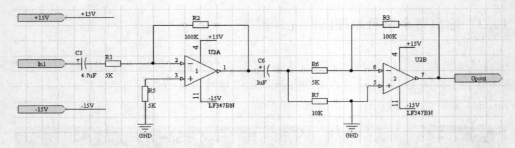

图 3-123　习题 3 电路图

（4）熟悉 Connect Matrix 设置，设定规则发现两个输出引脚连接在一起的错误。

（5）熟悉 ERC Report 设置，设定规则发现两个不同网络连在一起的错误。

内容提要：

- 利用网络标号进行优化
- 利用端口进行优化
- 层次设计电路的优点
- 使用自上而下的层次设计进行优化
- 使用自下而上的层次设计进行优化
- 标注元件参数优化
- 使用画图工具栏优化

目的：在完成了电路图基础绘制后，可以通过利用元件编号、层级化设计等方式对原理图进行优化，使设计的原理图更加清晰简洁，不容易出错。

前面学习了电路原理图的基本绘制。这种绘制方法适用于结构较为简单、规模较小的电路设计。对于功能更为复杂、规模更为庞大的电路，首先应该考虑选择用何种方法去优化的设计原理图，以达到简洁、清晰的目的。对于一些模块较多的电路，它的元件繁多、功能复杂会导致难以分析阅读，甚至难以在一张原理图上完全所有部分的绘制。这种情况可以选择层次化的电路设计，将各个模块分别绘制于几张原理图上，使得电路更加清晰，也便于多人同时进行设计，加快设计进程。

4.1 使用网络标号进行电路原理图绘制的优化

网络标号实际是一个电气连接点，具有相同网络标号的电气连接表明是连在一起的，因此使用网络标号可以避免电路中出现较长的连接线，从而使电路原理图可以清晰地表达电路连接的脉络。接下来以LED 点阵驱动电路为例进行原理图绘制优化的演示。

4.1.1 复制电路原理图到新建的原理图文件

在 Altium Designer 的主界面中，执行"文件"→"新的"→"原理图"命令，保存文件名为"LED 点阵驱动电路.SchDoc"并打开新建的原理图文件，如图 4-1 所示。

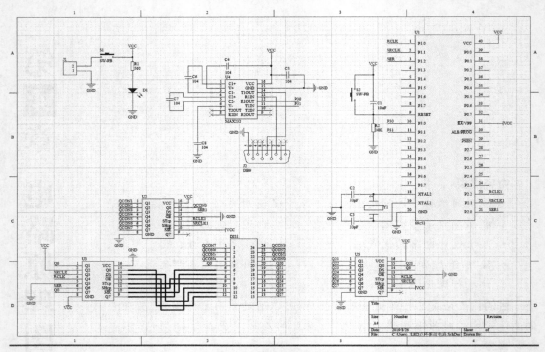

图 4-1　打开绘制好的原理图

在原理图编辑环境中,执行"编辑"→"选择"→"全部"菜单命令,选中后的电路原理图如图 4-2 所示。

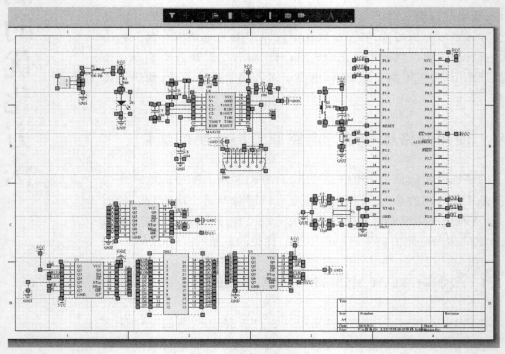

图 4-2　选中电路原理图

在原理图编辑环境中,执行"编辑"→"复制"菜单命令,或右击,在弹出的菜单命令中执行"复制"命令,将界面切换到新建的原理图文件,执行"编辑"→"粘贴"命令。此时将出现已绘制好的电路原理图,如图 4-3 所示。

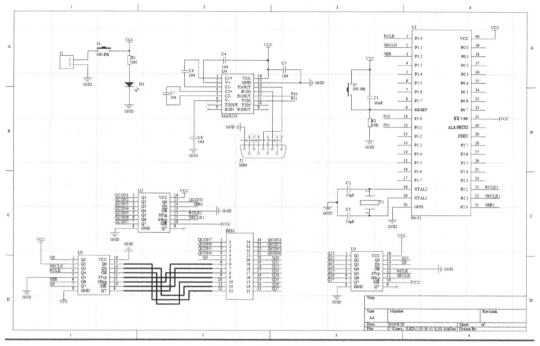

图 4-3　复制-粘贴电路

在期望放置电路的位置单击即可放置原理图,如图 4-4 所示。

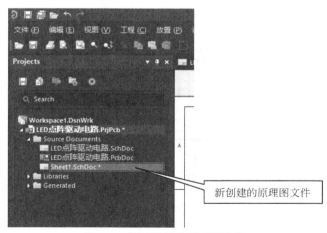

图 4-4　复制到新建原理图文件

4.1.2　删除部分连线

有的部分连线比较复杂,使用网络标号可以简化原理图,使原理图更为

视频讲解

直观和清晰。

　　在本设计中,拟将如图 4-5 所示电路中的以粗线形式表示的连线删除。

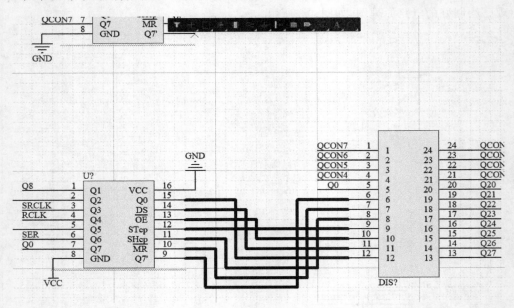

图 4-5　待删除的连线

　　选择其中的一条连线,则在连线两个端点出现绿色手柄(图中显示为灰色,具体颜色见软件操作),如图 4-6 所示。

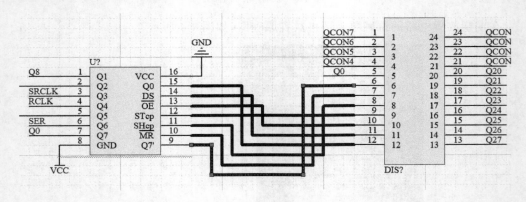

图 4-6　选择某一连线

　　按 Delete 键,即可删除连线,如图 4-7 所示。

　　在这里用户已知待删除的连线群,可采用下述方式删除多条连线。将鼠标指针放置到待删除的连线上,按住 Shift 键再单击,可以一次选中多条待删除的连线,如图 4-8 所示。

　　按 Delete 键,即可删除连线,如图 4-9 所示。

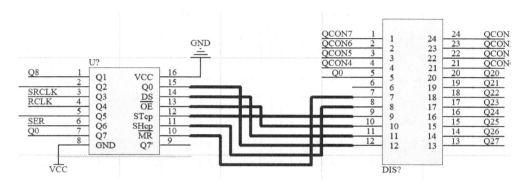

图 4-7 删除连线

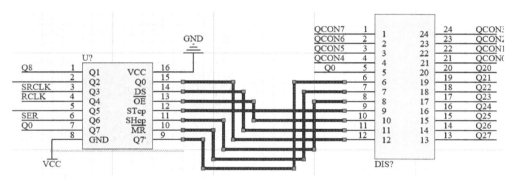

图 4-8 选中全部待删除的连线

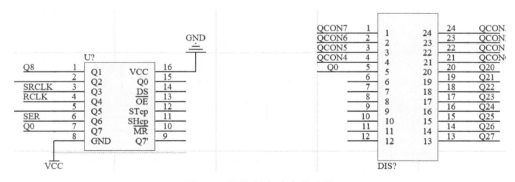

图 4-9 删除所有选中的连线

4.1.3 使用网络标号优化电路连接

选择"布线"工具栏中的"放置网络标号"图标,如图 4-10 所示。

此时鼠标指针下将出现如图 4-11 所示的放置网络标号框。

按 Tab 键,此时系统将弹出如图 4-12 所示的 Properties-Net Label 界面。

在网络栏中输入 Q1 标号后,放置在 U9 接口处,如图 4-13 所示。

按照上述方式标注 U9 的其他端口,结果如图 4-14 所示。

放置网络标号

图 4-10 选择"放置网络标号"图标

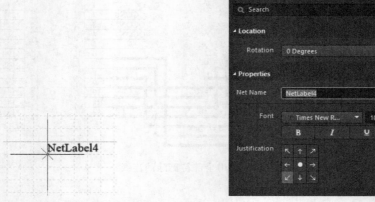

图 4-11 鼠标指针下出现放置网络标号框   图 4-12 Properties-Net Label 界面

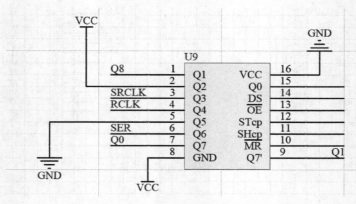

图 4-13 放置网络标号

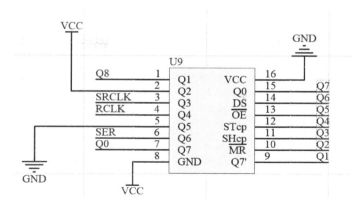

图 4-14　标注结果

再对 DIS2 进行标注,结果如图 4-15 所示。

再对 DIS2 的其他端口进行标注,结果如图 4-16 所示。

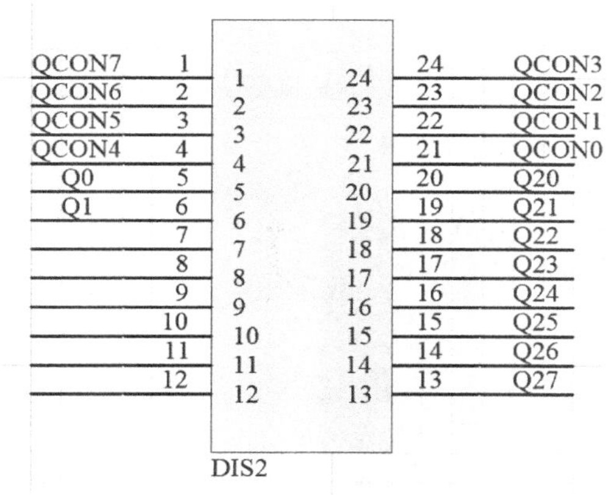

图 4-15　标注 DIS2 接口 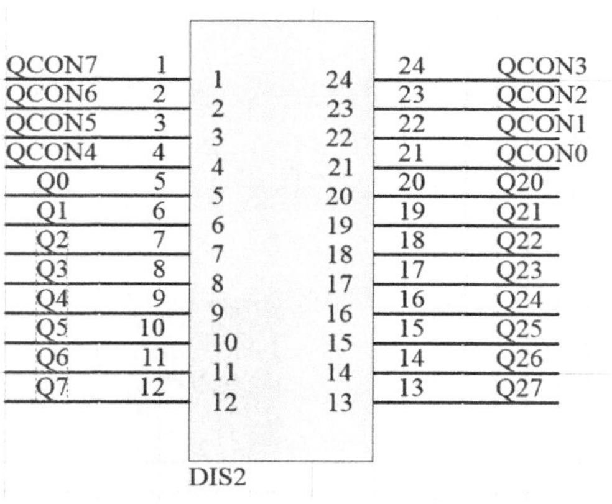　　　　　　　　图 4-16　标注 DIS2 的其他接口

标注完,电路原理图如图 4-17 所示。

选择工具栏的"保存"工具 ,保存对电路图的编辑。

4.1.4　使用网络表查看网络连接

在原理图编辑环境中,执行"设计"→"工程的网络表"→Protel 菜单命令,系统会在工程文件中添加一个文本文件,如图 4-18 所示。它的后缀为 .NET。需要注意的是,既然为工程的网络表,就必须有一个工程,所以切记要在工程文件下进行此操作。

使用窗口中的滚动条查看电路的网络连接,其中 Q1 的网络包括如图 4-19 所示的部分。

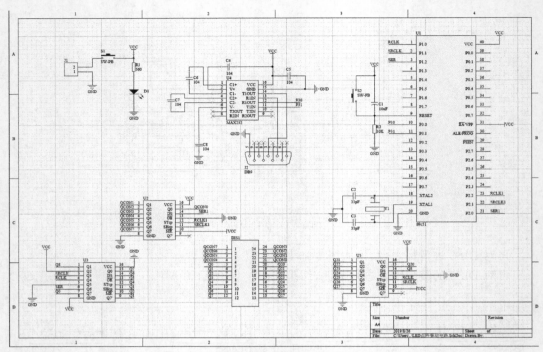

图 4-17　经过网络标号优化的电路原理图

图 4-18　网络表查看连接

图 4-19　Q1 的网络

从网络表可知,Q3 网络包含 DIS1 的 6 引脚、U3 的 9 引脚,与电路连接一致(以图 4-19 中的元件命名为准),因此可以在较复杂的连线时采用网络标签来简化电路,使电路图更加直观,更便于用户读图。

4.2 使用端口进行电路原理图绘制的优化

视频讲解

在电路中使用 I/O 端口,并设置某些 I/O 端口,使其具有相同的名称,这样就可以将具有相同名称的 I/O 端口视为同一网络或者认为它们在电气关系上是相互连接的。除网络标号外,使用 I/O 端口这一方式也是进行原理图优化的好方法,这一方式与网络标号相似。接下来以 LED 点阵驱动电路为例进行原理图绘制优化的演示。

4.2.1 采用另存为方式创建并输入原理图

在 4.1 节中生成了 Sheet1.SchDoc 原理图。选择 Projects 面板中的 Sheet1.SchDoc 文件,如图 4-20 所示。

此时在原理图编辑环境出现 Sheet1.SchDoc 原理图绘制窗口。右击,选择快捷菜单中的"另存为"命令,此时系统将弹出如图 4-21 所示的"另存为"对话框。

然后单击"保存"按钮,此时系统将切换到 Sheet1.SchDoc 文件界面,如图 4-22 所示。

图 4-20 选择 Projects 面板中的 Sheet1.SchDoc 文件

在图 4-22 中,DIS2 与 U10 相连接部分可以使用端口来简化电路的连接。

图 4-21 文件"另存为"对话框

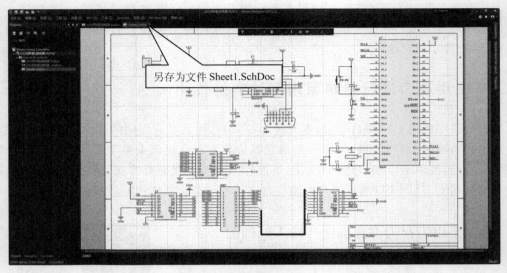

图 4-22　切换到 Sheet1.SchDoc 文件界面

4.2.2　删除电路原理图中部分连线

单击网络标号,结果如图 4-23 所示。

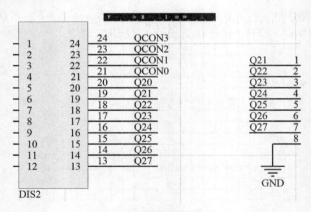

图 4-23　单击网络标号

然后按 Delete 键,此时选择的网络标号被删除,如图 4-24 所示。

按照上述方法,删除电路中 DIS2 与 U10 相连接部分的网络标号,结果如图 4-25 所示。

4.2.3　使用 I/O 优化电路连接

选择"布线"工具栏中的"放置端口"图标,如图 4-26 所示。

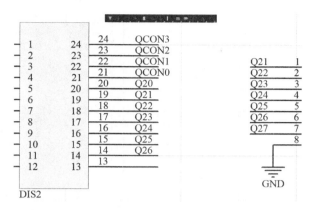

图 4-24　删除网络标号

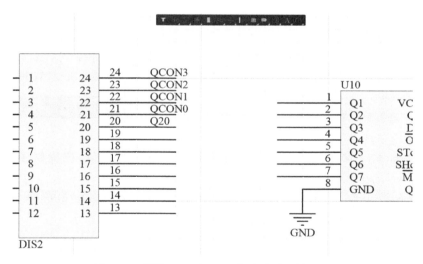

图 4-25　删除 DIS2 与 U10 相连接的网络标号

图 4-26　选择"放置端口"图标

此时鼠标指针下将出现如图 4-27 所示的 I/O 端口。

按 Tab 键,此时系统将弹出如图 4-28 所示的 Properties-Port 界面。

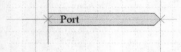

图 4-27 鼠标指针下出现 I/O 端口   图 4-28 Properties-Port 界面

- Name:在该文本编辑栏中输入端口名称。
- I/O Type:单击下三角按钮,用户可以看到系统提供了 4 种端口类型,即 Unspecified (未指定)、Output(输出端口)、Input(输入端口)及 Bidirectional(双向端口)。
- Harness Type:束线类型,单击文本框中的 下三角按钮,Altium Designer 中没有提供 默认的束线类型,如图 4-29 所示。

图 4-29 束线类型

- Alignment:指定端口名称的放置位置,用户可以看到系统提供了 3 种位置: Center(居中)、Left(左对齐)及 Right(右对齐)。

在 Name 栏中输入 I/O 端口名 Q21,设置 I/O Type 为 Output,端口名称位置 Alignment 为 Center,其他采用系统的默认设置,结果如图 4-30 所示。

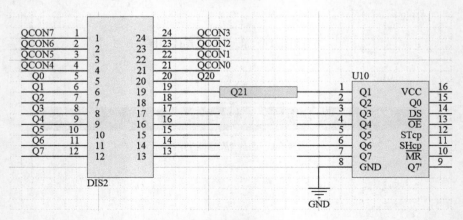

图 4-30 放置并设置端口

按照上述方式在 DI 端口的其他引脚线上放置 I/O 端口。端口"类型"为 Right、"I/O类型"为 Output、端口名称位置 Alignment 为 Center，其他采用系统的默认设置，结果如图 4-31 所示。

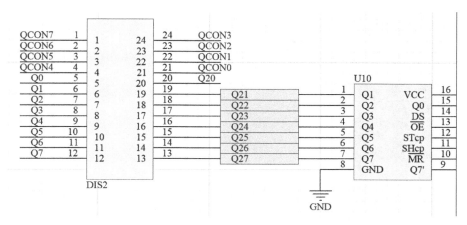

图 4-31　放置其他 I/O 端口

按照上述方法，可以进行单独设置，应注意 U10 放置的端口的"I/O 类型"应设置成Input，结果如图 4-32 所示。

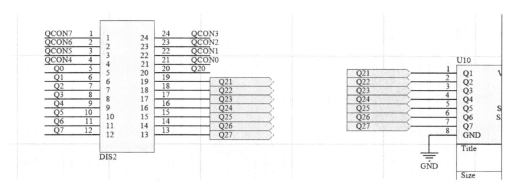

图 4-32　完成端口简化电路

选择工具栏的保存工具 ![save]，将该原理图保存为 Sheet3.SchDoc，保存对电路图的编辑。

4.2.4　使用网络表查看网络连接

在原理图编辑环境中，执行"设计"→"工程的网络表"→Protel 菜单命令，打开Sheet3.SchDoc 网络表，如图 4-33 所示。

使用窗口中的滚动条查看电路的网络连接。按 Ctrl＋F 组合键进行查找操作，系统将弹出如图 4-34 所示的窗口。

```
[
C1
CAPR5-4X5
Cap2


]
[
C2
RAD-0.3
Cap


]
[
C3
RAD-0.3
Cap


]
[
C4
RAD-0.3
Cap


]
[
C5
RAD-0.3
Cap


]
[
C6
RAD-0.3
Cap


]
[
C7
RAD-0.3
Cap


]
[
C8
RAD-0.3
```

图 4-33   Sheet3.SchDoc 网络表

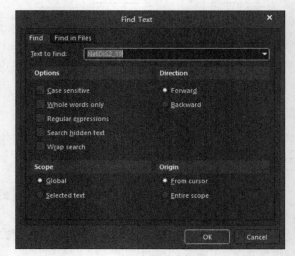

图 4-34   对象查找窗口

在 Text to find 文本框中输入待查找的内容。此处查找 NetDIS2_19 字段，（将鼠标悬停在放置的端口上以获得它所属的网络名称）即在文本框中输入 Q21 字样后，单击 OK 按钮，光标停留在第一次查找到 Q21 字段的位置。其中 Q21 所在网络包括如图 4-35 所示的部分。

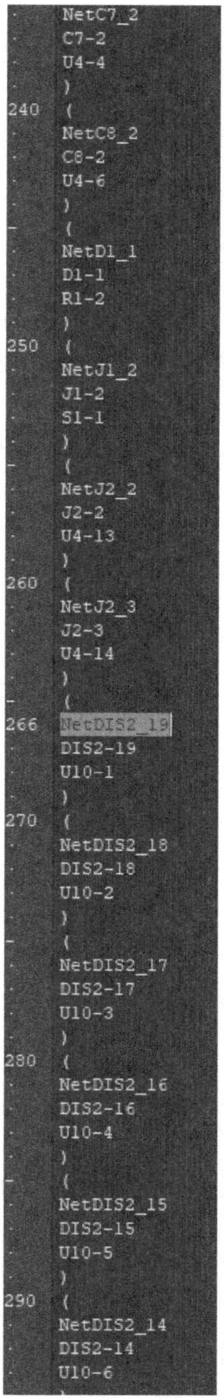

```
        NetC7_2
        C7-2
        U4-4
        )
240     (
        NetC8_2
        C8-2
        U4-6
        )
        (
        NetD1_1
        D1-1
        R1-2
        )
250     (
        NetJ1_2
        J1-2
        S1-1
        )
        (
        NetJ2_2
        J2-2
        U4-13
        )
260     (
        NetJ2_3
        J2-3
        U4-14
        )
        (
266     NetDIS2_19
        DIS2-19
        U10-1
        )
270     (
        NetDIS2_18
        DIS2-18
        U10-2
        )
        (
        NetDIS2_17
        DIS2-17
        U10-3
        )
280     (
        NetDIS2_16
        DIS2-16
        U10-4
        )
        (
        NetDIS2_15
        DIS2-15
        U10-5
        )
290     (
        NetDIS2_14
        DIS2-14
        U10-6
```

图 4-35　Q21 所在网络包含的内容

从网络表可知,Q21 网络包含 DIS2 的 19 引脚、U10 的 1 引脚,与电路连接一致,因此可以对较复杂的连线采用 I/O 端口来简化电路,使电路图更加直观,更便于用户读图。

4.3 层次设计电路的优点

（1）将一个复杂的电路设计分为几个部分,分配给不同的技术人员同时进行设计。这样可缩短设计周期。

（2）按功能将电路设计分成几个部分,使具有不同特长的设计人员负责不同部分的设计。降低了设计难度。

（3）复杂电路图,需要很大的页面图纸绘制,而采用的打印输出设备不支持打印过大的电路图。

（4）目前自上而下的设计策略已成为电路和系统设计的主流。这种设计策略与层次电路结构相一致。因此相对复杂的电路和系统设计,目前大多采用层次结构。

4.4 使用自上而下的层次电路设计方法优化绘制

对于一个庞大的电路设计任务来说,用户不可能一次完成,也不可能在一张电路图中绘制,更不可能一个人完成。Altium Designer 为充分满足用户在实践中的需求,提供了一种层次电路设计方案。

层次设计方案实际是一种模块化的方法。自上而下的层次电路设计需要设计师对整个工程有一个把握,要求在原理图绘制之前就对系统有深入的了解,这样才能对各个模块有比较清晰的划分。

用户将系统划分为多个子系统,子系统又由多个功能模块构成,在大的工程项目中,还可将设计进一步细化。将项目分层后,即可分别完成各子系统模块,子系统模块之间通过定义好的连接方式连接,即可完成整个电路的设计。自上而下电路设计流程如图 4-36 所示。

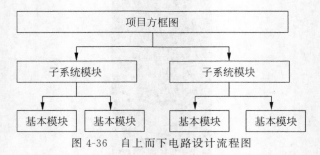

图 4-36 自上而下电路设计流程图

4.4.1 将电路划分为多个电路功能块

可将该电路划分为 3 个功能模块,分别是电源块、单片机及外围电路块和 DA 转换输出模块。

4.4.2 创建原理图输入文件

新的原理图输入文件的创建在 4.1.1 节中已经介绍过,这里不再重复,本节将创建文件名为 Sheet4.SchDoc 的文件。

4.4.3 绘制主电路原理图

视频讲解

此处采用自上而下层次化设计方法。

第 1 步:将界面切换到 Sheet4.SchDoc 编辑窗口,单击"布线"工具栏中的"放置页面符"图标,如图 4-37 所示。

图 4-37 单击"放置图表符"图标

此时鼠标指针下将出现如图 4-38 所示的图表符。

按 Tab 键,此时系统将弹出如图 4-39 所示的 Properties-Sheet Symbol 界面。

图 4-38 开始放置图表符

图 4-39 Properties-Sheet Symbol 界面

该界面中包含对子电路块名称、大小、颜色等参数的设置。如果想要修改 File Name 一栏,首先需要单击 File Name 的标题,进入 Properties-Parameter 界面,修改其中的

Value 值。在该界面还可以修改 File Name 的字体、字号、颜色等,如图 4-40 所示。

单击确定下页面符起始位置,移动鼠标调整到合适的大小,再次单击,完成图表符的放置,如图 4-41 所示。

图 4-40　Properties-Parameter 界面

图 4-41　完成子电路块的放置

第 2 步:按照上述方式放置其他子电路块,结果如图 4-42 所示。

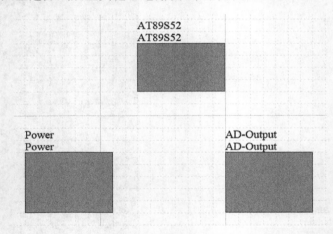

图 4-42　放置其他子电路块

接下来编辑 Power 图表符的端口。Power 图表符代表电源电路,在电源电路中有 4 脚连接端子,用于输入从外界稳压电源来的电压,因此 Power 子电路块需放置 3 个输入端口;并需在 Power 子电路块中放置 3 个输出端口。

第 3 步:单击"布线"工具栏中的"放置图纸入口"图标,如图 4-43 所示。

将鼠标指针放置到图表符上,单击,此时鼠标指针下将出现如图 4-44 所示的图纸入口端口。

图 4-43　单击"放置图纸入口"图标

按 Tab 键,此时系统将弹出如图 4-45 所示的 Properties-Sheet Entry 界面。

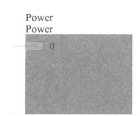

图 4-44　鼠标指针下出现子电路块端口

图 4-45　Properties-Sheet Entry 界面

- Name:设置端口名称。
- I/O Type:端口类型。系统提供了 4 种端口类型,具体类型如之前介绍的相同。单击 I/O Type 文本框中的下三角按钮,可选择端口类型。
- Harness Type:束线类型,单击文本框中的下三角按钮。
- Kind:端口风格。系统提供了 4 种端口风格,单击 Kind 文本框中的下三角按钮,可选择端口风格。包括 Block&Triangle、Triangle、Arrow 和 Arrow Tail。

定义端口 Name 为 In1、I/O Type 定义为 Input 其他项目采用系统默认设置,设置完成后结果如图 4-46 所示。

第 4 步:按照上述方式在 Power 子电路块中放置其他端口,结果如图 4-47 所示。

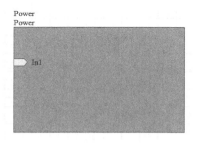

图 4-46　设置端口

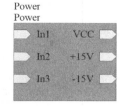

图 4-47　在 Power 子电路块中放置其他端口

通常左侧放置输入端口,右侧放置输出端口。在本例当中也遵照这一常规。

按照上述方式编辑其他子电路块,编辑好的电路如图 4-48 所示。

第 5 步:接下来放置各连接端子,然后连接电路,结果如图 4-49 所示。

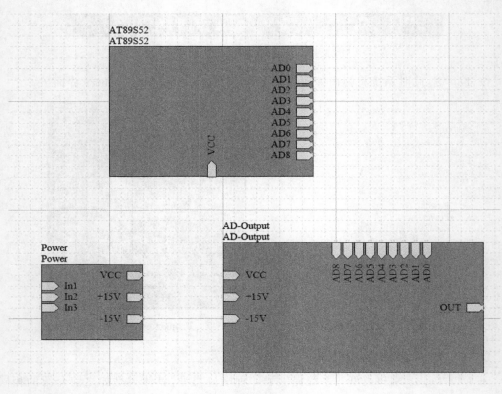

图 4-48   编辑其他子电路块

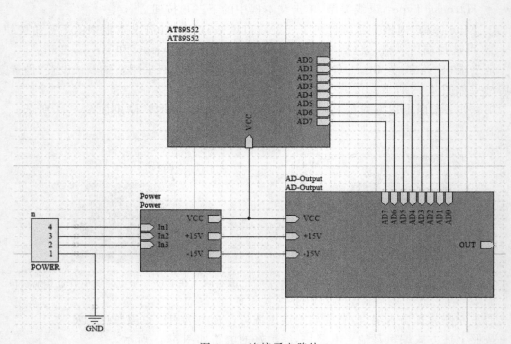

图 4-49   连接子电路块

4.4.4 在子电路块中输入电路原理图

当子电路块原理图绘制完成后,用户要为子电路块输入电路原理图。首先需建立子电路块与电路图的连接。在 Altium Designer 中,子电路块与电路原理图通过 I/O 端口匹配。Altium Designer 提供了由子电路块生成电路原理图 I/O 端口的功能,这样就简化了用户的操作。

在原理图编辑界面中,执行"设计"→"从页面符创建图纸"菜单命令,此时鼠标指针为"十"字形,移动鼠标指针到 Power 电路块,单击,会跳转到一个新打开的原理图编辑器界面,其名称为 Power,如图 4-50 所示。也可以单击 Power 页面符后,右击选择"页面符操作"→"从页面符创建图纸"命令。

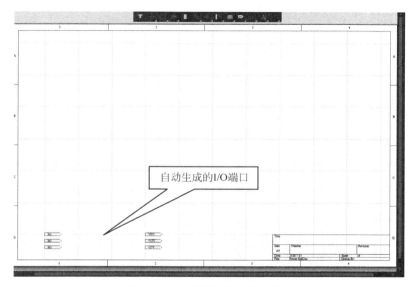

图 4-50 跳转到新的原理图文件

可以看到,系统中会自动生成 I/O 端口。

采用复制方法输入原理图,并连接 I/O 端口,结果如图 4-51 所示。

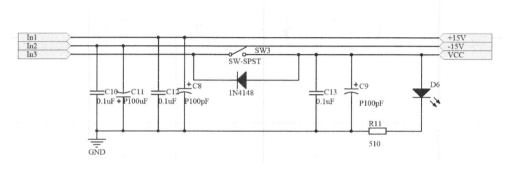

图 4-51 连接好的 Power 电路原理图

按照上述方法将另外两个子电路块输入电路原理图,并连接端口,结果如图 4-52 所示。

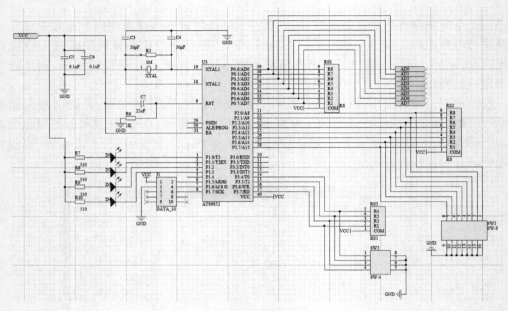

(a) 连接好的AT89S52电路

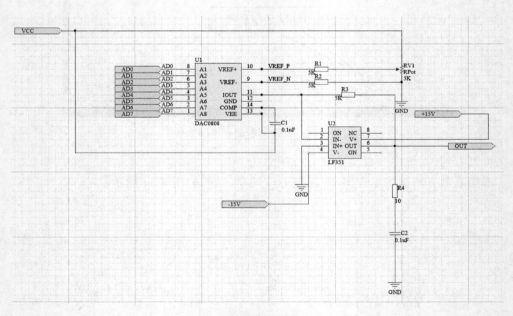

(b) 连接好的AD-Output电路

图 4-52　将另两个子电路块输入电路原理图

至此,采用自上而下的方法设计的层次电路完成。

在原理图编辑界面中,执行"工具"→"上/下层次"菜单命令,此时鼠标指针变为"十"字形,此时选中之前设置好的端口入口,即可实现从上层到下层或从下层到上层的切换。

4.4.5 使用网络表查看网络连接

在原理图编辑界面中,执行"设计"→"工程的网络表"→Protel 菜单命令,此时系统将生成该原理图的网络表,如图 4-53 所示。

使用鼠标滑轮,在网络表中找到 AD7 的网络连接,如图 4-54 所示。

图 4-53 层次电路原理图的网络表　　图 4-54 AD7 所在网络包含的内容

从网络表可知,AD7 网络包含 RS4 的引脚 2、U6 的引脚 32 及 U4 的引脚 1,与电路原理图连接一致,因此可以在连线较复杂时采用层次化电路来简化电路原理图的设计,使电路图的针对性更强,更利于用户读图。

4.5 使用自下而上的层次电路设计方法优化绘制

视频讲解

使用自下而上设计方法,即先子模块、后主模块,先底层、后顶层,先部分、后整体。自上而下的设计可以根据子原理图生成上层的原理图,这种方法更适用于对整个设计不那么熟悉的工程师,同时也是初学者的最佳选择。自下而上设计电路流程如图4-55所示。

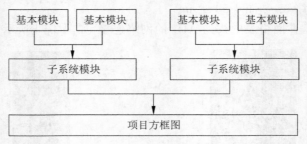

图 4-55 自下而上设计流程图

4.5.1 创建子模块电路

采用另存为方式创建子模块电路。因为在自上而下的电路中以创建了子模块电路,因此打开 Power.SchDoc 电路,执行"文件"→"保存为"菜单命令,此时系统将弹出 Save As 对话框,如图4-56所示。

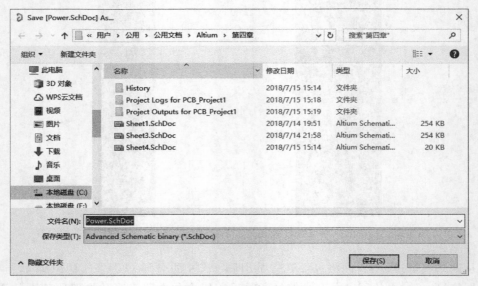

图 4-56 Save As 对话框

修改"文件名"为 PowerNew.SchDoc,然后单击"保存"按钮确认。

按照上述方式创建 AT89S52New.SchDoc 与 AD-OutputNew.SchDoc 文件。

4.5.2 从子电路生成子电路模块

执行"文件"→"新的"→"原理图"菜单命令,打开一个新的原理图文件,将其命名为 Sheet2. SchDoc。在新建原理图编辑环境中,执行"设计"→Create Sheet Symbol From Sheet 菜单命令,此时系统将弹出如图 4-57 所示的选择文件窗口。

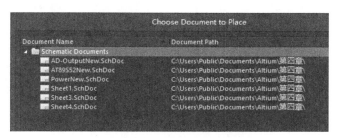

图 4-57 Choose Document to Place 对话框

选择 PowerNew. SchDoc 文件后,单击"确定"按钮,此时鼠标指针下出现子电路模块,如图 4-58 所示。

在期望放置子电路模块的位置单击,即可放置子电路模块,结果如图 4-59 所示。

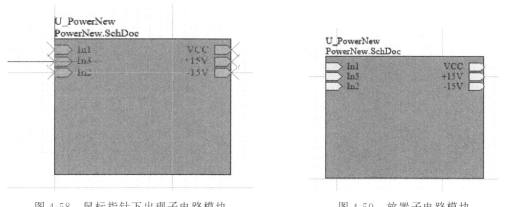

图 4-58 鼠标指针下出现子电路模块   图 4-59 放置子电路模块

系统自动创建的子电路模块不美观,因此单击子电路模块,在子电路块四周将出现绿色手柄,如图 4-60 所示。

拖动绿色手柄即可改变模块的尺寸,如图 4-61 所示。

按照上述方法生成 AT89S52New. SchDoc 及 AD-OutputNew. SchDoc 模块,并对其进行调整,结果如图 4-62 所示。

4.5.3 连接电路模块

在 Power 模块应放置一个四脚连接端子。连接后电路,如图 4-63 所示。

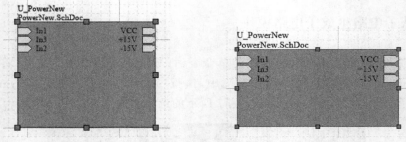

图 4-60　单击子电路模块　　　　　　　　　图 4-61　改变模块的尺寸

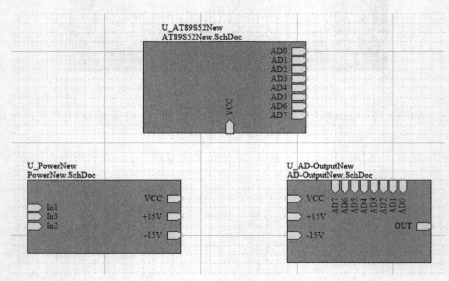

图 4-62　生成电路模块

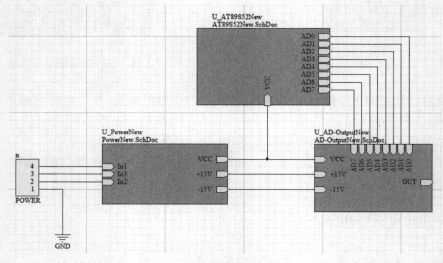

图 4-63　连接电路模块

4.5.4 使用网络表查看网络连接

在原理图编辑界面中,执行"设计"→"工程的网络表"→Protel 菜单命令。打开 Sheet2.SchDoc 网络表,如图 4-64 所示。

使用鼠标滑轮,在网络表中找到 AD7 的网络连接,如图 4-65 所示。

| 图 4-64 网络表查看连接 | 图 4-65 AD7 的网络连接 |

从网络表可知,AD7 网络包含 RS4 的引脚 2、U6 的引脚 32 及 U4 的引脚 1,与电路连接一致,因此可以在连线较复杂时采用层次化电路来简化电路原理图的设计,使电路图的针对性更强,更利于用户读图。

4.6　在电路中标注元件其他相关参数优化绘制

在图例电路中包含电阻元件,当电阻体内有电流流过时要发热,温度太高容易烧毁,为了使电路正常工作,在选用电阻时用户需要考虑选择何种功率的电阻;电路中还用到电容,电容的耐压值的合理选取是保证电路正常工作的重要参数;此外,电路中还用到了二极管,二极管的最大反向工作电压值的选取是关系电路正常工作的重要参数,如果反向电压选取不当,可能会造成二极管被击穿。因此,在电路中标注元件参数便于阅读电路。电路中各元件参数如表 4-1 所示。

表 4-1　电路中各元件参数

元件类型	元件标号	标称值或类型值及其参数	封装
二极管 (包括发光二极管)	D1	LED/25V	DO-35
	D2	LED/25V	LED-1
	D3	LED/25V	
	D4	LED/25V	
	D5	1N4148/25V	
	D6	LED/25V	
电解电容	C8	P100μF/50V	RB7.6-15
	C9	P100μF/50V	
	C11	P100μF/50V	
电容	C1	0.1μF/50V	RAD-0.3
	C2	0.1μF/50V	
	C3	30pF/50V	
	C4	30pF/50V	
	C5	0.1μF/50V	
	C6	0.1μF/50V	
	C7	0.1μF/50V	
	C10	0.1μF/50V	
	C12	0.1μF/50V	
	C13	0.1μF/50V	
电阻	R1	1MΩ/0.25W	AXIAL-0.4
	R2	5kΩ/0.25W	
	R3	5kΩ/0.25W	
	R4	5kΩ/0.25W	
	R5	1kΩ/0.25W	
	R6	510Ω/0.25W	
	R7	10Ω/0.25W	
	R8	510Ω/0.25W	
	R9	510Ω/0.25W	
	R10	510Ω/0.25W	
	R11	510Ω/0.25W	

　　双击电路中的电容 C1，打开 Properties-Component 界面，在编辑元件标称值的文本框中编辑电容 C1 的耐压值为 50V，如图 4-66 所示。

　　编辑完成后，按下 Enter 键，完成设置，结果如图 4-67 所示。

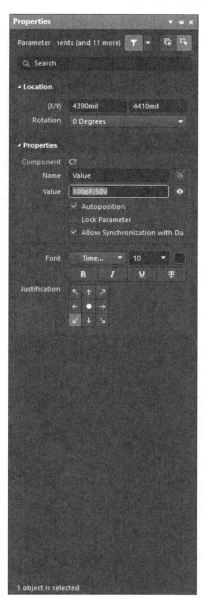

图 4-66　编辑电容元件 C1 的耐压值为 50V

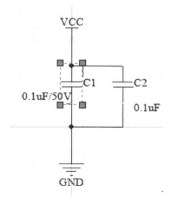

图 4-67　编辑后的电容 C1

　　按照上述方式标注电路，示意图如图 4-68 所示。

　　在电路中标注元件的其他参数可增加电路的可读性。

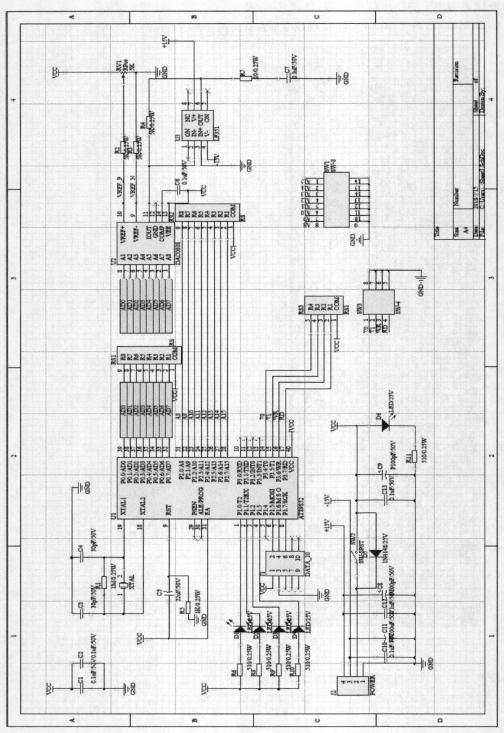

图 4-68　在电路中标注元件其他相关参数示意图

4.7 使用应用工具栏在电路中标注输入/输出信号

在电路的各个电路模块中标注输入信号或输出信号,可使读者准备判断电路功能,提高电路原理图的可读性。下面以音频放大电路为例,对电路的输入/输出及文本内容进行标注。

Altium Designer 提供了"应用工具"工具栏,如图 4-69 所示,用户可使用应用工具绘制标注信号。

该部分以一个音频放大电路为例,介绍如何在 Altium Designer 系统中标注电路的输入/输出信号。

音频放大器是音响系统中的关键部分,其作用是将传声元件获得的微弱信号放大到足够的强度,去推动放声系统中的扬声器或其他电声元件,使原声响重现。

一个音频放大器一般包括两部分,如图 4-70 所示。

图 4-69 "应用工具"工具栏

图 4-70 音响系统结构图

其电路示意图如图 4-71 所示。

4.7.1 在电源电路中标注输入/输出信号

音频放大电路的电源部分,可用端口将其简化。简化后的电源电路如图 4-72 所示。

用户通过变压器给电源电路的 AC1 与 AC2 两端输入 18～20V 的交流电压,接着信号进入整流桥,通过整流桥整流滤波后得到的直流输入电压分别接在 7815 与 7915 的输入端和公共端之间,此时在输出端即可得到稳定的输出电压。因此可在电源电路的输入端绘制同频率、相位相反的正弦波信号。

在原理图编辑界面中按 O 键→"文档选项"菜单命令,打开 Properties-Document Options 界面,设置 Snap Grid 和 Visible Grid 为 20mil,如图 4-73 所示。

接下来绘制正弦波信号。选择"放置线"工具栏中的"应用工具"工具,如图 4-74 所示。

此时鼠标指针将以"十"字形出现。在期望绘制直线起始点的位置单击,然后移动鼠标,可看到在绘图页上出现直线,如图 4-75 所示。

在期望的直线结束点处单击,即可确定直线,如图 4-76 所示。

按照上述方式放置坐标系的纵坐标及箭头,结果如图 4-77 所示。

接下来绘制正弦波信号。单击"应用工具"工具栏中的"放置贝塞尔曲线"工具,如图 4-78 所示。

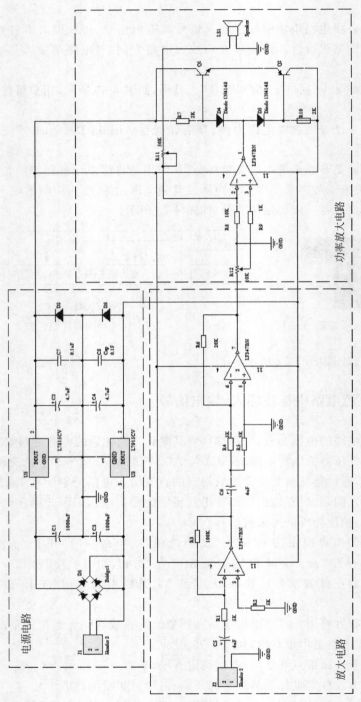

图 4-71 音频放大电路示意图

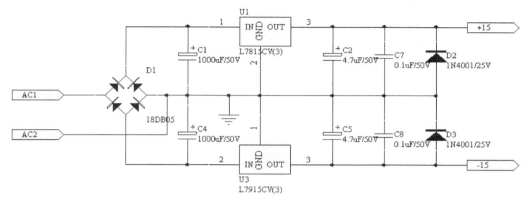

图 4-72　电源简化电路

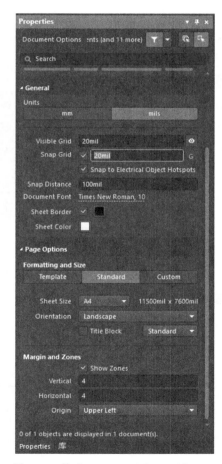

图 4-73　修改 Snap Grid 和 Visible Grid

图 4-74　选择"放置线"工具

图 4-75　绘制直线

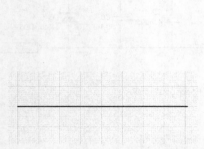

图 4-76　确定直线

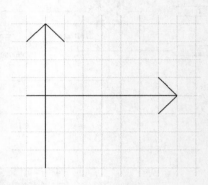

图 4-77　绘制坐标系

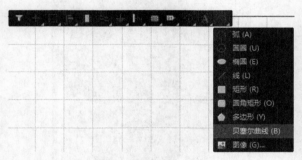

图 4-78　单击"放置贝塞尔曲线"工具

此时鼠标指针将以"十"字形出现。在期望绘制曲线起始点的位置单击,确定曲线的起始点,如图 4-79 所示。

移动鼠标指针到曲线期望的第一个控制点,单击,确定第一个控制点位置,如图 4-80所示。

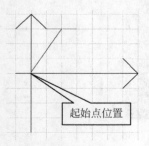

图 4-79　确定起始点

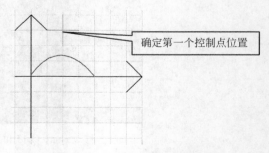

图 4-80　确定第一个控制点位置

移动鼠标指针到曲线期望的第二个控制点，单击，确定第二个控制点位置，如图 4-81 所示。

此时的曲线形状为正弦波的正半波。单击确认曲线，结果如图 4-82 所示。

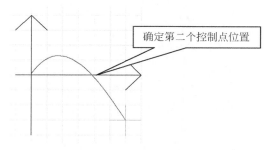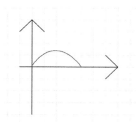

图 4-81 确定第二个控制点位置   图 4-82 确认正弦波的正半波

移动鼠标绘制正弦波的负半波。在以第二控制点为对称中心、与第一控制点形成中心对称的位置单击，确定曲线的第三个控制点，如图 4-83 所示。

按照上述方式，在以第二控制点为对称中心、与起始点形成中心对称的位置放置曲线的第四个控制点，如图 4-84 所示。

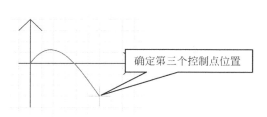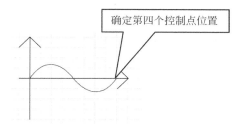

图 4-83 确定曲线的第三个控制点位置   图 4-84 确定第四个控制点位置

在结束点处再次单击，右击退出曲线绘制状态，结果如图 4-85 所示。

此正弦波信号为变压器的输出信号，单击"应用工具"工具栏中的"放置文本字符串"工具，如图 4-86 所示。

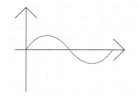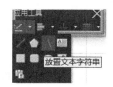

图 4-85 绘制好的正弦波信号   图 4-86 "放置文本字符串"工具

此时鼠标指针下出现一个 Text 文本编辑框，如图 4-87 所示。

按 Tab 键，此时系统将打开 Properties-Text 界面，如图 4-88 所示。

图 4-88　Properties-Text 界面

图 4-87　文本编辑框

在该界面 Properties 栏的 Text 文本框中输入"变压器输出信号"字段,其他选项采用系统的默认设置,设置完成后单击"确定"按钮,确定设置,此时在期望放置字段的位置单击即可放置标注文本,如图 4-89 所示。

对坐标轴进行说明。其中横轴为时间轴,纵轴为电压轴,因此标注方式如图 4-90 所示。

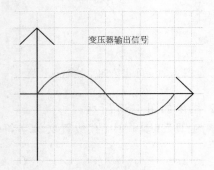

图 4-89　对图形进行标注

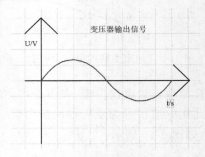

图 4-90　对坐标轴进行标注

按照上述方式标注 AC2 输入端信号,结果如图 4-91 所示。

变压器输出信号经过桥堆整流后变为单相信号,因此在整流桥后标注输出信号以增加电路的可读性。在原理图编辑环境中,选中 AC1 信号,执行"编辑"→"复制"菜单命令。

在绘图页右击,然后执行"编辑"→"粘贴"菜单命令,此时鼠标指针处将出现 AC1 信号轮廓,在期望放置图形的位置单击即可放置图形,结果如图 4-92 所示。

单击复制图形中的曲线,则曲线四周出现控制点,如图 4-93 所示。

由于正弦波信号经桥堆后变为半波信号,因此需要调整曲线。点选曲线最下端的控制点,并将控制点拖动到以时间轴对称的位置,如图 4-94 所示。

在绘图页空白处单击,退出曲线点选状态,此时信号图形如图 4-95 所示。

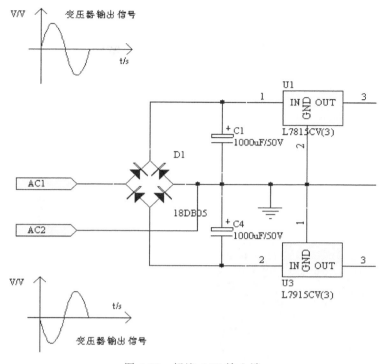

图 4-91　标注 AC2 输入端

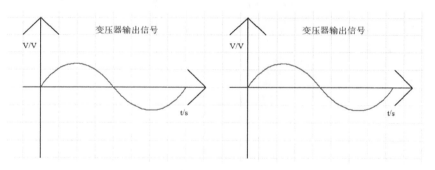

图 4-92　放置复制图形

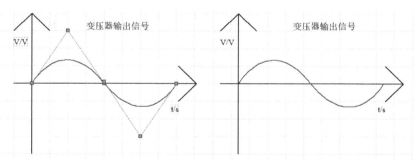

图 4-93　单击曲线

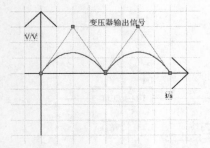

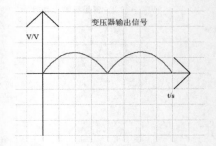

图 4-94　拖动控制点到以时间轴对称的位置　　　　　　图 4-95　调整后的图形

　　双击"变压器输出信号"字段,系统将进入 Properties-Text 界面,如图 4-96 所示。
将该界面中的 Text 内容修改为"全桥整流"后,结果如图 4-97 所示。

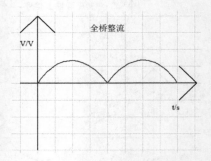

图 4-96　Properties-Text 界面　　　　　　　图 4-97　标注修改后得到的图形

　　按照上述方式标注经整流桥后的另一路信号,结果如图 4-98 所示。
　　全桥整流后的信号经 7815 及 7915 输出直流稳压电流,在电路中标注电源电路的输出信号,结果如图 4-99 所示。
　　用箭头标注各个图形所在的测试点,结果如图 4-100 所示。

4.7.2　在绘图页放置说明文本

　　在电路绘图页放置说明文本便于读者进一步理解电路。在功率放大电路中单击"应用工具"工具栏中的"放置文本框"工具,如图 4-101 所示。
　　此时鼠标指针将以"十"字形出现。在期望绘制放置标注文本框的位置单击,确定文本框的左上角位置,然后移动鼠标,此时将出现文本框轮廓,如图 4-102 所示。

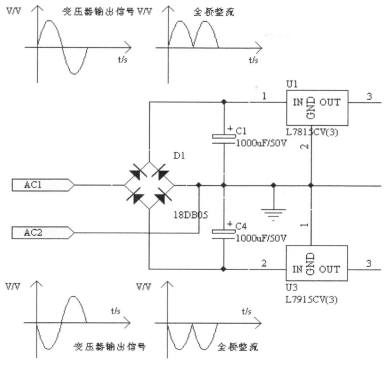

图 4-98　标注经整流桥后的另一路信号

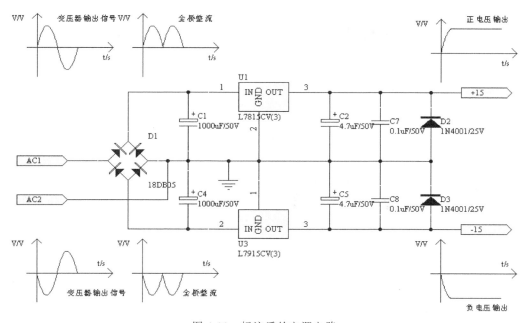

图 4-99　标注后的电源电路

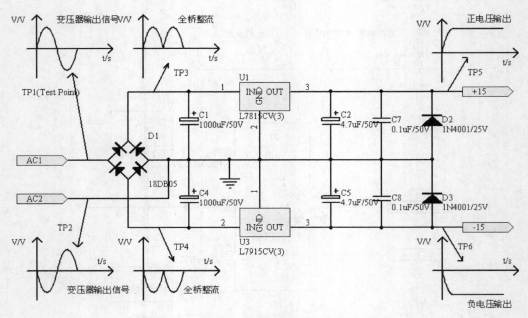

图 4-100　用箭头标注各个图形所在的测试点

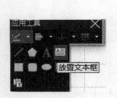

图 4-101　"放置文本框"工具

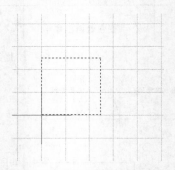

图 4-102　显示文本框轮廓

　　在期望的结束点单击,则文本框被确定,此时文本框以 Text 字段起始,如图 4-103 所示。

　　双击文本框,弹出 Properties-Text Frame 界面,如图 4-104 所示。

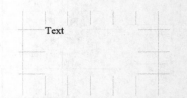

图 4-103　文本框以 Text 字段起始

- Text:在该文本框中可输入期望的字段。其中 Word Wrap 为自动换行,Clip to Area 为修剪范围。
- Location:(X/Y)用于确定文本框位置。
- Border:为是否显示边界。后面的下拉列表框和填色框用于设置文本的颜色和字体粗细。
- Fill Color:用于设置文本框填充颜色。

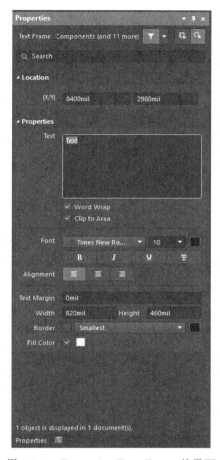

图 4-104　Properties-Text Frame 的界面

图 4-105　"文本结构"设置

　　其余内容主要为字体字号对齐设置等，Text Margin 可设置边距，下面的内容可设置文本框的大小。

　　在 Text 文本框中输入"通用运放的输出电流有限，多为十几毫安；输出电压范围受运放电源的限制，不可能太大。因此，可以通过互补对称电路进行电流扩大，以提高电路的输出功率。"字段，如图 4-105 所示。其他设置如图 4-106 所示。

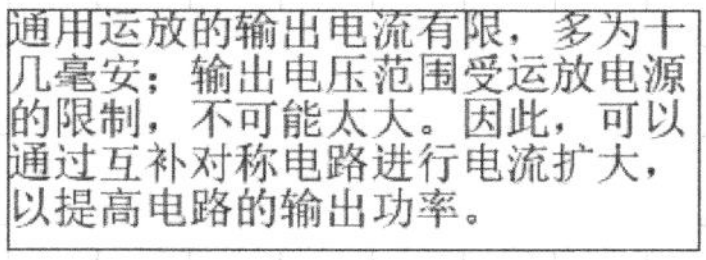

通用运放的输出电流有限，多为十几毫安；输出电压范围受运放电源的限制，不可能太大。因此，可以通过互补对称电路进行电流扩大，以提高电路的输出功率。

图 4-106　编辑后的文本框

编辑后的功率放大电路如图 4-107 所示。

至此，设计优化完成。

通用运放的输出电流有限，多为十几毫安；输出电压范围受运放电源的限制，不可能太大。因此，可以通过互补对称电路进行电流扩大，以提高电路的输出功率。

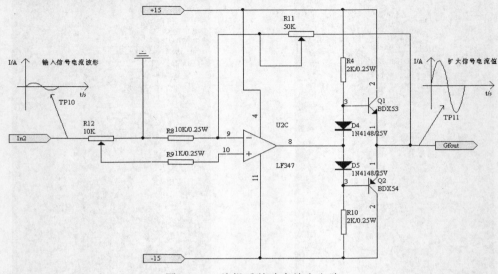

图 4-107　编辑后的功率放大电路

习题

1. 优化原理图绘制有哪些方法？

2. 写出自上而下的层次电路设计和自下而上的层次电路设计的流程图，并说说这两种方法之间的差别。

3. 层次电路设计的优点有哪些？

第 **5** 章 PCB设计预备知识

内容提要：

- 印制电路板的结构及
  功能
- PCB制造工艺
- PCB的名称定义
- PCB板层

- 元件封装技术
- 电路板形状及尺寸定义
- 印制电路板设计的一般
  原则
- 电路板测试

目的：PCB印制是整个工程的最终目的。由于要满足PCB功能上的需要，电路板的设计需要符合诸多设计规则，否则在实践中会产生如干扰、散热等诸多问题。本章将对PCB设计中的名词、常识以及部分界面进行介绍。

PCB是Printed Circuit Board的英文缩写，即印制电路板。通常把在绝缘材料上，按预定设计，制成印制线路、印制元件或两者组合而成的导电图形，称为印制电路。而在绝缘基材上提供元件之间电气连接的导电图形，称为印制线路。这样就把印制电路或印制线路的成品板称为印制电路板，也称为印制板或印制电路板。

印制电路板的基板是由绝缘隔热、并不易弯曲的材质制作而成。在表面可以看到的细小线路是铜箔，原本铜箔是覆盖在整个板子上的，而在制造过程中部分被蚀刻处理掉，留下来的部分就变成网状的细小线路了，这些线路被称作导线或称布线，并用来提供PCB上零件的电路连接。

印制电路板应用到各种电子设备中，如电子玩具、手机、计算机等，只要有集成电路等电子元件，为了它们之间的电气互联，都会使用印制电路板。

5.1 印制电路板的构成及其基本功能

5.1.1 印制电路板的构成

如图5-1所示，一块完整的印制电路板主要由以下几部分构成。

- 绝缘基材：一般由酚醛纸基、环氧纸基或环氧玻璃布制成。

- 铜箔面：铜箔面为电路板的主体，它由裸露的焊盘和被绿油覆盖的铜箔电路组成，焊盘用于焊接电子元件。
- 阻焊层：用于保护铜箔电路，由耐高温的阻焊剂制成。
- 字符层：用于标注元件的编号和符号，便于印制电路板加工时的电路识别。
- 孔：用于基板加工、元件安装、产品装配以及不同层面的铜箔电路之间的连接。

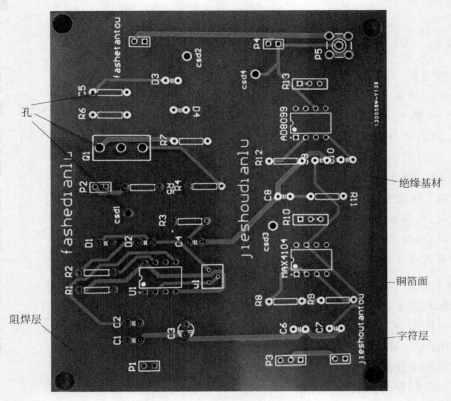

图 5-1　一块完整的印制电路板

　　PCB上的绿色或是棕色，是阻焊漆的颜色。这层是绝缘的防护层，可以保护铜线，也可以防止零件被焊到不正确的地方。在阻焊层上另外印刷上一层丝网印刷面。通常在这上面会印上文字与符号(大多是白色的)，以标示出各零件在板子上的位置。丝网印刷面也被称作图标面。

5.1.2　印制电路板的功能——提供机械支撑

　　印制电路板为集成电路等各种电子元件固定、装配提供了机械支撑，如图5-2所示。

5.1.3　印制电路板的功能——实现电气连接或电绝缘

　　印制电路板实现了集成电路等各种电子元件之间的布线和电气连接，如图5-3所示。印制电路板也实现了集成电路等各种电子元件之间的电绝缘。

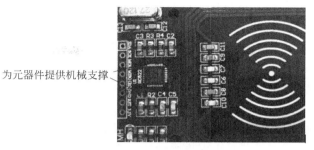

图 5-2 印制电路板为元件提供机械支撑

5.1.4 印制电路板的其他功能

印制电路板为自动装配提供阻焊图形,同时也为元件的插装、检查、维修提供识别字符和图形,如图 5-4 所示。

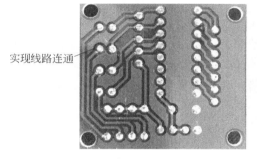

图 5-3 实现电气连接

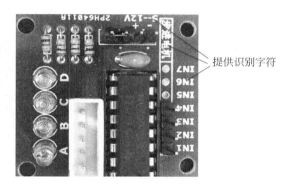

图 5-4 提供识别字符

5.2 PCB 制造工艺流程

5.2.1 菲林底版

菲林底版是印制电路板生产的前导工序。在生产某一种印制电路板时,印制板的每种导电图形(信号层电路图形和地、电源层图形)和非导电图形(阻焊图形和字符)至少都应有一张菲林底片。菲林底版在印制板生产中的用途如下:图形转移中的感光掩膜图形,包括线路图形和光致阻焊图形;网印工艺中的丝网模板的制作,包括阻焊图形和字符;机加工(钻孔和外型铣)数控机床编程依据及钻孔参考。

5.2.2 基板材料

覆铜箔层压板(Copper Clad Laminates,CCL)简称覆铜箔板或覆铜板,是制造印制电路板(以下简称 PCB)的基板材料。目前最广泛应用的蚀刻法制成的 PCB,就是在覆铜箔板上有选择地进行蚀刻,最终得到所需的线路的图形。

覆铜箔板在整个印制电路板上,主要担负着导电、绝缘和支撑 3 个方面的功能。

5.2.3 拼版及光绘数据生成

PCB 设计完成后,因为 PCB 板形太小,不能满足生产工艺要求,或者一个产品由几块 PCB 组成,这样就需要把若干小板拼成一个面积符合生产要求的大板,或者将一个产品所用的多个 PCB 拼在一起,此道工序即为拼版。

拼版完成后,用户需生成光绘图数据。PCB 板生产的基础是菲林底版。早期制作菲林底版时,需要先制作出菲林底图,然后再利用底图进行照相或翻版。随着计算机技术的发展,印制板 CAD 技术得到极大的进步,印制板生产工艺水平也不断向多层、细导线、小孔径、高密度方向迅速提高,原有的菲林制版工艺已无法满足印制板的设计需要,于是出现了光绘技术。使用光绘机可以直接将 CAD 设计的 PCB 图形数据文件送入光绘机的计算机系统,控制光绘机利用光线直接在底片上绘制图形。然后经过显影、定影得到菲林底版。

光绘图数据的产生,是将 CAD 软件产生的设计数据转化称为光绘数据(多为 Gerber 数据),经过 CAM 系统进行修改、编辑,完成光绘预处理(拼版、镜像等),使之达到印制板生产工艺的要求。然后将处理完的数据送入光绘机,由光绘机的光栅(Raster)图像数据处理器转换成为光栅数据,此光栅数据通过高倍快速压缩还原算法发送至激光光绘机,完成光绘。

5.3 PCB 中的名称定义

5.3.1 导线

原本铜箔是覆盖在整个板子上的,而在制造过程中部分被蚀刻处理掉,留下来的部分就变成网状的细小线路了,这些线路被称作导线或称布线,如图 5-5 所示。

5.3.2 ZIF 插座

为了将零件固定在 PCB 上面,将它们的接脚直接焊在布线上。在最基本的 PCB(单面板)上,零件都集中在其中一面,导线则都集中在另一面。因此就需要在板子上打洞,这样接脚才能穿过板子到另一面,所以零件的接脚是焊在另一面上的。其中,PCB 的正面被称为零件面,而 PCB 反面被称为焊接面。如果 PCB 上头有某些零件,需要在制作完成后也可以拿掉或装回去,那么该零件安装时会用到插座。由于插座是直接焊在板子上的,零件可以任意拆装。ZIF(Zero Insertion Force,零插拔力)插座可以让零件轻松插进插座,也可以拆下来。ZIF 插座如图 5-6 所示。

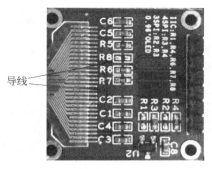

图 5-5 导线

图 5-6 ZIF 插座

5.3.3 边接头

如果要将两块 PCB 相互连结,一般都会用到俗称"金手指"的边接头(edge connector)。金手指上包含了许多裸露的铜垫,这些铜垫事实上也是 PCB 布线的一部分。通常连接时,将其中一片 PCB 上的金手指插进另一片 PCB 合适的插槽上(一

图 5-7 边接头

般叫作扩充槽)。在计算机中,显示卡、声卡等都是借着金手指来与主机板连接的。边接头如图 5-7 所示。

5.4 PCB 板层

5.4.1 PCB 分类

1. 单面板

在最基本的 PCB 上,元件集中在其中一面,导线则集中在另一面上。因为导线只出现在其中一面,所以就称这种 PCB 为单面板(Single-sided)。因为单面板在设计线路上有许多严格的限制(因为只有一面,所以布线间不能交叉,而必须绕独立的路径),所以只有早期的电路才使用这类板子。

2. 双面板(Double-Sided Board)

这种电路板的两面都有布线。不过要用上两面的导线,必须要在两面间有适当的电路连接才行。这种电路间的"桥梁"叫作导孔(Via)。导孔是在 PCB 上,充满或涂上金属的小洞,它可以与两面的导线相连接。因为双面板的面积比单面板大了一倍,而且因为布线可以互相交错(可以绕到另一面),它更适合用在比单面板更复杂的电路上。双面板实例如图 5-8 所示。

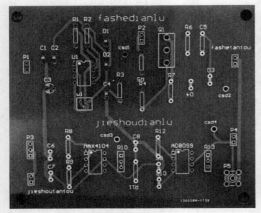
(a) 双面板上面

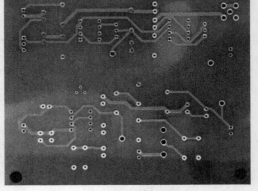
(b) 双面板下面

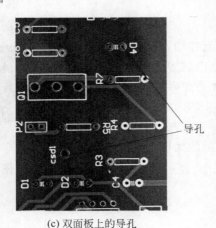
(c) 双面板上的导孔

图 5-8　双面板

3. 多层板(Multi-Layer Board)

为了增加可以布线的面积,多层板用上了更多单或双面的布线板。多层板使用数片双面板,并在每层板间放进一层绝缘层后粘牢(压合)。板子的层数就代表了有几层独立的布线层,通常层数都是偶数,并且包含最外侧的两层。大部分的主机板都是 4~8 层的结构,不过技术上可以做到近 100 层的 PCB 板。大型的超级计算机大多使用相当多层的主机板,不过因为这类计算机已经可以用许多普通计算机的集群代替,超多层板已经渐渐不被使用了。因为 PCB 中的各层都会紧密结合,一般不太容易看出实际数目,不过如果仔细观察主机板,也许可以看出来。

刚刚提到的导孔,如果应用在双面板上,那么一定都是打穿整个板子。不过在多层板中,如果只想连接其中一些线路,那么使用导孔可能会浪费一些其他层的线路空间。埋孔(Buried vias)和盲孔(Blind vias)技术可以避免这个问题,因为它们只需穿透其中几层。盲孔是将几层内部 PCB 与表面 PCB 连接,无须穿透整个板子。埋孔则只连接内部的 PCB,所以光是从表面是看不出来的。

在多层板 PCB 中，整层都直接连接上地线与电源。所以将各层分类为信号层（Signal）、电源层（Power）或是地线层（Ground）。如果 PCB 上的零件需要不同的电源供应，通常这类 PCB 会有两层以上的电源与电线层。

5.4.2　Altium Designer 中的板层管理

PCB 板层结构的相关设置及调整，是通过如图 5-9 所示的 Layer Stack Manager（层叠管理器）对话框来完成的。

#	Name	Material	Type	Weight	Thickness	Dk	Df
	Top Overlay		Overlay				
	Top Solder	Solder Resist	Solder Mask		0.4mil	3.5	
1	Top Layer		Signal	1oz	1.4mil		
	Dielectric 1	FR-4	Dielectric		12.6mil	4.8	
2	Bottom Layer		Signal	1oz	1.4mil		
	Bottom Solder	Solder Resist	Solder Mask		0.4mil	3.5	
	Bottom Overlay		Overlay				

图 5-9　"层叠管理器"对话框

首先选择"文件"→"新的"→PCB 命令，接下来要打开 Layer Stack Manager（层叠管理器）对话框可以采用以下两种方式。为了适应软硬板，Altium Designer 19 可以进行多个叠层的设定。Altium Designer 19 的层叠管理器对于各个层的设定做了优化，使得可设置的内容变得更加详细而操作更加简单。在 Material 栏中可以对层的材质进行预定，完成预定以后便可在层叠管理器中直接使用。对于过孔和背钻 Altium Designer 19 中做了可视化的处理。

（1）执行"设计"→"层叠管理器"菜单命令，如图 5-10 所示。

（2）在编辑环境中内按 O 键，在弹出的菜单中执行"层叠管理器"命令。

执行上述命令后将弹出两部分内容，如图 5-11 所示。

单击下方 Impendance 标签页，弹出阻抗设置界面如图 5-12 所示。此处例示的线宽等参数均为默认添加的值，读者可根据需要自行修改宽度等内容。Altium Designer 19 对于高速电路多层板的阻抗计算进行了优化，支持更复杂的阻抗计算公式。同时也支持了差分线的阻抗计算。

图 5-10　"设计"→"层叠管理器"菜单命令

单击下方 Via Types 标签页，弹出过孔设置界面如图 5-13 所示。此处例示为默认添加的模式，读者可根据需要自行修改过孔的宽度占比等内容。由图 5-13 可以看出该过孔的位置与左侧层相对，这也就是 Altium Designer 19 做出的可视化处理。

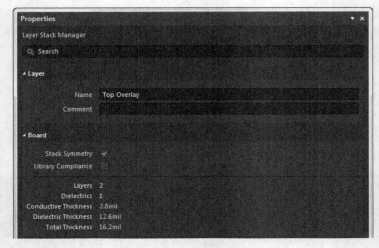

(a) Properties-Layer Stack Manager界面

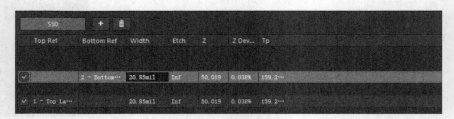

(b) 层叠管理器

图 5-11　层叠管理器内容

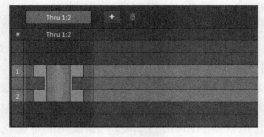

图 5-12　阻抗设置界面

图 5-13　过孔设置界面

5.5　Altium Designer 中的分层设置

Altium Designer 为用户提供了多个工作层，板层标签用于切换 PCB 工作的层面，所选中的板层的颜色将显示在最前端。在 PCB 编辑环境中，按 O 键后执行"板层及颜色（视图选项）"命令，可打开 View Configuration 对话框，如图 5-14 所示。

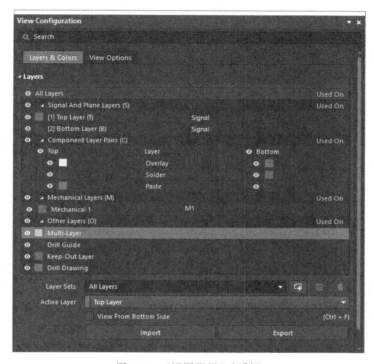

图 5-14　"视图配置"对话框

在该对话框中，可以设置某一层板的颜色与显示与否，以及某一功能的显示与否。同时可以设置 Layer Sets 即层合集，从而使得操作更加方便。单击 Import 按钮可以导入已设定好的层合集，如图 5-15 所示。

Altium Designer 提供的工作层主要有以下几种。

1. 信号层

Altium Designer 提供了 32 个信号层，分别为 Top layer（顶层）、Mid-Layer1（中间层 1）～Mid-Layer30（中间层 30）和 Bottom layer（底层）。信号层主要用于放置元件（顶层和底层）和走线。

2. 内平面

Altium Designer 提供了 16 个内平面层，分别为 Internal Plane1（内平面层第一层）～Internal Plane16（内平面层第十六层），内平面层主要用于布置电源线和地线网络。

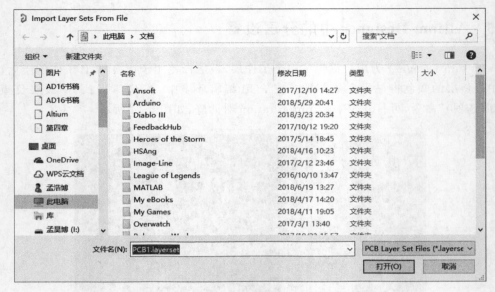

图 5-15　Import Layer Sets From File 对话框

3. 机械层

Altium Designer 提供了 16 个机械层,分别为 Mechanical1(机械层第一层)~ Mechanical16(机械层第十六层),机械层一般用于放置有关制板和装配方法的指示性信息,如电路板轮廓、尺寸标记、数据资料、过孔信息、装配说明等信息。制作 PCB 时,系统默认的机械层为 1 层。

4. 掩膜层

Altium Designer 提供了 4 个掩膜层,分别为 Top Paste(顶层锡膏防护层)、Bottom Paste (底层锡膏防护层)、Top Solder (顶层阻焊层)和 Bootom Solder (底层阻焊层)。

5. 丝印层

Altium Designer 提供了 2 个丝印层,分别为 Top Overlay(顶层丝印层)和 Bottom Overlay(底层丝印层)。丝印层主要用于绘制元件的外形轮廓、放置元件的编号、注释字符或其他文本信息。

6. 其他层

Drill Guide(钻孔说明)和 Drill Drawing(钻孔视图):用于绘制钻孔图和钻孔的位置。

Keep-Out Layer(禁止布线层):用于定义元件布线的区域。

Multi-Layer(多层):焊盘与过孔都要设置在多层上,如果关闭此层,焊盘与过孔就无法显示出来。

5.6 元件封装技术

5.6.1 元件封装的具体形式

元件封装分为插入式封装和表面粘贴式封装。其中将零件安置在板子的一面,并将接脚焊在另一面上,这种技术称为插入式(Through Hole Technology,THT)封装;而接脚是焊在与零件同一面,不用为每个接脚的焊接而在PCB上钻洞,这种技术称为表面粘贴式(Surface Mounted Technology,SMT)封装。使用THT封装的元件需要占用大量的空间,并且要为每只接脚钻一个洞,因此它们的接脚实际上占用了两面的空间,而且焊点也比较大;SMT元件也比THT元件要小,因此使用SMT技术的PCB板上零件要密集很多;SMT封装元件也比THT元件要便宜,所以现今的PCB上大部分都是SMT。但THT元件和SMT元件比起来,与PCB连接的构造比较好。

元件封装的具体形式如下。

1. SOP/SOIC 封装

SOP是英文Small Outline Package的缩写,即小外形封装。SOP封装技术由菲利浦公司开发,以后逐渐派生出SOJ(J型引脚小外形封装)、TSOP(薄小外形封装)、VSOP(甚小外形封装)、SSOP(缩小型SOP)、TSSOP(薄的缩小型SOP)及SOT(小外形晶体管)、SOIC(小外形集成电路)等。SOJ-14封装如图5-16所示。

2. DIP 封装

DIP是英文Double In-line Package的缩写,即双列直插式封装。其属于插装式封装,引脚从封装两侧引出,封装材料有塑料和陶瓷两种。DIP是最普及的插装型封装,应用范围包括标准逻辑IC、存储器LSI及微机电路。DIP-14封装如图5-17所示。

3. PLCC 封装

PLCC是英文为Plastic Leaded Chip Carrier的缩写,即塑封J引线封装。PLCC封装方式,外形呈正方形,四周都有引脚,外形尺寸比DIP封装小得多。PLCC封装适合用SMT表面安装技术在PCB上安装布线,具有外形尺寸小、可靠性高的优点。PLCC-20封装如图5-18所示。

图 5-16　SOJ-14 封装

图 5-17　DIP-14 封装

图 5-18　PLCC-20 封装

4. TQFP 封装

TQFP 是英文 Thin Quad Flat Package 的缩写,即薄塑封四角扁平封装。TQFP 工艺能有效利用空间,从而降低印制电路板空间大小的要求。由于缩小了高度和体积,这种封装工艺非常适合对空间要求较高的应用,如 PCMCIA 卡和网络元件。

5. PQFP 封装

PQFP 是英文 Plastic Quad Flat Package 的缩写,即塑封四角扁平封装。PQFP 封装的芯片引脚之间距离很小,引脚很细,一般大规模或超大规模集成电路采用这种封装形式。PQFP84(N)封装如图 5-19 所示。

6. TSOP 封装

TSIP 是英文 Thin Small Outline Package 的缩写,即薄型小尺寸封装。TSOP 内存封装技术的一个典型特征就是在封装芯片的周围做出引脚,TSOP 适合用 SMT 技术在 PCB 上安装布线,适合高频应用场合,操作比较方便,可靠性也比较高。TSOP8×14 封装如图 5-20 所示。

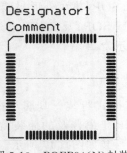

图 5-19　PQFP84(N)封装　　　　　　图 5-20　TSOP8×14 封装

7. BGA 封装

BGA 是英文 Ball Grid Array Package 的缩写,即球栅阵列封装。BGA 封装的 I/O 端子以圆形或柱状焊点按阵列形式分布在封装下面,BGA 技术的优点是 I/O 引脚数虽然增加了,但引脚间距并没有减小,反而增加了,从而提高了组装成品率;虽然它的功耗增加,但 BGA 能用可控塌陷芯片法焊接,从而可以改善它的电热性能;厚度和重量都较以前的封装技术有所减少;寄生参数减小,信号传输延时小,使用频率大大提高;组装可用共面焊接,可靠性高。BGA10.25.1.5 封装如图 5-21 所示。

5.6.2　Altium Designer 中的元件及封装

Altium Designer 中提供了许多元件模型极其封装形式,如电阻、电容、二极管、三极管等。

1. 电阻

电阻是电路中最常用的元件,如图 5-22 所示。

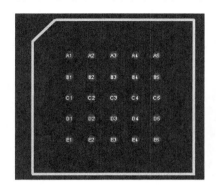

图 5-21　BGA10-25-1.5 封装

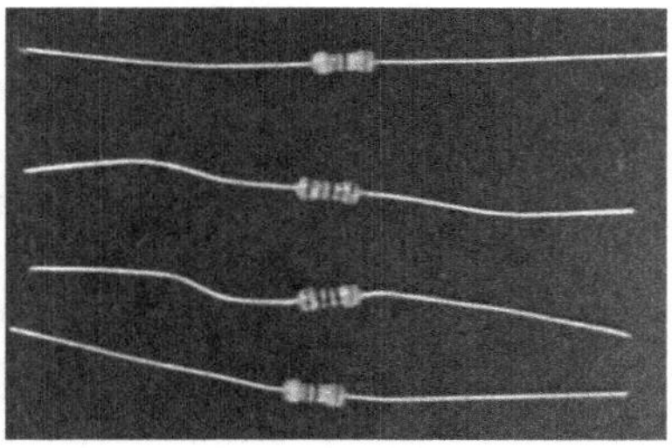

图 5-22　电阻

Altium Designer 中的电阻的标识为 Res1、Res2、Res semi 等,其封装属性为 AXIAL 系列。而 AXIAL 的中文含义就是轴状的。Altium Designer 中电阻如图 5-23 所示。

Altium Designer 中提供的电阻封装 AXIAL 系列如图 5-24 所示。

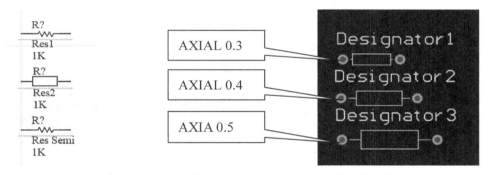

图 5-23　Altium Designer 中的电阻　　　图 5-24　Altium Designer 中的电阻封装 AXIAL 系列

图 5-24 中所列出的电阻封装为 AXIAL 0.3、AXIAL 0.4 及 AXIAL 0.5,其中 0.3 是指该电阻在印制电路板上焊盘间的间距为 300mil,0.4 是指该电阻在印制电路板上焊盘间的间距为 400mil,以此类推。

2. 电位器

电位器实物如图 5-25 所示。

Altium Designer 中的电阻的标识为 RPOT 等,其封装属性为 VR 系列。Altium Designer 中的电位器如图 5-26 所示。

Altium Designer 中提供的电位器封装 VR 系列如图 5-27 所示。

3. 电容(无极性电容)

电路中的无极性电容元件如图 5-28 所示。

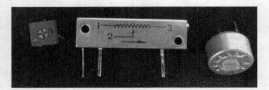

图 5-25 电位器   图 5-26 Altium Designer 中的电位器

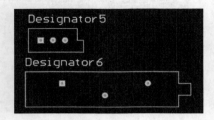

图 5-27 Altium Designer 中电位器和
抽头电阻封装 VR 系列

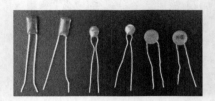

图 5-28 无极性电容

Altium Designer 中无极性电容的标识为 CAP 等,其封装属性为 RAD 系列。Altium Designer 中的电容如图 5-29 所示。

Altium Designer 中提供的无极性电容封装如图 5-30 所示。图中左侧为 Cap 的封装 RAD-0.3,右侧为 Cap2 的封装 CAPR5-4X5。其中 0.3 是指该电阻在印制电路板上焊盘间的间距为 300mil,以此类推。

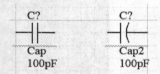

图 5-29 Altium Designer 中的无极性电容   图 5-30 无极性电容封装 RAD 系列

4. 极性电容

电路中的极性电容元件(如电解电容)如图 5-31 所示。

Altium Designer 中电解电容的标识为 CAP POL,其封装属性为 RB 系列。Altium Designer 中的电解电容如图 5-32 所示。

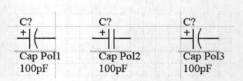

图 5-31 电解电容   图 5-32 Altium Designer 中的电解电容

Altium Designer 中提供的电解电容封装如图 5-33 所示。图中从左到右分别为 RB7.6-15、POLAR0.8 和 C0805。其中 RB7.6-15 中的 15 表示焊盘间的距离是 15mm，同理可推知其他。

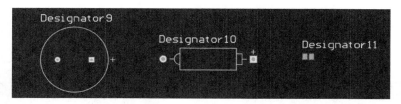

图 5-33　电解电容封装 RB 系列

5. 二极管

二极管的种类比较多，其中常用的有整流二极管 1N4001 和开关二极管 1N4148，如图 5-34 所示。

Alitum Designer 中二极管的标识为 DIODE(普通二极管)、D Schottky(肖特基二极管)、D Tunnel(隧道二极管)、D Varactor(变容二极管)及 DIODE Zener(稳压二极管)，其封装属性为 DIODE 系列。Altium Designer 中的二极管如图 5-35 所示。

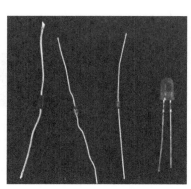

图 5-34　二极管

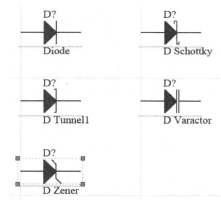

图 5-35　Alitum Designer 中的二极管

Altium Designer 中提供的二极管封装 DIODE 系列如图 5-36 所示。

图 5-36 中从左到右依次为：DIODE-0.4、DIODE-0.7。其中 DIODE-0.4 中的 0.4 表示焊盘间距 400mil；而 DIODE-0.7 中的 0.7 表示焊盘间距 700mil。后缀数字越大，表示二极管的功率越大。

对于发光二极管，Altium Designer 中的标识符为 LED，元件符号如图 5-37 所示。

图 5-36　二极管封装 DIODE 系列

图 5-37　Altium Designer 中的发光二极管

通常发光二极管使用 Atlium Designer 中提供的 LED-0、LED-1 封装,如图 5-38 所示。

6. 三极管

三极管分为 PNP 型和 NPN 型,三极管的三个引脚分别为 E、B 和 C,如图 5-39 所示。

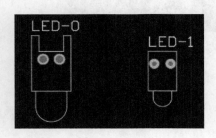

图 5-38　发光二极管封装

图 5-39　三极管

Altium Designer 中三极管的标识为 NPN、PNP,其封装属性为 TO 系列。Altium Designer 中的三极管如图 5-40 所示。

Altium Designer 中 2N3904 与 2N3906 的三极管封装 TO92A,如图 5-41 所示。

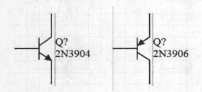

图 5-40　Altium Designer 中的三极管

图 5-41　三极管封装形式

7. 集成 IC 电路

常用的集成电路 IC 如图 5-42 所示。

图 5-42　常用的集成电路 IC

集成电路 IC 有双列直插封装形式 DIP,也有单排直插封装形式 SIP。Altium Designer 中的常用集成电路如图 5-43 所示。

Atlium Designer 中提供的集成电路 IC 封装 DIP、SIP 系列如图 5-44 所示,其中上方的是 SIP 封装形式,下方的是 DIP 封装形式。

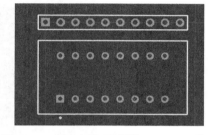

19	XTAL1	P0.0/AD0	39
		P0.1/AD1	38
		P0.2/AD2	37
18	XTAL2	P0.3/AD3	36
		P0.4/AD4	35
		P0.5/AD5	34
		P0.6/AD6	33
9	RST	P0.7/AD7	32
		P2.0/A8	21
		P2.1/A9	22
29	PSEN	P2.2/A10	23
30	ALE/PROG	P2.3/A11	24
31	EA	P2.4/A12	25
		P2.5/A13	26
		P2.6/A14	27
		P2.7/A15	28
1	P1.0/T2	P3.0/RXD	10
2	P1.1/T2EX	P3.1/TXD	11
3	P1.2	P3.2/INT0	12
4	P1.3	P3.3/INT1	13
5	P1.4	P3.4/T0	14
6	P1.5/MOSI	P3.5/T1	15
7	P1.6/M S O	P3.6/WR	16
8	P1.7/SCK	P3.7/RD	17

AT89S52

图 5-43   Atlium Designer 中的常用集成电路形式   图 5-44   集成电路 IC 封装 DIP、SIP 系列

8. 单排多针插座

单排多针插座的实物如图 5-45 所示。Altium Designer 单排多针插座标称为 Header，Altium Deisnger 中的单排多针插座元件如图 5-46 所示。

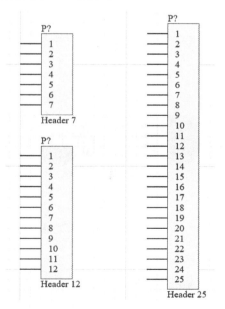

图 5-45   单排多针插座   图 5-46   Altium Designer 中的单排多针插座元件

Header 后的数字表示单排插座的针数,如 Header 12,即为 12 脚单排插座。

Altium Designer 中提供的单排多针插座封装为 SIP 系列,如图 5-47 所示。

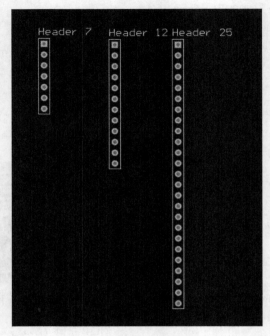

图 5-47 单排多针插座封装形式

9. 整流桥

整流桥的实物如图 5-48 所示。

Altium Designer 整流桥标称为 Bridge,Altium Designer 中的整流桥元件如图 5-49 所示。

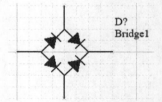

图 5-48 整流桥 图 5-49 Altium Designer 中提供的整流桥元件

Altium Designer 中提供的整流桥封装为 D 系列,如图 5-50 所示。

10. 数码管

数码管的实物如图 5-51 所示。Altium Designer 数码管标称为 Dpy Amber,Altium Designer 中的数码管元件如图 5-52 所示。

Altium Designer 中提供的数码管封装为 LEDDIP 系列,如图 5-53 所示。

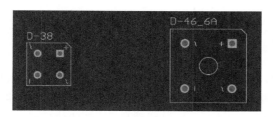

图 5-50　整流桥 D-38 封装和整流桥 D-46_6A 封装

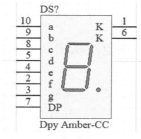

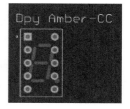

图 5-51　数码管实物　　　图 5-52　数码管元件　　　图 5-53　数码管封装形式

5.6.3　元件引脚间距

　　元件不同,其引脚间距也不相同。大多数引脚间距都是 100mil(2.54mm)的整数倍。在 PCB 设计中必须准确测量元件的引脚间距,因为它决定着焊盘放置间距。通常对于非标准元件的引脚间距,用户可使用游标卡尺进行测量。

　　焊盘间距是根据元件引脚间距来确定的。而元件间距有软尺寸和硬尺寸之分。软尺寸是指基于引脚能够弯折的元件,如电阻、电容、电感等,如图 5-54 所示。

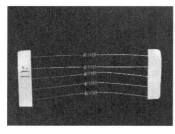
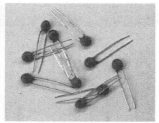
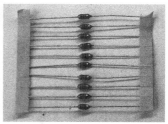

图 5-54　引脚间距为软尺寸的元件

　　因引脚间距为软尺寸的元件引脚可弯折,故设计该类元件的焊盘孔距比较灵活。而硬尺寸是基于引脚不能弯折的元件,如排阻、三极管、集成 IC 元件,如图 5-55 所示。

　　由于其引脚不可弯折,因此其对焊盘孔距要求相当准确。

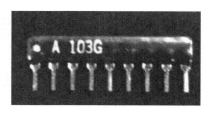

图 5-55　引脚间距为硬尺寸的元件

5.7　电路板形状及尺寸定义

　　电路板的尺寸的设置直接影响电路板成品的质量。当PCB板尺寸过大时,必然造成印制线路长,而导致阻抗增加,致使电路的抗噪声能力下降,成本也增加;若PCB板尺寸过小,则导致PCB板的散热不好,且印制线路密集,必然使邻近线路易受干扰。因此电路板的尺寸定义应引起设计者的重视。通常PCB外形及尺寸应根据设计的PCB在产品中的位置、空间的大小、形状以及与其他部件的配合来确定。

5.7.1　根据安装环境设置电路板形状及尺寸

　　当设计的电路板有具体的安装环境时,用户需要根据实际的安装环境设置电路的形状及尺寸。例如,设计并行下载电路,并行下载电路的安装环境如图5-56所示。

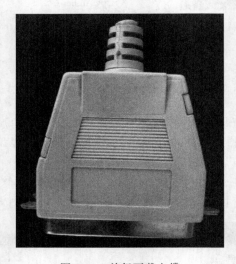

图 5-56　并行下载电缆

　　并行下载电路板需要根据其安装环境设置其形状及尺寸。并行下载电路板设计如图 5-57 所示。

5.7.2　布局布线后定义电路板尺寸

　　当电路板的尺寸及形状没有特别要求时,可在完成布局布线后,再定义板框。如图 5-58 所示,电路没有具体的板框尺寸及形状要求,因此用户可先根据电路功能进行布局布线。

　　布局布线后,用户可根据布线结果绘制板框,结果如图 5-59 所示。

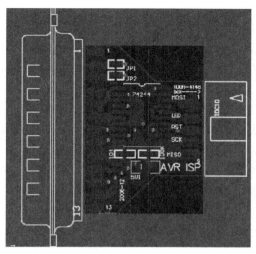
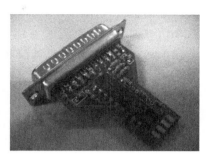

(a) 并行下载电路PCB板   (b) 并行下载电路实物板

图 5-57 并行下载电路板设计

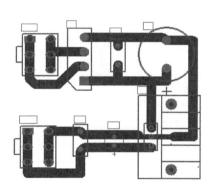
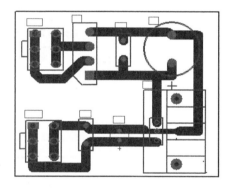

图 5-58 先进行布局布线操作   图 5-59 布局布线后绘制板框

5.8 印制电路板设计的一般原则

在 PCB 的设计过程中,需要遵守一定的布线、布局规则,不满足规则的设计可能会导致不满足原本的设计要求,甚至无法实现设计功能。下面对 PCB 设计过程中常用的设计要求进行介绍。

5.8.1 PCB 导线

在 PCB 设计中,用户应注意 PCB 走线的长度、宽度、走线间的间距。

1. 导线长度

PCB 制板设计中走线应尽量短。

2. 导线宽度

PCB导线宽度与电路电流承载值有关,一般导线越宽,承载电流的能力越强。因此在布线时,应尽量加宽电源、地线宽度,最好是地线比电源线宽,它们的关系是:地线>电源线>信号线,通常信号线宽为:0.2~0.3mm(8~12mil)。

在实际的PCB制作过程中,导线宽度应以能满足电气性能要求而又便于生产为宜,它的最小值根据承受的电流大小而定,导线宽度和间距可取0.3mm(12mil);导线的宽度在大电流的情况下还要考虑其温升问题。

在DIP封装的情况下,需要考虑IC脚间导线,当两脚间通过2根线时,焊盘直径可设为50mil、线宽与线距都为10mil;当两脚间只通过1根线时,焊盘直径可设为64mil、线宽与线距都为12mil。

3. 导线间距

相邻导线间必须满足电气安全要求,其最小间距至少要能适合承载的电压。

导线间最小间距主要取决于相邻导线的峰值电压差、环境大气压力、印制板表面所用的涂覆层。无外涂覆层的导线间距(海拔高度为3048m)如表5-1所示。

表5-1　无外涂覆层的导线间距(海拔高度为3048m)

导线间的直流或交流峰值电压(V)	最小间距
0~50	0.38mm 或 15mil
51~150	0.635mm 或 25mil
151~300	1.27mm 或 50mil
301~500	2.54mm 或 100mil
>500	0.005mm/V 或 0.2mil/V

无外涂覆层的导线间距(海拔高度高于3048m)如表5-2所示。

表5-2　无外涂覆层的导线间距(海拔高度高于3048m)

导线间的直流或交流峰值电压(V)	最小间距
0~50	0.635mm 或 25mil
51~100	1.5mm 或 59mil
101~170	3.2mm 或 126mil
171~250	12.7mm 或 500mil
>250	0.025mm/V 或 1mil/V

内层和有外涂覆层的导线间距(任意海拔高度)如表5-3所示。

表5-3　内层和有外涂覆层的导线间距(任意海拔高度)

导线间的直流或交流峰值电压(V)	最小间距
0~9	0.127mm 或 5mil
10~30	0.25mm 或 10mil
31~50	0.38mm 或 15mil

续表

导线间的直流或交流峰值电压（V）	最小间距
51～150	0.51mm 或 20mil
151～300	0.78mm 或 31mil
301～500	1.52mm 或 60mil
>250	0.003mm/V 或 0.12mil/V

此外，导线不能有急剧的拐弯和尖角，拐角不得小于 90°。

5.8.2　PCB焊盘

元件通过 PCB 板上的过孔，用焊锡焊接固定在 PCB 板上，印制导线把焊盘连接起来，实现元件在电路中的电气连接，过孔及其周围的铜箔称为焊盘，如图 5-60 所示。

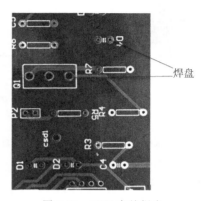

焊盘

焊盘的直径和内孔尺寸需从元件引脚直径、公差尺寸、焊锡层厚度、孔金属化电镀层厚度等方面考虑，焊盘的内孔一般不小于 0.6mm（24mil），因为小于 0.6mm（24mil）的孔开模冲孔时不易加工，通常情况下以金属引脚直径值加 0.2mm（8mil）作为焊盘内孔直径。如电容的金属引脚直径为 0.5mm（20mil）时，其焊盘内孔直径应设置为 0.5＋0.2＝0.7mm（28mil）。而焊盘直径与焊盘内孔直径之间的关系如表 5-4 所示。

图 5-60　PCB 中的焊盘

表 5-4　焊盘直径与焊盘内孔直径之间的关系

内孔直径（mm）	焊盘直径（mm）	内孔直径（mil）	焊盘直径（mil）
0.4		16	
0.5	1.5	20	59
0.6		24	
0.8	2	31	79
1.0	2.5	39	98
1.2	3.0	47	118
1.6	3.5	63	138
2.0	4	79	157

通常焊盘的外径一般应当比内孔直径大 1.3mm（51mil）以上。

当焊盘直径为 1.5mm（59mil）时，为了增加焊盘抗剥强度，可采用长不小于 1.5mm（59mil）、宽为 1.5mm（59mil）的长圆形焊盘。

PCB 板设计时，焊盘的内孔边缘应放置到距离 PCB 板边缘大于 1mm（39mil）为位置，以避免加工时焊盘缺损；当与焊盘连接的导线较细时，要将焊盘与导线之间的连接设计成水滴状，以避免导线与焊盘断开；相邻的焊盘要避免成锐角等。

此外,在 PCB 设计中,用户可根据电路特点选择不同形状的焊盘。焊盘选择依据表 5-5 所示。

表 5-5　焊盘形状选取原则

焊 盘 形 状	形 状 描 述	用 　 途
	圆形焊盘	广泛用于元件规则排列的单、双面 PCB 中
	方形焊盘	用于 PCB 板上元件大而少、印制导线简单的电路
	多边形焊盘	用于区别外径接近而孔径不同的焊盘,以便于加工和装配

5.8.3　印制电路板的抗干扰设计

印制电路板的抗干扰设计与具体电路有着密切的关系,这里仅就 PCB 抗干扰设计的几项常用措施做一些说明。

1)电源线设计

根据印制电路板电流的大小,选择合适的电源,尽量加粗电源线宽度,减小回路电阻。同时,使电源线、地线的走向和电流的方向一致,这样有助于增强抗噪声能力。

2)地线设计

地线设计的原则是:

- 数字地与模拟地分开。若电路板上既有逻辑电路又有线性电路,应使它们尽量分开。低频电路的地应尽量采用单点并联接地,实际布线有困难时可部分串联后再并联接地。高频电路宜采用多点串联接地,地线应短而粗,高频元件周围尽量用栅格状的大面积铜箔。
- 接地线应尽量加粗。若接地线用很细的线条,则接地点位随电流的变换而变化,使抗噪声能力降低。因此应将接地线加粗,使它能通过的电流三倍于印制电路板上的允许电流。如有可能,接地线应在 2～3mm。
- 接地线构成回路。只由数字电路组成的印制电路板,其接地电路构成闭环能提高抗噪声能力。

5.9　电路板测试

电路板制作完成之后,用户需测试电路板是否能正常工作。测试分为两个阶段:第一阶段是裸板测试,主要目的在于测试未插置元件之前电路板中相邻铜膜走线间是否存在短路的现象;第二阶段的测试是组合板的测试,主要目的在于测试插置元件并焊接之后整个电路板的工作情况是否符合设计要求。

电路板的测试需要通过测试仪器(如示波器、频率计或万用表等)进行。为了使测试仪器的探针便于测试电路,Altium Designer 提供了生成测试点功能。

一般合适的焊盘和过孔都可作为测试点,当电路中无合适的焊盘和过孔时,用户可生成测试点。测试点可能位于电路板的顶层或底层,也可以双面都有。

- PCB 上可设置若干个测试点,这些测试点可以是孔或焊盘。
- 测试孔设置与再流焊导通孔要求相同。
- 探针测试支撑导通孔和测试点。

采用在线测试时,PCB 上要设置若干个探针测试支撑导通孔和测试点,这些孔或点和焊盘相连时,可从有关布线的任意处引出,但应注意以下几点。

- 要注意不同直径的探针进行自动在线测试(ATE)时的最小间距。
- 导通孔不能选在焊盘的延长部分,与再流焊导通孔要求相同。
- 测试点不能选择在元件的焊点上。

习题

1. 简述印制电路板的构成和基本功能。
2. 什么是俗称的金手指?
3. 如何对 PCB 进行分类?
4. 什么是元件封装技术?

第6章 PCB设计基础

内容提要：

- 创建 PCB 文件
- PCB 设计环境
- 部分元件的 AD 验证
- 规划电路板及参数设置
- 电路板网络及图纸页面的设置
- 电路板工作层面的颜色及显示设置
- 电路板系统环境参数的设置
- 载入网络表

目的：本章将对 PCB 设计中的主要界面、常规操作以及常用元件进行介绍。

印制电路板（PCB）是从电路原理图变成一个具体产品的必经之路。因此，印制电路板设计是电路设计中最重要、最关键的一步。Altium Designer 印制电路板设计的具体流程如图 6-1 所示。

数据库文件已在原理图绘制中创建，在这里从创建 PCB 文件开始。其中 PCB 部分的主要工作如下。

- 创建 PCB 文件用于用户调用 PCB 服务器。
- 元件制作用于创建 PCB 封装库中未包含的元件。
- 规划电路板用于确定电路板的尺寸，确定 PCB 板为单层板、双层板或其他。
- 参数设置是电路板设计中非常重要的步骤，用于设置布线工作层、地线线宽、电源线线宽、信号线线宽等。
- 装入元件库用于 PCB 电路中放置对应的元件；而装入网络表用于实现原理图电路与 PCB 电路的对接。
- 当网络表输入到 PCB 文件后，所有的元件都会放在工作区的零点，重叠在一起，下一步的工作就是把这些元件分开，按照一些规则摆放，即元件布局。元件布局分为自动布局和手动布局，为了使布局更合理，多数设计者都采用手动布局。
- PCB 布线也分为自动布线和手动布线，其中自动布线采用无网络、基于形状的对角线技术，只要设置相关参数，元件布局合理，自动布线的成功率几乎是 100%；通常在自动布线后，用户常采用 Altium Designer 提供的手动布线功能调整自动布线不合理的地方,以使电路走线趋于合理。

- 铺铜:通常对于大面积的地或电源铺铜,起到屏蔽作用;对于布线较少的PCB板层铺铜,可保证电镀效果,或者压层不变形;此外,铺铜后可给高频数字信号一个完整的回流路径,并减少直流网络的布线。
- 输出光绘文件:光绘文件用于驱动光学绘图仪。

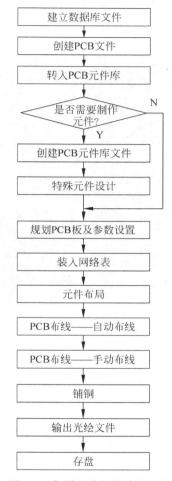

图 6-1　印制电路板设计流程图

6.1　创建 PCB 文件

如何创建 PCB 文件?

在 Altium Designer 系统中,可以采用两种方法来创建 PCB 文件:一是使用系统提供的工程向导;二是在 Altium Designer 主界面中,执行"文件"→"新的"→PCB 命令,新建一个 PCB 文件。需要说明,这样创建的 PCB 文件,其各项参数均采用了系统的默认值。因此在具体设计时,还需要设计者进行全面的设置。

视频讲解

6.2 PCB 设计环境

在进行 PCB 设计之前,首先应该熟悉操作环境。在开始设计之前先了解一下 PCB 设计环境的各个操作与设置界面。

在创建一个新的 PCB 文件或打开一个现有的 PCB 文件后,则启动了 Altium Designer 系统的 PCB 编辑器,进入了编辑环境,如图 6-2 所示。

图 6-2 PCB 设计环境

1. PCB 主菜单栏

菜单栏显示了供用户选用的菜单操作,主要菜单内容与其他设计界面相似,如图 6-3 所示。在设计过程中,会用到菜单栏中各种下拉列表框中的命令,以完成各种操作。

图 6-3 PCB 主菜单栏

2. PCB 标准工具栏

PCB 标准工具栏也与其他操作界面的内容的一些基本操作命令一致,如保存、放缩、打印、选择范围等,如图 6-4 所示。

图 6-4 PCB 标准工具栏

3. 布线工具栏

在布线工具栏中除了提供 PCB 设计中常用的几种布线操作外,如交互式布线连接、交互式差分对连接、使用灵巧布线交互布线连接。还包括了常用的图元放置命令，如焊盘、过孔、元件等，如图 6-5所示。

图 6-5　布线工具栏

4. 过滤工具栏

使用该工具栏，根据网络、元件标号等过滤参数，可以使符合设置的图元在编辑窗口内高亮显示。过滤工具栏如图 6-6 所示。

5. 导航工具栏

该工具栏用于指示当前页面的位置，借助所提供的左、右按钮可以实现 Altium Designer 系统中所打开的窗口之间的相互切换。导航工具栏如图 6-7 所示。

图 6-6　过滤工具栏　　　　　　　　　　　　图 6-7　导航工具栏

6. PCB 编辑窗口

编辑窗口即是对 PCB 设计的工作平台，该区域主要是进行元件的布局、布线有关等相关操作。PCB 设计主要内容都在这里完成。其中快捷工具栏也在编辑窗口内。与其他界面的快捷工具栏类似，该快捷工具栏也包括一些常用功能如区域模块选择、布线、放置等常见功能，如图 6-8 所示。

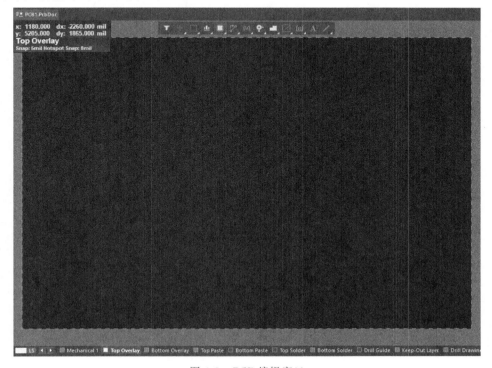

图 6-8　PCB 编辑窗口

7. 板层标签

该栏用于切换 PCB 工作的层面,当前选中的板层及其颜色显示在双箭头之前,如图 6-9 所示。

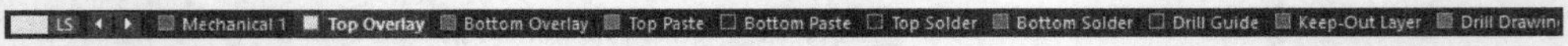

LS ◄ ► ■ Mechanical 1 ■ Top Overlay ■ Bottom Overlay ■ Top Paste ■ Bottom Paste ■ Top Solder ■ Bottom Solder ■ Drill Guide ■ Keep-Out Layer ■ Drill Drawin

图 6-9　板层标签

8. 状态栏

用于显示光标指向的坐标值、所指向元件的网络位置、所在板层和有关参数,以及编辑器当前的工作状态。最右端 Panels 按钮在之前提到过的控制各个面板的显示与否,如图 6-10 所示。

X:3545mil Y:3505mil　Grid: 5mil　(Hotspot Snap)　　　　　　　　Arc (3525mil,3510mil) on Top Overlay

图 6-10　状态栏

6.3　元件在 Altium Designer 中的验证

PCB 设计最终需要到达实物的层面,因此必须确保 Altium Designer 中提供的元件封装与元件实物一一对应,所以接下来验证元件实物与 Altium Designer 中提供的元件封装,以保证最后设计的 PCB 板能与使用的元件规格匹配,完成设计产品。

6.3.1　二极管 IN4001 匹配验证

二极管 1N4001 的元件符号如图 6-11 所示。

实物图尺寸如图 6-12 所示。

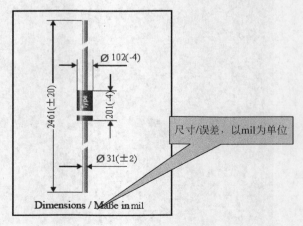

图 6-11　二极管 1N4001 的元件符号　　　　图 6-12　二极管实物图尺寸

Altium Designer 中 DO-41 尺寸如图 6-13 所示。

单击左、右焊盘，会进入 Properties-Pad 界面，该界面给出了焊盘的各类参数，如焊盘的样板、焊盘的大小等信息，如图 6-14 所示。

图 6-13　DO-41 封装图

(a) 第一个焊盘信息　　　　　　　(b) 第二个焊盘信息

图 6-14　DO-41 封装具体数据值

通过计算，两焊盘间距离为 411mi，折合成标准单位约为 10.46mm。焊盘直径为 1.2mm，折合成英制约为 47mil。与二极管实物尺寸对照，可知 Altium Designer 所提供的封装尺寸与二极管实物尺寸相匹配。

6.3.2　运算放大器 LF347 匹配验证

运算放大器 LF347 的元件及尺寸图如图 6-15 所示，图中尺寸单位为 inches (millimeters)。

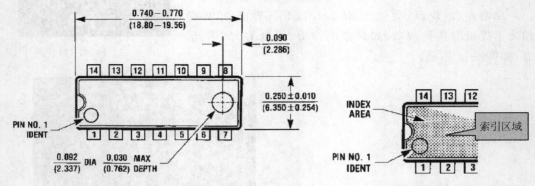

(a) 运算放大器LF347长、宽尺寸　　　　　(b) 运算放大器LF347引脚起始标记

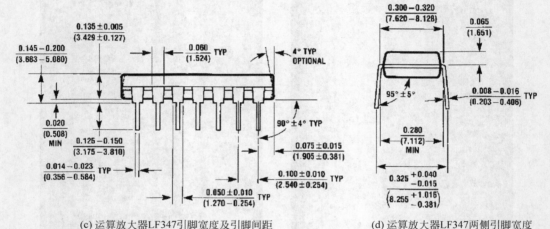

(c) 运算放大器LF347引脚宽度及引脚间距　　　(d) 运算放大器LF347两侧引脚宽度

图 6-15　运算放大器 LF347 元件尺寸图

运算放大器 LF347N 的元件符号如图 6-16 所示。

Altium Designer 给出的 LF347N 的封装形式如图 6-17 所示。

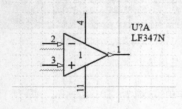

图 6-16　LF347 的元件符号

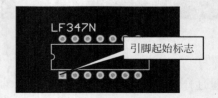

图 6-17　LF347N 的封装形式

与之前实例同样的操作,双击任意两个相邻引脚,可以打开 Properties-Pad 界面。

从打开的 Properties 界面中可以看到它的封装尺寸。计算出相邻引脚之间的距离为 100mil,相对引脚之间的距离为 300mil。孔径为 35.433mil。满足实物的设计尺寸。

6.3.3　电解电容封装 RB7.6-15 匹配验证

电路中 $1000\mu F$、耐压为 $50V$ 的电容使用的封装为 RB7.6-15。它的外观如图 6-18 所示。外径为 $13.12mm(516mil)$，焊盘间距为 $6.08mm(200mil)$，引脚为 $0.5mm(20mil)$。

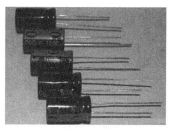

图 6-18　电路中电容值为 $1000\mu F$、耐压为 $50V$ 的电容外观

电解电容元件符号如图 6-19 所示。

Altium Designer 给出的封装如图 6-20 所示。

图 6-19　电解电容元件符号　　　　　图 6-20　RB7.6-15 的封装格式

分别单击两引脚可计算出两引脚之间的距离为 $300mil$，折合成毫米制为 $7.62mm$，满足实物的设计尺寸要求。

6.3.4　无极性电容封装 RAD-0.3 匹配验证

电路中 $100pF$、耐压为 $50V$ 的无极性电容使用的封装为 RAD-0.3。它的外观如图 6-21 所示。它的尺寸示意图如图 6-22 所示，尺寸数据如表 6-1 所示。

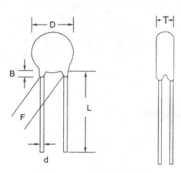

图 6-21　电容值为 $100pF$、耐压为 $50V$ 　　　图 6-22　尺寸示意图
　　　　的无极性电容外观图

表 6-1　电容值为 100pF、耐压为 50V 的无极性电容物理尺寸表

电容值	耐压	B		D		d		F		L		T	
		mm	mil	mm	mil	mm	mil	mm	mil	mm	mil	mm	mil
100pF	50V	2	79	7.16	281	0.5	20	6.88	231	25	984	4.36	172

Altium Designer 系统给出的无极性电容的封装,如图 6-23 所示。

图 6-23　无极性电容的封装形式

单击两焊盘,可查看元件引脚的属性界面,如图 6-24 所示。

(a) 引脚1的属性对话框　　　　　　　　(b) 引脚2的属性对话框

图 6-24　无极性电容引脚属性对话框

　　通过与电容的实际物理尺寸比较可知,采用 RAD-0.3 的封装,焊盘间距为 300mil。由于无极性电容的焊盘间距为软尺寸,因此可以满足电路的需要。

6.3.5　电阻封装 AXIAL-0.4 匹配验证

　　电阻外形如图 6-25 所示,尺寸示意图如图 6-26 所示,尺寸数据如表 6-2 所示。

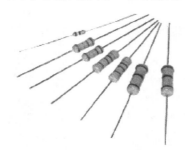

图 6-25　电阻外形

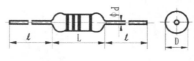

图 6-26　尺寸示意图

表 6-2　电阻物理尺寸表

电阻功率值	L		D		d	
	mm	mil	mm	mil	mm	mil
1/4W	6.90	232	3.24	128	0.50	16

　　Altium Designer 系统给出的电阻封装为 AXIAL-0.4,其形式如图 6-27 所示。

图 6-27　AXIAL-0.4 封装形式

　　单击两焊盘,可打开引脚属性对话框,如图 6-28 所示。

　　可以验证,两焊盘之间的距离为 400mil,过孔直径为 33.465mil,满足要求。因此 AXIAL-0.4 可作为电阻的封装。

6.3.6　变阻器元件封装

　　变阻器的元件外观如图 6-29 所示。

(a) 引脚1属性对话框

(b) 引脚2属性对话框

图 6-28　引脚属性对话框

图 6-29　变阻器的元件外观

相关物理尺寸如表 6-3 所示。

表 6-3　变阻器物理尺寸

电阻值	长		宽		焊盘间距		引脚与边界的距离	
	mm	mil	mm	mil	mm	mil	mm	mil
10kΩ/50kΩ	8.13	320	6.10	200	2.54	100	2.54	100

系统给出的封装形式为 VR5,如图 6-30 所示。

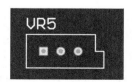

图 6-30　VR5 封装形式

打开 VR5 封装的引脚属性对话框,如图 6-31 所示。

(a) 引脚1属性对话框　　　(b) 引脚2属性对话框　　　(c) 引脚3属性对话框

图 6-31　VR5 封装的引脚属性对话框

可以看到,VR5 封装的引脚之间的距离为 100mil,可以满足设计要求,与给出的实际尺寸相匹配。

6.4　规划电路板及参数设置

对于要设计的电子产品,设计人员首先需要确定其电路板的尺寸。因此,电路板的规划也成为PCB制板中需要首先解决的问题。电路板规划也就是确定电路板的板边,并且确定电路板的电气边界。下面介绍如何手动规划电路板。

视频讲解

【例6-1】　手动规划电路板。

第1步:单击编辑区域下方的标签Mechanical 1,将编辑区域切换到机械层,如图6-32所示。

在PCB编辑环境中执行"设计"→"板子形状"→"定义板切割"命令,如图6-33所示,进入对板子重新定义外形的界面。

| LS ◆ ▶ ■ Top Layer ■ Bottom Layer ■ **Mechanical 1** ■ Top Overlay ■ Bottom Overlay ■ Top Paste ■ Bottom Paste ■ Top Solder ■ Bottom Solder □ Drill Guide ■ |

图6-32　将编辑区域切换到机械层

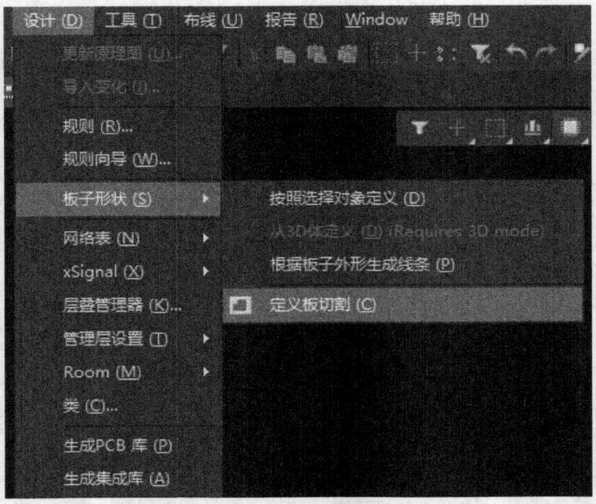

图6-33　进入规划板子外形的界面

用"十"字光标,框选出一个矩形,如图6-34所示。

第2步:右击可以退出"定义板切割"界面,按数字3键,进入3D显示状态,如图6-35所示,可知框选的部分为裁掉部分。

第3步:按数字2键,返回到2D显示状态,并切换层面到禁止布线层Keep-Out Layer,然后执行"设计"→"板子形状"→"根据板子外形生成线条"命令,出现"从板外形而来的线/弧原始数据"对话框,如图6-36所示。

第4步:选中"包含切割槽"复选框,单击"确定"按钮,便绘制出了PCB的电气边界,如图6-37所示。

至此,第一种规划版型的方法介绍完毕,接下来讲按照选择对象定义进行版型规划。

【例6-2】　按照选择对象定义进行版型规划。

第1步:在PCB编辑环境中,执行"放置"→"走线"命令,绘制电路板的物理边界,如图6-38所示。

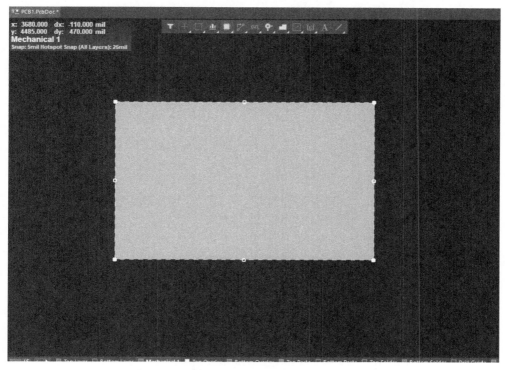

图 6-34　规划板子外形

图 6-35　3D 显示

图 6-36　"从板外形而来的线/弧原始数据"对话框

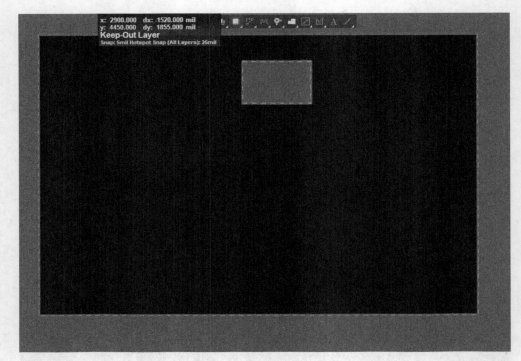

图 6-37　具有电气边界的 PCB

图 6-38　绘制 PCB 物理边界

　　首先选中整个矩形框,然后执行"设计"→"板子形状"→"按照选择对象定义"命令,出现 Confirm 对话框,裁剪好的 PCB 如图 6-39 所示,线框外部为裁掉部分。

　　第 2 步: 切换层面到禁止布线层(Keep-Out Layer),如图 6-40 所示。

　　第 3 步: 再次执行"放置"→"走线"命令,绘制出 PCB 的电气边界,如图 6-41 所示。至此,PCB 的规划就完成了。

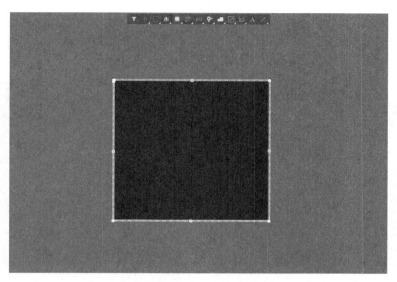

图 6-39　裁剪好的 PCB

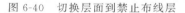

图 6-40　切换层面到禁止布线层

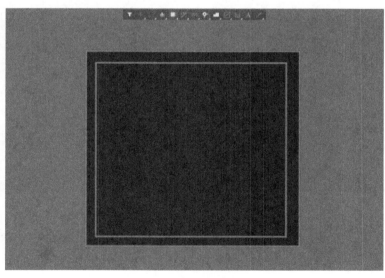

图 6-41　绘制 PCB 的电气边界

6.5　电路板网格及图纸页面的设置

　　网格就是 PCB 编辑窗口内显示出来的横竖交错的格子。设计工作人员,借助网格可以更准确地操作元件的定位布局及布线的方向,网格设置主要通过 Properties-Board 界面来完成。

适当的网格设置有助于更加便捷地进行 PCB 板设计。

按 K 键或者右下角 Panels 的按钮选择 Properties,打开 Properties 界面,单击 PCB 板切换至 Properties-Board 界面,图 6-42 为其部分界面图。

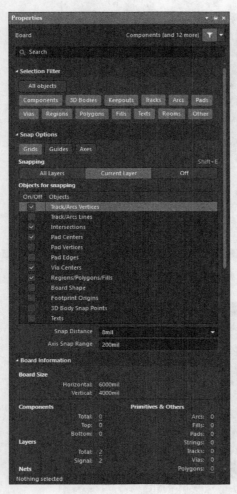 

图 6-42　Properties-Board 界面

在该界面可设置一些基本的工作参数,其作用范围就是当前的 PCB 文件,主要由 5 个区域组成。

- Units(度量单位):这部分内容在 Others 选项栏下。用于设置 PCB 设计中使用的度量单位,有公制 Metric 和英制 Imperial 两项选择。常用的元件封装多用英制单位。例如,双列直插元件,其引脚间距正好是 100mil,其宽度通常为 300mil 或 600mil,非表贴元件的引脚间距大都是 100mil 的整数倍,因此为了布局布线上的方便,通常用英制单位作为测量单位。在该栏内还有 Polygon Naming Scheme 即多边形的命名方式等选项可以进行设置。Designator Display(标识显示)用于设定元件标志符的显示方式,是显示物理标志符(Physical)还是显示逻辑标志符(Logical)以及布线工具路径(Route Tool Path)用于设定布线工具层。

- Board Information（图纸信息）：给出了图纸的大小 Board Size 以及原件网络等信息。其中的蓝色带下画线的数字都可以单击弹出相关窗口。
- Snap Options（捕获选项）：本项设置提供了若干选择项。
  - ◆ Snap To Girds（捕捉到栅格）：用于切换光标是否能捕获板上定义的网格。
  - ◆ Snap To Guides（捕捉到线性向导）：用于切换光标是否能捕获手动放置的线性捕获参考线或是参考点。该特殊子系统启用时这个命令将被检测。
  - ◆ Snap To Object Axis：用于切换光标是否能捕获动态对齐向导线，动态对齐向导线是通过接近所放置对象的热点生成的。该特殊子系统启用时这个命令将被检测。当在工作区域移动对象时，系统会在光标附近自动产生参考线，这个参考线是基于已放置对象相关的捕获点的。光标可以根据对象捕获点的位置进行水平或垂直方向对齐，这样允许靠近鼠标光标的捕获点在同一轴上，远端的捕获点在另一个轴上，这样可以驱动光标的位置。
  - ◆ Snap to Object Hotspots（捕捉到目标热点）：就是指电气网格，用于切换光标是否能在它靠近所放置对象的热点时捕获该对象。该特殊子系统启用时这个命令将被检测。若选中"捕捉到目标热点"，则激活了系统的电气网格捕获功能，即以光标为圆心，以捕获范围为半径，自动寻找电气节点，如果在此范围内找到交叉的连接点，系统会自动把光标指向该连接点，并在连接点上放置一个焊盘，进行电气连接。捕获范围可以在 Snap Distance（捕捉范围）文本编辑栏中设置，如这里选用系统默认的范围值 8mil。
  - ◆ Gird Manager（栅格管理）：界面如图 6-43 所示，单击 Add 按钮，可以添加卡迪尔栅格和极坐标栅格，同时可以对三种栅格进行属性设置。

单击 Properties 按钮，则进入 Cartesian Grid Editor 对话框。在"步进值"区域可以设置对在 PCB 视图中所需的 X 值和 Y 值，"显示"区域提供了直线式（Line）、点阵式（Dots）和不画（Do Not Draw）三种栅格类型，并可自定义栅格颜色及增效大小，如图 6-44 所示。

图 6-43　在 Properties-Board 界面中进行栅格管理

设置好后，单击"适用"→"确定"按钮，则退出 Cartesian Grid Editor 对话框。
- Guide Manager（向导管理）：可以添加各种类型的捕获参考线和捕获参考点，如图 6-45 所示。

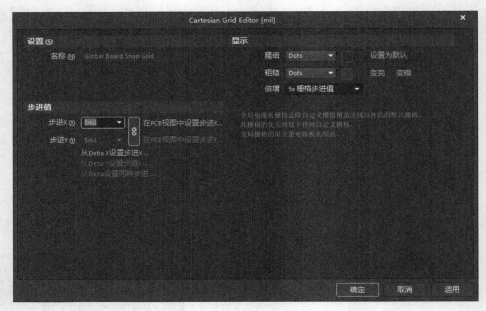

图 6-44　Cartesian Grid Editor 对话框

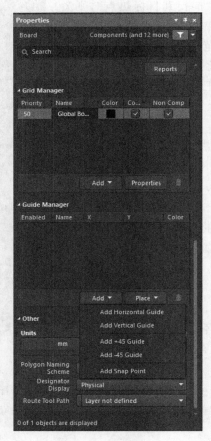

图 6-45　Properties-Board 中的 Guide Manager

6.6　电路板工作层面的颜色及显示设置

为了便于区分,编辑窗口内所显示的不同工作层应该选用不同的颜色,这一点设计人员可以根据自己的设计习惯,用自己熟悉的方式区分板层,从而提高工作效率。可通过 PCB 的"板层及颜色(视图选项)"对话框来加以设定。通过该对话框还可以设定相应层面是否在编辑窗口内显示出来。

如何进行板层颜色及显示设置?

按 O 键→"板层及颜色(视图选项)"命令,或者执行快捷键 Ctrl＋D 则会打开 View Configuration(视图选项)对话框,如图 6-46 所示。

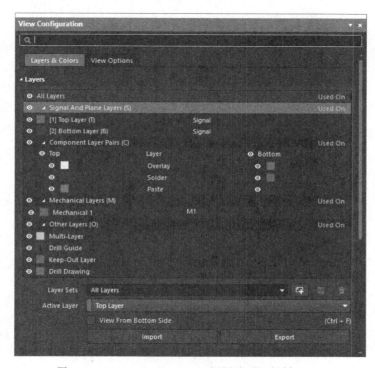

图 6-46　View Configuration(视图选项)对话框(一)

该对话框主要分为两部分:层面颜色设置和系统颜色设置。

1. 层面颜色设置

PCB 的工作层面是按照信号层、内平面、机械层、掩膜层、其他层和丝印层 6 个区域分类设置的。各个区域中,每一工作层面的后面都有 1 个颜色选择块和 1 个图标⦿,若单击按下该图标,则相应的工作层面标签会在编辑窗口中显示出来。

2. 系统颜色设置

系统颜色设置提供了若干选择项,如图 6-47 所示。

- Connection Lines：用于设置连线颜色。
- Selection/Highlight：用于被选中图元的/高亮的显示颜色。
- Pad Holes：用于设置焊盘孔的颜色。
- Via Holes：用于设置过孔的颜色。
- DRC Error/Waived DRC Error Markers：用于设置违反 DRC 设计规则的错误信息或是被放置的违反 DRC 设计规则的错误信息显示。
- Board Line/Area：用于设置 PCB 边界线/区域的颜色。
- Workspace Start/End：用于设置编辑窗口起始端和终止端的颜色。

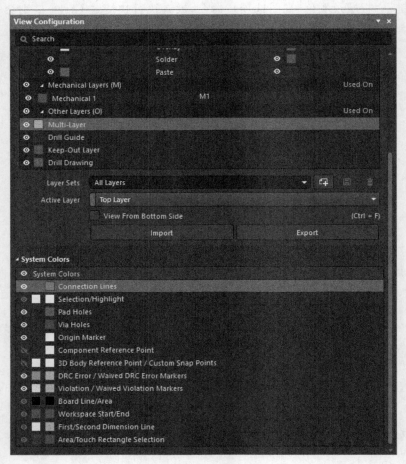

图 6-47　View Configuration(视图选项)对话框(二)

6.7　电路板系统环境参数的设置

系统环境参数的设置是 PCB 设计过程中非常重要的一步,用户根据个人的设计习惯,设置合理的环境参数,将会大大提高设计效率。

如何对 PCB 板编辑环境进行参数设置?

在 PCB 编辑环境中,执行"工具"→"优先选项"命令,或者在编辑窗口内右击,在弹出的列表中执行"优先选项"命令,将会打开 PCB 编辑器的"优选项"对话框,如图 6-48 所示。

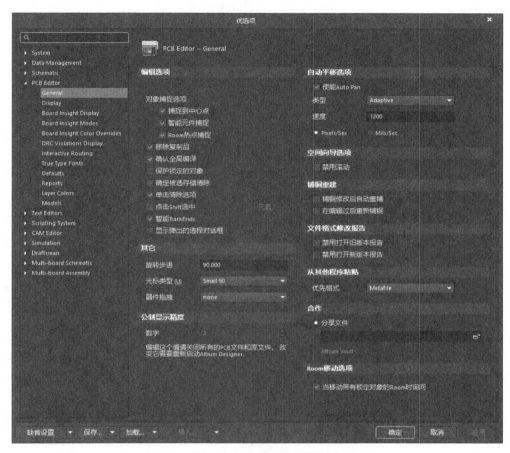

图 6-48 "优选项"对话框

该对话框中有 15 个选项卡供设计者进行设置。

- General:用于设置 PCB 设计中的各类操作模式,如"在线 DRC""智能元件捕捉""移除复制品""自动平移选项""公制显示精度"等。其设置界面见图 6-48。
- Display:用于设置 PCB 编辑窗口内的显示模式,如"显示选项""高亮选项"和"层绘制顺序"等。其设置界面如图 6-49 所示。
- Board Insight Display:用于设置 PCB 图文件在编辑窗口内的显示方式,包括焊盘和过孔显示选项、Available Single Layer Modes(可用的单层模式)和实时高亮选项,其设置界面如图 6-50 所示。
- Board Insight Modes:用于 Board Insight 系统的显示模式设置,其设置界面如图 6-51 所示。

图 6-49　Display 设置界面

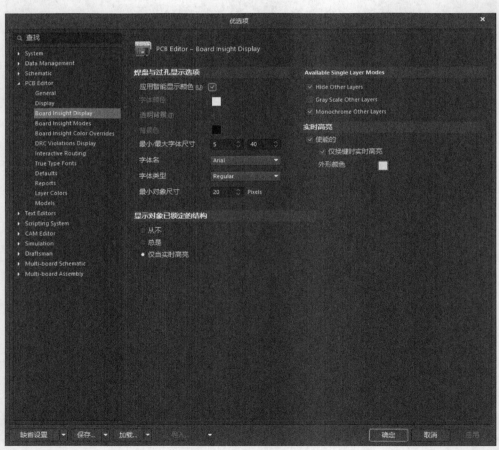

图 6-50　Board Insight Display 设置界面

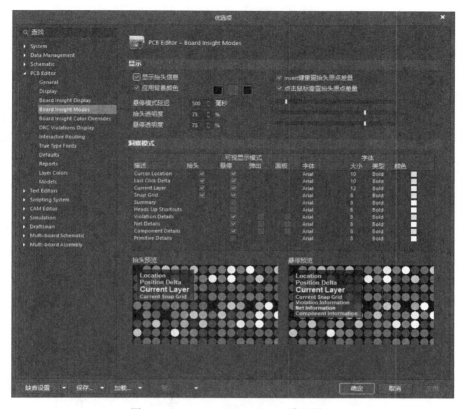

图 6-51　Board Insight Modes 设置界面

- Board Insight Color Overrides：用于 Board Insight 系统的覆盖颜色模式设置，其设置界面如图 6-52 所示。
- DRC Violations Display：用于 DRC 设计规则的错误显示模式设置，其设置界面如图 6-53 所示。
- Interactive Routing：用于交互式布线操作的有关模式设置，包括交互式布线冲突裁决方案、交互式布线宽度/过孔尺寸资料和交互式布线选项等设置。其设置界面如图 6-54 所示。
- True Type Fonts：用于选择设置 PCB 设计中所用的 True Type 字体，其设置界面如图 6-55 所示。
- Mouse Wheel Configuration：用于对鼠标滚轮的功能进行设置，以便实现对编辑窗口的快速移动及板层切换等，其设置界面如图 6-56 所示。
- Defaults：用于设置各种类型图元的系统默认值，在该项设置中可以对 PCB 图中的各项图元的值进行设置，也可以将设置后的图元值恢复到系统默认状态，设置界面如图 6-57 所示。
- Reports：用于对 PCB 相关文档的批量输出进行设置，设置界面如图 6-58 所示。
- Layer Colors：用于设置 PCB 各层板的颜色，如图 6-59 所示。
- Models：用于设置模式搜索路径等，如图 6-60 所示。

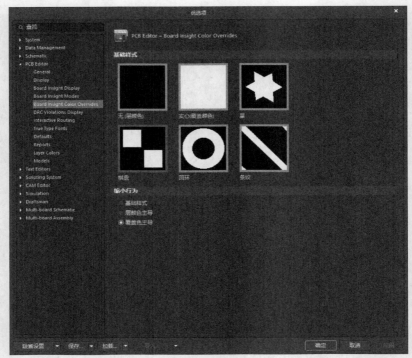

图 6-52　Board Insight Color Overrides 设置界面

图 6-53　DRC Violations Display 设置界面

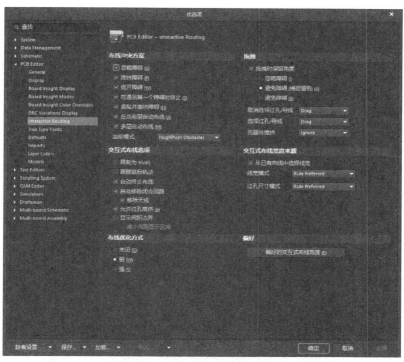

图 6-54　Interactive Routing 设置界面

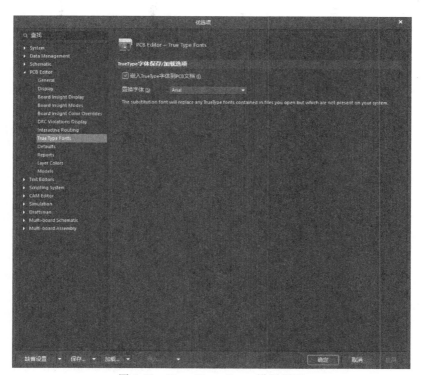

图 6-55　True Type Fonts 设置界面

图 6-56　Mouse Wheel Configuration 设置界面

图 6-57　Defaults 设置界面

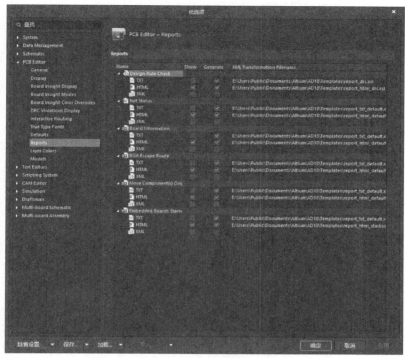

图 6-58 Reports 设置界面

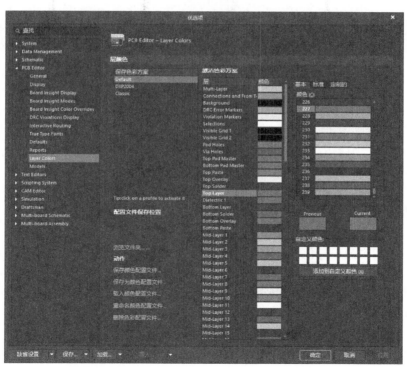

图 6-59 Layer Colors 设置界面

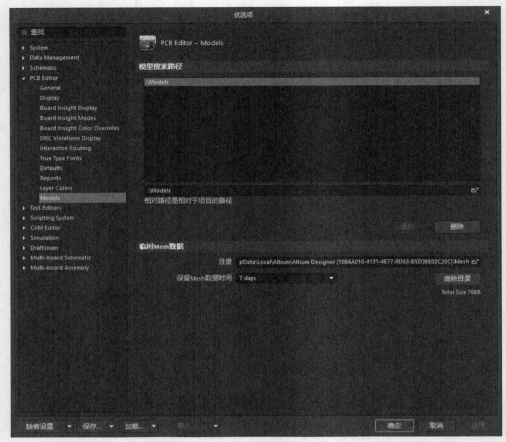

图 6-60　Models 设置界面

视频讲解

6.8　载入网络表

加载网络表,即将原理图中元件的相互连接关系及元件封装尺寸数据输入 PCB 编辑器中,实现原理图向 PCB 的转化,以便进一步制板。

6.8.1　准备设计转换

要将原理图中的设计信息转换到新的空白 PCB 文件中,首先应完成如下项目的准备工作。

(1) 对项目中所绘制的电路原理图进行编译检查,验证设计,确保电气连接的正确性和元件封装的正确性。

(2) 确认与电路原理图和 PCB 文件相关联的所有元件库均已加载,保证原理图文件中所指定的封装形式在可用库文件中都能找到并可以使用。PCB 元件库的加载和原理图元件库的加载方法完全相同。

(3) 将新建的 PCB 空白文件添加到与原理图相同的项目中。

6.8.2 网络与元件封装的装入

Altium Designer 系统为用户提供了两种装入网络与元件封装的方法。

（1）在原理图编辑环境中使用设计同步器。

（2）在 PCB 编辑环境中,执行"设计"→Import Changes From PCB_Project1.PrjPcb 命令。

这两种方法的本质是相同的,都是通过启动工程变化订单来完成的。下面就以相同的例子介绍这两种方法。

1. 使用设计同步器装入网络与元件封装

创建新的工程项目 PCB_Project1.PrjPcb,在工程名上右击,在弹出的快捷菜单中执行"添加已有的文档到工程"命令,将已绘制好的电路原理图和需要进行设计的 PCB 文件导入该工程,如图 6-61 所示。

图 6-61　添加文件到新建项目

将工作界面切换到已绘制好的原理图界面,如图 6-62 所示。

执行"工程"→Compile PCB Project PCB_Project1.PrjPcb 命令,编译项目 PCB_Project1.PrjPcb。若没有弹出错误提示信息,则证明电路绘制正确。对工程进行重命名,保存为"LED 点阵驱动电路.PrjPcb"。

在原理图编辑环境中,执行"设计"→"Update PCB Document LED 点阵驱动电路

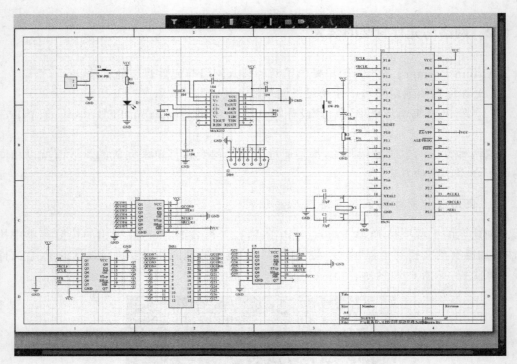

图 6-62　打开原理图文件

".PcbDoc"命令,如图 6-63 所示。

注:在更新该 PCB 文件时,应首先对其进行保存。接着应该确认所有用到的 PCB 库都已安装或在工程文件下。

图 6-63　打开"工程变更指令"对话框的命令

执行完上述命令后,系统会打开如图 6-64 所示的"工程变更指令"对话框。该对话框中显示了本次要进行载入的元件封装及载入到的 PCB 文件名等。

单击"验证变更"按钮,在"状态"区域中的"检测"栏中将会显示检查的结果,出现绿

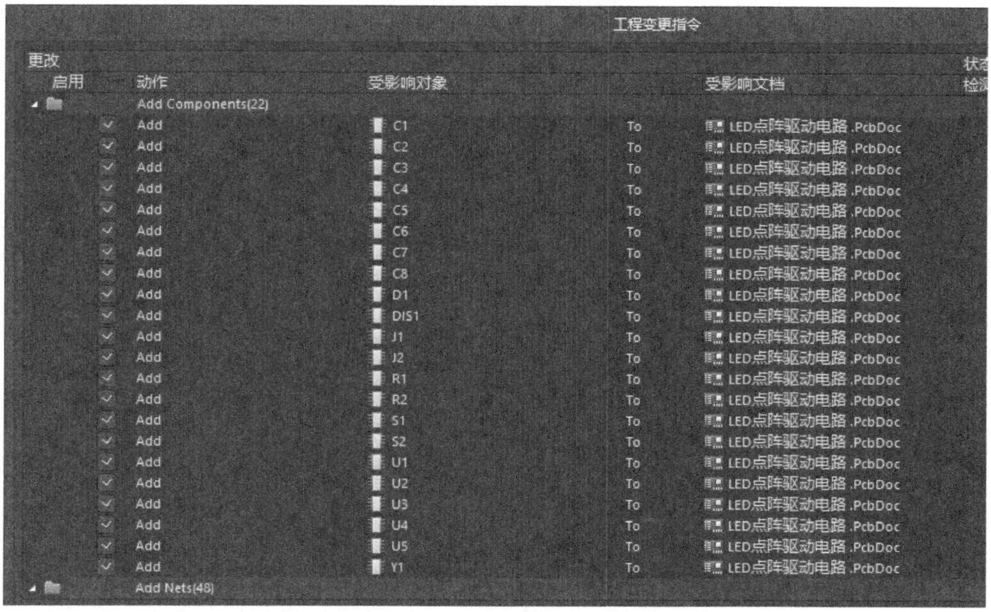

图 6-64　"工程变更指令"对话框

色的对号标志,表明对网络及元件封装的检查是正确的,变化有效。若出现红色的叉号标志,则表明对网络及元件封装检查是错误的,变化无效。效果如图 6-65 所示。

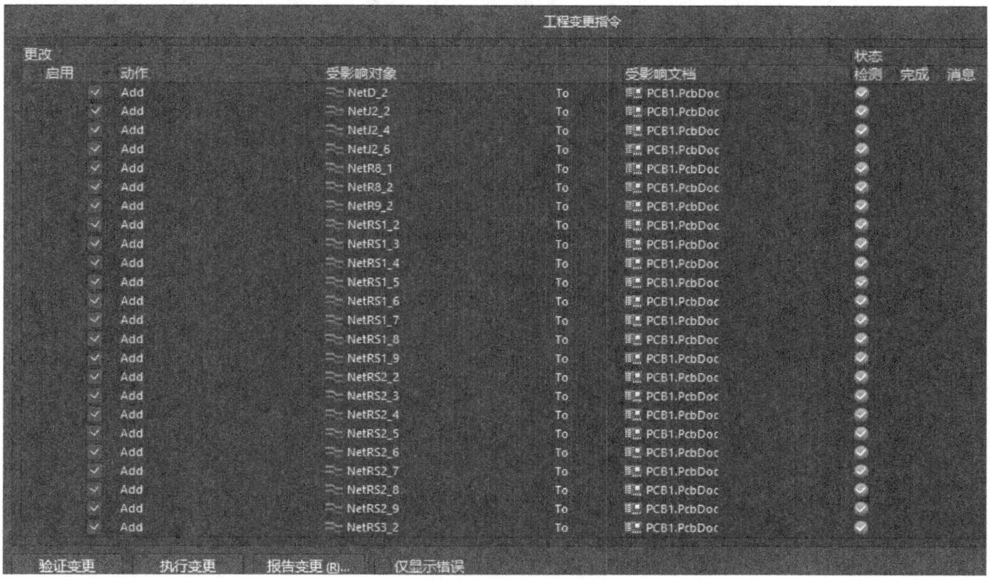

图 6-65　检查网络及元件封装

需要强调,如果网络及元件封装检查是错误的,那么一般是由于没有装载可用的集成库、无法找到正确的元件封装。

单击"执行更改"按钮,将网络及元件封装装入到 PCB 文件 PCB1.PcbDoc 中,如果装入正确,则在"状态"区域的"完成"栏中显示出绿色的对号标志,如图 6-66 所示。

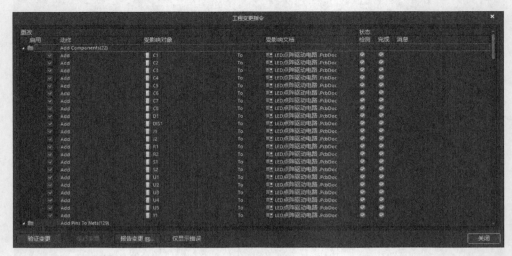

图 6-66　完成装入

关闭"工程变更指令"对话框,则可以看到所装入的网络与元件封装,放置在 PCB 的电气边界以外,并且以飞线的形式显示出网络和元件封装之间的连接关系,如图 6-67 所示。

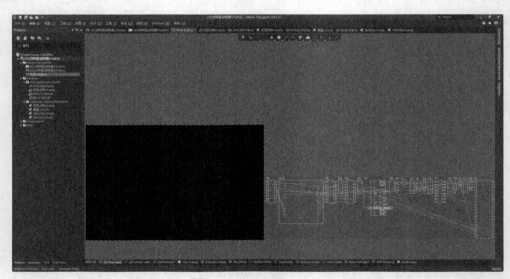

图 6-67　装入网络与元件封装到 PCB 文件

2. 在 PCB 编辑环境中导入网络与元件封装

确认原理图文件及 PCB 文件已经加载到新建的工程项目中,操作与前面相同。将界面切换到 PCB 编辑环境,执行"设计"→Import Changes From PCB_Project1. PrjPcb 命令,打开"工程变更指令"对话框,如图 6-68 所示。

接下来的操作与前面相同,此处不再赘述。

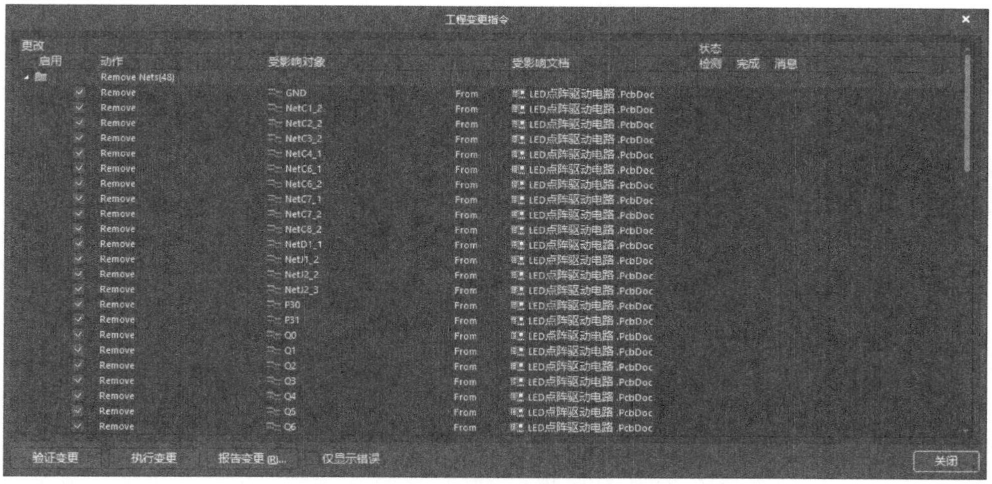

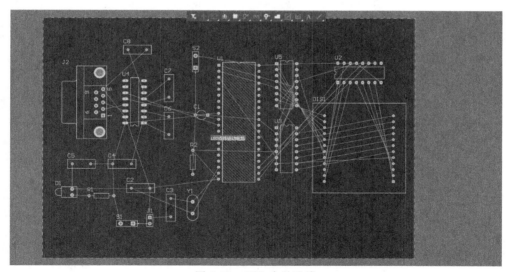

图 6-68　在 PCB 编辑环境中打开"工程更改指令"对话框

3. 飞线

将原理图文件导入 PCB 文件后，系统会自动生成飞线，如图 6-69 所示。飞线是一种形式上的连线。它只从形式上表示出各个焊点间的连接关系，没有电气上的连接意义，其按照电路的实际连接将各个节点相连，使电路中的所有节点都能够连通，且无回路。

图 6-69　PCB 中的飞线

习题

1. 以 LED 点阵驱动电路为例，添加一个新的 PCB 文件。
2. 对 PCB 形状进行重新定义，给出 PCB 的物理边界和电气边界。
3. 以 LED 点阵驱动电路为例，导出网络表到该 PCB 中。

第7章 元件布局

内容提要：

• 元件自动布局　　　• 元件手动布局　　　• PCB布局注意事项

目的： PCB布局在整个设计中有十分重要的地位，合理布局能使得走线变得简单通畅，更能让走线距离短，占用空间少。本章将对PCB布局中的常用方法和注意事项进行介绍。

装入网络表和元件封装后，用户需要将元件封装放入工作区，这就是对元件封装进行布局。在PCB设计中，布局是一个重要的环节。布局的好坏将直接影响布线的效果，可以认为合理的布局是PCB设计成功的第一步。

布局的方式分为两种，即自动布局和手动布局。

自动布局，是指设计人员布局前先设定好设计规则，系统自动在PCB上进行元件的布局，这种方法效率较高，布局结构比较优化，但缺乏一定的布局合理性，所以在自动布局完成后，需要进行一定的手工调整，以达到设计的要求。

手动布局，是指设计者手工在PCB上进行元件的布局，包括移动、排列元件。这种布局结果一般比较合理和实用，但效率比较低，完成一块PCB板布局的时间比较长。所以一般采用这两种方法相结合的方式进行PCB的设计。

7.1　自动布局

自动布局是在布局的设计规则下自行完成布局，因此在进行自动布局之前，首先设计者需要对布局规则进行设置。合理的自动布局规则，可以使自动布局结果更符合设计要求。

7.1.1　布局规则设置

视频讲解

在PCB编辑环境中，执行"设计"→"规则"菜单命令，如图7-1所示。

打开"PCB规则及约束编辑器"对话框，如图7-2所示。

图 7-1 "设计"→"规则"菜单命令

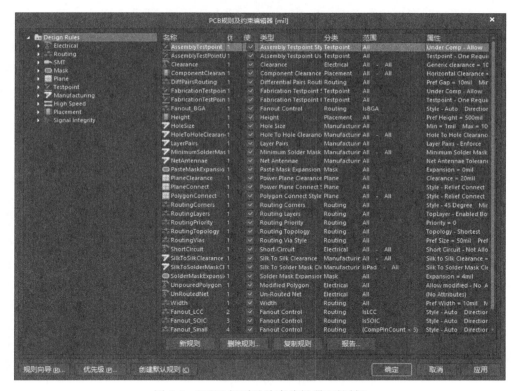

图 7-2 "PCB 规则及约束编辑器"对话框

在该对话框的左列表框中，列出了系统所提供的 10 类设计规则，分别是 Electrical（电气规则）、Routing（布线规则）、SMT（贴片式元件规则）、Mask（屏蔽层规则）、Plane（内层规则）、Testpoint（测试点规则）、Manufacturing（制板规则）、Hign Speed（高频电路规则）、Placement（布局规则）、Signal Integrity（信号完整性分析规则）。

这里需要进行设置的规则是 Placement（布局规则）。单击布局规则前面的三角形按钮,可以看到布局规则包含6项子规则,如图7-3所示。

这6项布局子规则分别是 Room Definition(空间定义)、Component Clearance(元件间距)、Component Orientations(元件布局方向)、Permitted Layers(工作层设置)、Nets to Ignore(忽略网络)和 Height(高度)。下面分别对这6种子规则进行介绍。

图7-3 布局子规则

1) Room Definition(空间定义)子规则

Room Definition 子规则主要是用来设置 Room 空间的尺寸,以及它在 PCB 中所在的工作层面。单击 Room Definition,"PCB 规则及约束编辑器"对话框的右侧如图7-4所示。

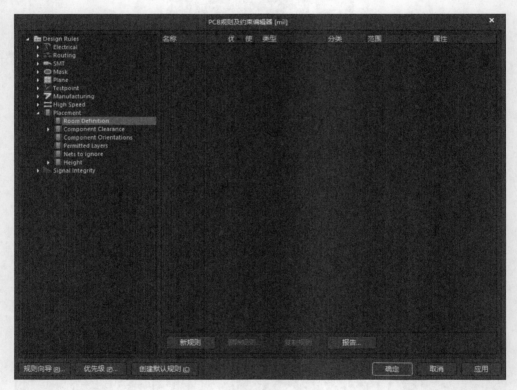

图7-4 Room Definition 窗口

单击"新规则"按钮,Room Definition 则会展开一个 Room Definition 子规则,单击新生成的子规则,则"PCB 规则及约束编辑器"对话框右侧如图7-5所示。

该对话框右侧分为上下两部分。上部分主要用于设置该规则的具体名称及适用范围。在后面的一些子规则设置中,上部分的设置基本是相同的。这部分主要包括3个文本编辑框(其功能是对子规则的命名及填写子规则描述信息等)和6个选项,供用户选择设置规则匹配对象的范围),下拉列表框如图7-6所示。

这6个选项的含义分别如下:

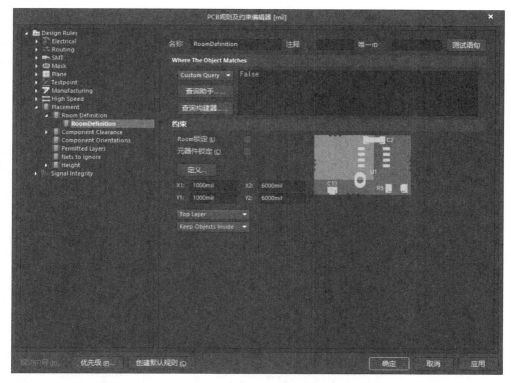

图 7-5　Room Definition 子规则

- All：选中该选项，表示当前设定的规则在整个 PCB 上有效。
- Component：选中该选项，表示当前设定的规则在某个选定的元件上有效，此时在右端的编辑框内可设置元件名称。
- Component Class：选中该选项，表示当前设定的规则可在全部元件或几个元件上有效。
- Footprint：选中该选项，表示当前设定的规则在选定的引脚上有效，此时在右端的编辑框内可设置引脚名称。
- Package：选中该选项，表示当前设定的规则在选定的范围中有效。
- Custom Query：选中该选项，即激活了"询问助手"按钮，单击该按钮，可启动 Query Helper 对话框来编辑一个表达式，以便自定义规则的适用范围。

图 7-6　下拉列表框

下部分主要用于设置规则的具体约束特性。对于不同的规则，约束特性的设置内容也是不同的。在"约束"子规则中，需要设置如下几个选项。

- Room 锁定：选中该复选框后，表示 PCB 图上的 Room 空间被锁定，此时用户不能再重新定义 Room 空间，同时在进行自动布局或手动布局时该空间也不能再被拖动。
- 元器件锁定：选中该复选框后，Room 空间中元件封装的位置和状态将被锁定，在进行自动布局或手动布局时，不能再移动它们的位置和编辑它们的状态。

对于 Room 空间大小，可通过"定义"按钮或输入 X1、X2、Y1、Y2 4 个对角坐标来完成。其中 X1 和 Y1 用来设置 Room 空间最左下角的横坐标和纵坐标的值,X2 和 Y2 用来设置 Room 空间最右上角的横坐标和纵坐标的值。

"约束"区域最下方是两个下拉列表框,用于设置 Room 空间所在工作层及元件所在位置。工作层设置包括两个选项,即 Top Layer(顶层)和 Bottom Layer(底层)。元件位置设置也包括两个选项,即 Keep Objects Inside(元件位于 Room 空间内)和 Keep Objects Outside(元件位于 Room 空间外)。

2) Component Clearance(元件间距)子规则

Component Clearance 子规则用来设置自动布局时元件封装之间的安全距离。

单击 Component Clearance 子规则前面的加号,则会展开 Component Clearance 子规则,单击该子规则,可以看到"PCB 规则及约束编辑器"对话框的右侧如图 7-7 所示。

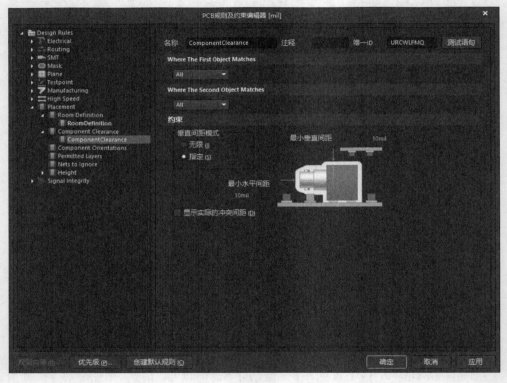

图 7-7　Component Clearance 子规则设置对话框

间距是相对于两个对象而言的,因此在该规则对话框中,相应地会有两个规则匹配对象的范围设置,设置方法与前面的相同。

在"约束"区域内的"垂直间距模式"栏内提供了两种对该项规则进行检查的模式,对应于不同的检查模式,在布局中对于是否违规判断的依据会有所不同。这两种模式分别为"无限"和"指定"检查模式。

- 无限:以元件的外形尺寸为依据。选中该模式,"约束"区域就会变成如图 7-8 所示的形式。在该模式下,只需设置最小水平间距。
- 指定:以元件本体图元为依据,忽略其他图元。在该模式中需要设置元件本体图

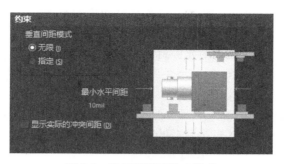

图 7-8　使用"无限"检查模式

元之间的最小水平间距和最小垂直间距。选中该模式，"约束"区域就会变成如图 7-9 所示的形式。

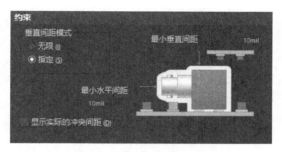

图 7-9　使用"指定"检查模式

3）Component Orientations（元件布局方向）子规则

Component Orientations 子规则用于设置元件封装在 PCB 上的放置方向。由图 7-5 可以看到，该项子规则前没有加号，说明该项规则并未被激活。右击 Component Orientations 子规则，执行"新规则"菜单命令。单击新建的 Component Orientations 子规则即可打开设置对话框，如图 7-10 所示。

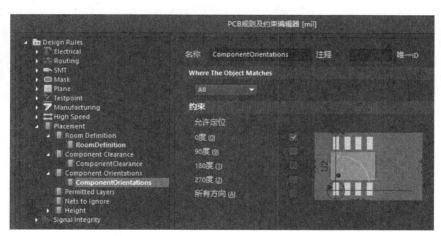

图 7-10　Component Orientations 子规则设置对话框

"约束"区域内提供了如下5种允许元件旋转角度的复选框。

- 0度：选中该复选框,表示元件封装放置时不用旋转。
- 90度：选中该复选框,表示元件封装放置时可以旋转90°。
- 180度：选中该复选框,表示元件封装放置时可以旋转180°。
- 270度：选中该复选框,表示元件封装放置时可以旋转270°。
- 所有方位：选中该复选框,表示元件封装放置时可以旋转任意角度。当该复选框被选中后,其他复选框都处于不可选状态。

4) Permitted Layers(工作层设置)子规则

Permitted Layers 子规则主要用于设置 PCB 板上允许元件封装所放置的工作层。选择"新规则"新建一个 Permitted Layers 子规则,单击新建的规则即可打开设置对话框,如图 7-11 所示。

图 7-11　Permitted Layers 子规则设置对话框

该规则的"约束"区域内,提供了两个工作层选项允许放置元件封装,即"顶层"和"底层"。一般过孔式元件封装都放置在 PCB 的顶层;而贴片式元件封装既可以放置在顶层,也可以放置在底层。若要求某一面不能放置元件封装,则可以通过该设置实现这一要求。

5) Nets to Ignore(忽略网络)子规则

Nets to Ignore 子规则用于设置在采用"成群的放置项"方式执行元件自动布局时可以忽略的一些网络,在一定程度上提高了自动布局的质量和效率。选择"新规则",新建一个 Nets to Ignore 子规则,单击新建的规则,打开设置对话框,如图 7-12 所示。

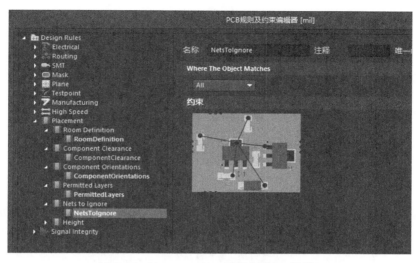

图 7-12　Nets to Ignore 子规则设置对话框

该规则的约束条件是通过对上面的规则匹配对象适用范围的设置来完成的,只要选出要忽略的网络名称即可。

6) Height(高度)子规则

Height 子规则用于设置元件封装的高度范围。单击 Height 子规则前面的加号,则会展开一个 Height 子规则,单击该规则,可在"PCB 规则及约束编辑器"对话框的右边如图 7-13 所示。

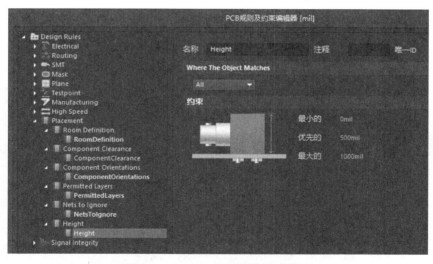

图 7-13　Height 子规则设置对话框

在"约束"区域内可以对元件封装的最小、最大及优先高度进行设置。

视频讲解

7.1.2 元件自动布局

【例 7-1】 以音频放大电路为例进行自动布局。

第 1 步：首先对自动布局规则进行设置，所有规则设置如图 7-14 所示。

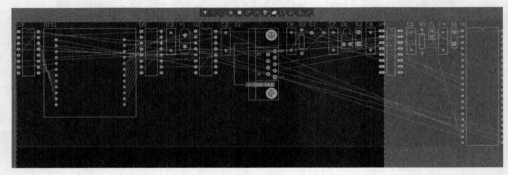

图 7-14 自动布局规则设置

打开已导入网络和元件封装的 PCB 文件，选中 Room 空间"LED 点阵驱动电路"，拖动光标将其移动到 PCB 内部，如图 7-15 所示。

图 7-15 移动 Room 空间到 PCB

第 2 步：选中所有元件，执行"工具"→"元件摆放"→"在矩形区域排列"命令，在 PCB 中的目标位置画出矩形，本次是以整个设计区域为例，如图 7-16 所示。

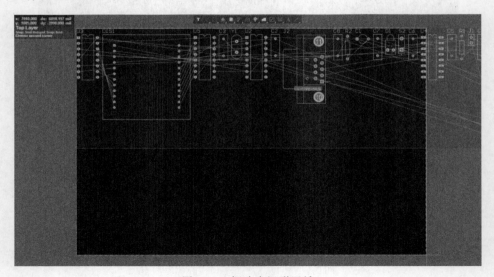

图 7-16 框选出矩形区域

此时元件自动布局,如图 7-17 所示。

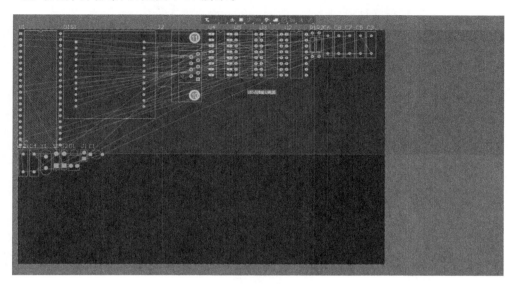

图 7-17　元件布局

或按照 Room 区域也可实现元件的自动布局,首先调节 Room 区域设成需要的区域,如图 7-18 所示。

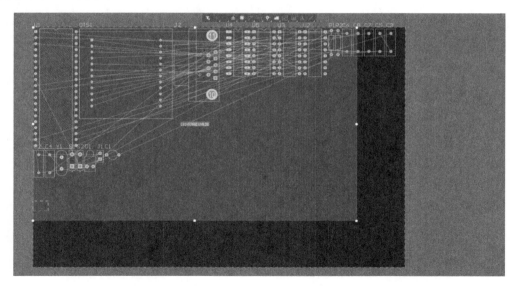

图 7-18　设置 Room 区域

然后选中所有元件,再执行"工具"→"元件摆放"→"按照 Room 排列"命令,然后单击想要排列在内的 Room 区域。执行后的结果。如图 7-19 所示。

从元件布局结果来看,自动布局只是将元件放入板框中,并未考虑电路信号流向及特殊元件的布局要求,因此自动布局一般不能满足用户的需求,用户还需采用手动布局方式进行调整。

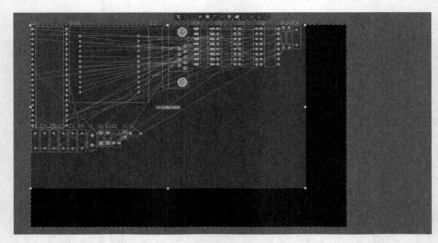

图 7-19　按照 Room 排列

视频讲解

7.2　手动布局

虽然自动布局简单方便,但是大多难以实现设计目的,因此需要手动布局使设计能达到要求。

手动布局时应严格遵循原理图的绘制结构。首先将全图最核心的元件放置到合适的位置,然后将其外围元件,按照原理图的结构放置到核心元件的周围。通常使具有电气连接的元件引脚比较接近,这样使走线距离短,从而使整个电路板的导线易于连通。

【例 7-2】 以音频放大电路为例进行手动布局。

第 1 步:执行"编辑"→"对齐"命令,系统会弹出"对齐"命令菜单,如图 7-20 所示。
系统还提供了排列工具栏,如图 7-21 所示。

图 7-20　"对齐"菜单命令

图 7-21　排列工具栏

各图标的含义如下：

- ⊫——将选取的元件向最左边的元件对齐。
- ⊸——将选取的元件水平中心对齐。
- ⊐——将选取的元件向最右边的元件对齐。
- ⊪⊏——将选取的元件水平平铺。
- ⊪⊪——将选取放置的元件的水平间距扩大。
- ⊪⊪——将选取放置的元件的水平间距缩小。
- ⊤——将选取的元件与最上边的元件对齐。
- ⊪——将选取的元件按元件的垂直中心对齐。
- ⊥——将选取的元件与最下边的元件对齐。
- ⊠——将选取的元件垂直平铺。
- ⊞——将选取放置的元件的垂直间距扩大。
- ⊞——将选取放置的元件的垂直间距缩小。
- ⊡——将所选的元件在空间中内部排列。
- ⊡——将所选的元件在一个矩形框内部排列。
- ⊓——将元件对齐到栅格上。

执行"编辑"→"对齐"→"定位元件文本"命令，系统打开如图 7-22 所示的"元器件文本位置"对话框。

在该对话框中，用户可以对元件文本(标号和说明内容)的位置进行设置，也可以直接手动调整文本位置。

使用上述菜单命令，可以实现元件的排列、提高效率，并使 PCB 的布局更加整齐和美观。

已经完成了网络和元件封装的装入，接下来就可以开始在 PCB 上放置元件了，如图 7-23 所示。

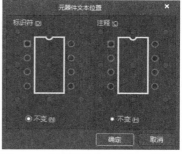

图 7-22　"元器件文本位置"对话框

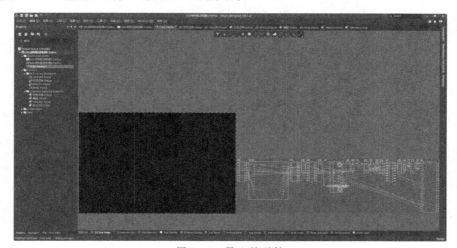

图 7-23　导入的元件

第2步：打开 Properties 界面，单击选中整个面板，切换至 Properties-Board 界面，设置合适的栅格参数，如图 7-24 所示。

按下快捷键 V（视图菜单栏）和 D（设计菜单栏），使整个 PCB 和所有元件显示在编辑对话框中。

参照电路原理图，首先将核心元件 U1 移动到 PCB 上。将鼠标指针放在 U1 封装的轮廓上单击，鼠标指针变成一个大"十"字形，移动鼠标指针，拖动元件，将其移动到合适的位置，松开鼠标将元件放下，如图 7-25 所示。

第3步：用同样的操作方法，将其余元件封装一一放置到 PCB 中，完成所有元件的放置后，如图 7-26 所示。

第4步：调整元件封装的位置，尽量对齐，并对元件的标注文字进行重新定位、调整。无论是自动布局，还是手动布局，根据电路的特性要求在 PCB 上放置了元件封装后，一般都需要进行一些排列对齐操作，如图 7-27 所示，是一组待排列的电容。

单击"顶对齐"命令后，使电容向顶端对齐，结果如图 7-28 所示。

单击"水平分布"命令，水平分布电容，结果如图 7-29 所示。

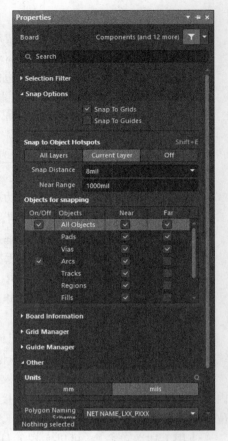

图 7-24　设置合适的网格参数

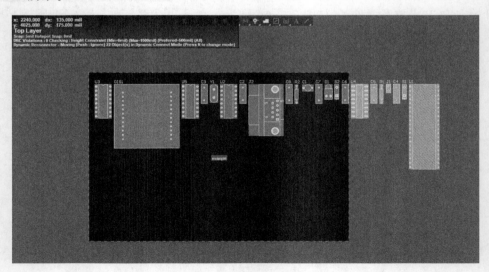

图 7-25　放置元件 U1 到 PCB

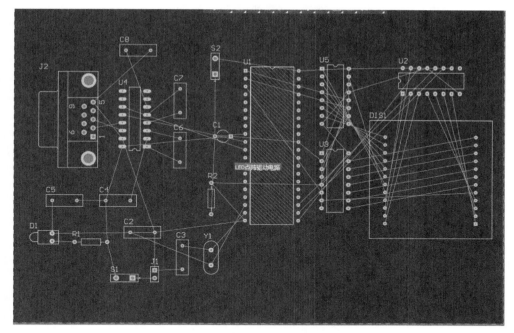

图 7-26　完成全部封装的放置

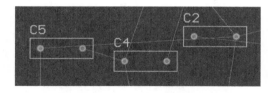

图 7-27　待排列的电容

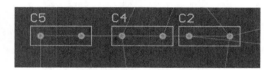

图 7-28　对齐后的电容组

Altium Designer 系统提供的对齐菜单命令,并不是只是针对元件与元件之间的对齐,还包括焊盘与焊盘之间的对齐。如图 7-30 所示,为了使布线时遵从最短走线原则,应使两焊盘对齐。

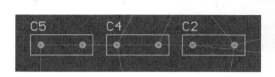

图 7-29　水平分布后的电容组

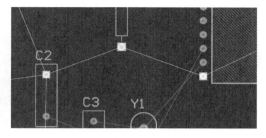

图 7-30　待对齐的两个焊盘

选中其中一个焊盘,按 Tab 键,执行"底对齐"命令,使两个焊盘对齐到一条直线上,结果如图 7-31 所示。

在上述初步布局的基础上,为了使电路更加美观、经济,用户需进一步优化电路布局。在已布局电路中,元件 C8 存在交叉线,如图 7-32 所示。

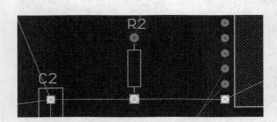

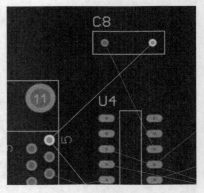

图 7-31　对齐焊盘　　　　　　　　　　　图 7-32　存在交叉线的电容

因此用户需按 Space 键,调整 C8 元件的方位以消除交叉线。调整后的结果如图 7-33
所示。

同样,元件的标注也可以调整,调整的方式与调整元件的方式相同。以调整图 7-33
中元件 C8 的标注为例,将鼠标指针放置到元件 C8 的标注上单击,同时按 Space 键,此时
元件标注将发生旋转,如图 7-34 所示。

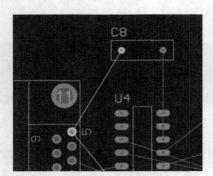

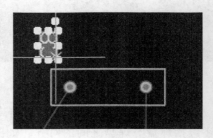

图 7-33　调整后的电路布局图　　　　　　图 7-34　调整元件 C8 标注

调整后的结果如图 7-35 所示。

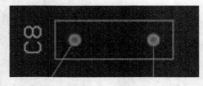

图 7-35　调整后的元件标注

7.3　PCB 布局注意事项

元件布局依据以下原则:保证电路功能和性能指标;满足工艺性、检测和维修等方

面的要求；元件排列整齐、疏密得当，兼顾美观性。对于初学者，合理的布局是确保 PCB 板正常工作的前提，因此 PCB 板布局需要用户特别注意。

7.3.1 按照信号流向布局

PCB 板布局时应遵循信号从左到右或从上到下的原则，即在布局时输入信号放在电路板的左侧或上方，而将输出放置到电路板的右侧或下方，如图 7-36 所示。

(a) 电源电路板　　　　　　　　　　(b) 电源电路PCB板

图 7-36　按照信号流向布局

将电路按照信号的流向逐一排布元件，便于信号的流通。此外，与输入端直接相连的元件应当放在靠近输入接插件的地方，同理，与输出端直接相连的元件应当放在靠近输出接插件的地方。

当布局受到连线优化或空间的约束而需放置到电路板同侧时，输入端与输出端不宜靠得太近，以避免寄生产生电容而引起电路振荡，甚至导致系统工作不稳定。

7.3.2 优先确定核心元件的位置

以电路功能判别电路的核心元件，然后以核心元件为中心，围绕核心元件布局，如图 7-37 所示。

图 7-37　围绕核心元件布局

优先确定核心元件的位置有利于其余元件的布局。

7.3.3　布局时考虑电路的电磁特性

在电路布局时,应充分考虑电路的电磁特性。通常强电部分(220V交流电)与弱电部分要远离,电路的输入级与输出级的元件应尽量分开。同时,当直流电源引线较长时,要增加滤波元件,以防止50Hz干扰。

当元件间可能有较高的电位差时,应加大它们之间的距离,以避免因放电、击穿引起的意外。此外,金属壳的元件应避免相互接触。

7.3.4　布局时考虑电路的热干扰

对于发热元件应尽量放置在靠近外壳或通风较好的位置,以便利用机壳上开凿的散热孔散热。当元件需要安装散热装置时,应将元件放置到电路板的边缘,以便于按散热器或小风扇以确保元件的温度在允许范围内。安装散热装置的电路如图7-38所示。

——散热器

图 7-38　电路板上安装有散热装置

对于温度敏感的元件,如晶体管、集成电路、热敏电路等,不宜放在热源附近。

7.3.5　可调元件的布局

对于可调元件,如可调电位器、可调电容器、可调电感线圈等,在电路板布局时,须考虑其机械结构。可调元件的外观如图7-39所示。

图 7-39　可调元件

在放置可调元件时,应尽量布置在操作者手方便操作的位置,以便于使用。

对于一些带高电压的元件则应尽量布置在操作者手不宜触及的地方,以确保调试、维修的安全。

此外元件布局还应考虑以下事项:

- 按电路模块布局,实现同一功能的相关电路称为一个模块,电路模块中的元件应用就近原则,同时数字电路和模拟电路分开。
- 定位孔、标准孔等非安装孔周围 1.27mm(50mil)内不得贴装元件,螺钉等安装孔周围 3.5mm(138mil)(对于 M2.5)及 4mm(157mil)内不得贴装元件。
- 贴装元件焊盘的外侧与相邻插装元件的外侧距离大于 2mm(79mil)。
- 金属壳体元件和金属体(屏蔽盒等)不能与其他元件相碰,不能紧贴印制线、焊盘,其间距应大于 2mm(79mil);定位孔、紧固件安装孔、椭圆孔及板中其他方孔外侧距板边的尺寸大于 3mm(118mil)。
- 高热元件要均衡分布。
- 电源插座要尽量布置在印制板的四周,电源插座与其相连的汇流条接线端布置在同侧,且电源插座及焊接连接器的布置间距应考虑方便电源插头的插拔。
- 所有 IC 元件单边对齐,有极性元件极性标示明确,同一印制板上极性标示不得多于两个方向,出现两个方向时,两个方向应互相垂直。
- 贴片单边对齐,字符方向一致,封装方向一致。

习题

1. 简述设置布局的规则。
2. 以 LED 点阵驱动电路为例,对 PCB 进行布局。
3. PCB 布局时应考虑哪些问题?

第8章 PCB布线

内容提要：

- 布线的基本原则
- 布线前的规则设置
- 布线策略设置
- 自动布线
- 手动布线
- 混合布线
- 差分对布线
- ActiveRoute 布线
- 设计规则检测

目的： PCB 布线是整个设计中十分重要的步骤，在走通所有导线的基础上，还要尽可能地满足减少干扰、减少使用过孔等要求。本章首先对布线前的规则设置进行详细介绍，再对常用的布线方式进行介绍。

在整个 PCB 设计中，以布线的设计过程要求最高、技巧最细、工作量最大。PCB 布线分为单面布线、双面布线及多层布线 3 种。PCB 布线可使用系统提供的自动布线和手动布线两种方式。虽然系统给设计者提供了一个操作方便的自动布线功能，但在实际设计中，仍然会有不合理的地方，这时就需要设计者手动调整 PCB 上的布线，以获得最佳的设计效果。

在 Altium Designer 19 中优化了推挤布线和对于已布线的元件拖曳时的自动跟进布线。避免了在推挤时产生不符合规则的布线等。同时支持跟进外形进行弧形布线，避免了布线时产生锐角和回路（可关闭）等。

8.1 布线的基本规则

印制电路板（PCB）设计的好坏对电路板抗干扰能力影响很大。因此，在进行 PCB 设计时，必须遵守 PCB 设计的基本原则，并应符合抗干扰设计的要求，使得电路获得最佳的性能。

- 印制导线的布设应尽可能短；同一元件的各条地址线或数据线应尽可能保持一样长；当电路为高频电路或布线密集的情况下，印制导线的拐弯应成圆角。当印制导线的拐弯成直角或锐角时，在高频电路或布线密集的情况下会影响电路的电气特性。

- 当双面布线时,两面的导线应互相垂直、斜交或弯曲走线,避免相互平行,以减小寄生耦合。
- PCB板尽量使用45°折线,而不用90°折线布线,以减小高频信号对外的发射与耦合。
- 作为电路的输入及输出用的印制导线应尽量避免相邻平行,以免发生回流,在这些导线之间最好加接地线。
- 当板面布线疏密差别大时,应以网状铜箔填充,网格大于8mil(0.2mm)。
- 贴片焊盘上不能有通孔,以免焊膏流失造成元件虚焊。
- 重要信号线不准从插座间穿过。
- 卧式电阻、电感(插件)、电解电容等元件的下方避免布过孔,以免波峰焊后孔与元件壳体短路。
- 手动布线时,先布电源线,再布地线,且电源线应尽量在同一层面。
- 信号线不能出现回环走线,如果不得不出现回路,要尽量让回路小。
- 走线通过两个焊盘之间而不与它们连通的时候,应该与它们保持最大而相等的间距。
- 走线与导线之间的距离也应当均匀、相等并且保持最大。
- 导线与焊盘连接处的过渡要圆滑,避免出现小尖角。
- 当焊盘之间的中心间距小于一个焊盘的外径时,焊盘之间的连接导线宽度可以和焊盘的直径相同;当焊盘之间的中心距大于焊盘的外径时,应减小导线的宽度;当一条导线上有三个以上的焊盘时,它们之间的距离应该大于两个直径的宽度。
- 印制导线的公共地线,应尽量布置在印制电路板的边缘部分。在印制电路板上应尽可能多地保留铜箔做地线,这样得到的屏蔽效果比一条长地线要好,传输线特性和屏蔽作用也将得到改善,另外还起到了减小分布电容的作用。印制导线的公共地线最好形成回路或网状,这是因为当在同一块板上有许多集成电路时,由于图形上的限制产生了接地电位差,从而引起噪声容限的降低,做成回路时,接地电位差减小。
- 为了抑制噪声能力,接地和电源的图形应尽可能与数据的流动方向平行。
- 多层印制电路板可采取其中若干层作屏蔽层,电源层、地线层均可视为屏蔽层,要注意的是,一般地线层和电源层设计在多层印制电路板的内层,信号线设计在内层或外层。
- 数字区与模拟区尽可能进行隔离,并且数字地与模拟地要分离,最后接于电源地。

8.2 布线前规则的设置

在布线之前对布线规则进行设置,设置完成后,在整个布线过程中会自动遵守布线规则。布线规则通过"PCB规则及约束编辑器"对话框来完成设置。在该对话框提供的10类规则中,与布线有关的主要是Electrical(电气规则)和Routing(布线规则)。下面讲解如何对这两类规则分别进行设置。

8.2.1 电气规则设置

电气规则(Electrical)的设置是针对具有电气特性的对象,用于系统的 DRC 电气校验。当布线过程中违反电气特性规则时,DRC 校验器将自动报警,提示用户修改布线。在 PCB 编辑界面中,执行"设计"→"规则"命令,打开"PCB 规则及约束编辑器"对话框,在该对话框左边的规则列表栏中,单击 Electrical 前面的三角形按钮,可以看到需要设置的电气子规则有 5 项,如图 8-1 所示。

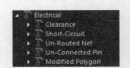

图 8-1 Electrical 规则

这 5 项子规则分别是 Clearance(安全间距)子规则、Short-Circuit(短路)子规则、Un-Routed Net(未布线网络)子规则、Un-Connected Pin(未连接引脚)子规则及 Modified Polygon(修改的多边形)子规则。下面分别介绍这 5 项子规则的用途及参数设置方法。

1) Clearance 子规则

该项子规则主要用于设置 PCB 设计中导线与导线之间、导线与焊盘之间、焊盘与焊盘之间等导电对象之间的最小安全距离,以避免彼此由于距离过近而产生电气干扰。单击 Clearance 子规则前面的加号,则会展开一个 Clearance 子规则,单击该规则,"PCB 规则及约束编辑器"对话框的右边如图 8-2 所示。

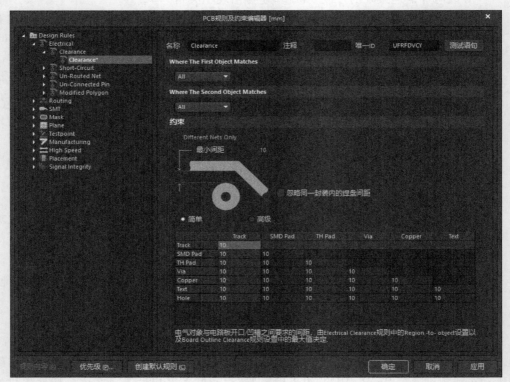

图 8-2 Clearance 子规则设置对话框

Altium Designer 软件中 Clearance 子规则规定了板上不同网络的走线、焊盘和过孔等之间必须保持的距离。

注：在单面板和双面板的设计中，最小安全距离首选值为 10～12mil；4 层及以上的 PCB 最小安全距离首选值为 7～8mil；最大安全间距一般没有限制。

相邻导线间距必须能满足电气安全要求，而且为了便于操作和生产，间距应尽量宽些。最小间距至少要能适合承受的电压。这个电压一般包括工作电压、附加波动电压及其他原因引起的峰值电压。如果相关技术条件允许在线之间存在某种程度的金属残粒，则其间距会减小。因此设计者在考虑电压时应把这种因素考虑进去。在布线密度较低时，信号线的间距可适当加大，对高、低电压悬殊的信号线应尽可能地缩短长度并加大距离。

电气规则的设置对话框与布局规则的设置对话框一致，同样由上下两部分构成。上半部分是用来设置规则的适用对象范围。下半部分为用来设置规则的约束条件，"约束"区域主要用于设置该项规则适用的网络范围，包括以下几种选项。

- Different Nets Only：仅适用于不同的网络之间。
- Same Net Only：仅适用于同一网络中。
- Any Nets：适用于一切网络。
- Different Differential pair：用来设置不同导电对象之间具体的安全距离值。一般导电对象之间的距离越大，产生干扰或元件之间的短路的可能性就越小，但电路板就要求很大，成本也会相应提高，所以应根据实际情况加以设定。
- Same Differential pair：用来设置相同导电对象之间具体的安全距离值。

2）Short-Circuit 子规则

Short-Circuit 子规则用于设置短路的导线是否允许出现在 PCB 上，设置对话框如图 8-3 所示。

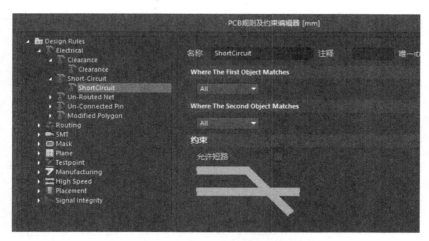

图 8-3　Short-Circuit 子规则设置对话框

在对话框的"约束"区域内，有"允许短路"复选框。若选中该复选框，则表示在 PCB 布线时允许设置的匹配对象中的导线短路。系统默认为未选中的状态。

3）Un-Routed Net 子规则

Un-Routed Net 子规则用于检查 PCB 中指定范围内的网络是否已完成布线，对于没有布线的网络，仍以飞线形式保持连接。其设置对话框如图 8-4 所示。

规则的"约束"区域内同样只给出了一个复选框，选中则开启检查不完全连接的设

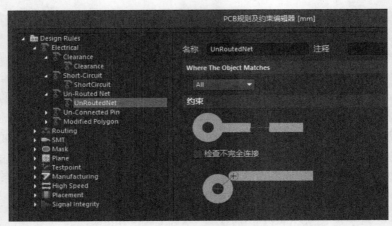

图 8-4　Un-Routed Net 子规则设置对话框

定。系统默认为未选中的状态。

4）Un-Connected Pin 子规则

Un-Connected Pin 子规则用于检查指定范围内的元件引脚是否已连接到网络,对于没有连接的引脚,给予警告提示,显示为高亮状态。

选中"PCB 规则及约束编辑器"对话框左边规则列表中的 Un-Connected Pin 规则,右击,选择"新规则"命令,或是单击 Un-Connected Pin 子规则,在右侧界面单击"新规则",在规则列表中会出现一个新的默认名为 Un-Connected Pin 的规则。单击该新建规则,打开设置对话框,如图 8-5 所示。

图 8-5　Un-Connected Pin 子规则设置对话框

该规则的"约束"区域内也没有任何约束条件设置。只是需要创建规则,为其设定使用范围即可。当完成该项设置后,未连接到网络的引脚会被突出标注。

5) Modified Polygon(修改后多边形)子规则

选中"PCB 规则及约束编辑器"对话框左侧规则列表中的 Modified Polygon 规则,会出现一个新的默认名为 UnpouredPolygon 的规则。单击该新建规则,打开设置对话框,如图 8-6 所示。

图 8-6　Modified Polygon 子规则设置对话框

8.2.2　布线规则设置

视频讲解

在 PCB 编辑环境中,执行"设计"→"规则"命令,打开"PCB 规则及约束编辑器"对话框,在该对话框左边的规则列表栏中,单击 Routing(布线规则)前面的三角形按钮,可以看到需要设置的电气子规则有 8 项,如图 8-7 所示。

这 8 项子规则分别是 Width(布线宽度)子规则、Routing Topology(布线拓扑逻辑)子规则、Routing Priority(布线优先级)子规则、Routing Layers(布线层)子规则、Routing Corners (布线拐角)子规则、Routing Via Style(布线过孔)子规则、Fanout Control(扇出布线)子规则、Differential Pairs Routing(差分对布线)子规则。下面分别介绍这 8 项子规则的用途及设置方法。

图 8-7　Routing 规则

1) Width 子规则

布线宽度是指 PCB 铜膜导线的实际宽度。在制作 PCB 时,走大电流的地方用粗线(比如 50mil,甚至以上),小电流的信号可以用细线(比如 10mil)。通常线框的经验值是 $10\mathrm{A}\mathrm{mm}^2$,即横截面积为 $1\mathrm{mm}^2$ 的走线能安全通过的电流值为 10A。如果线宽太细,在大电流通过时走线就会烧毁。当然电流烧毁走线也要遵循能量公式:$Q = I \times I \times t$,如对于一个有 10A 电流的走线来说,突然出现一个 100A 的电流毛刺,持续时间为 μs 级,那么 30mil 的导线是肯定能够承受住的,因此在实际中还要综合导线的长度进行考虑。

印制电路板导线的宽度应满足电气性能要求而又便于生产,最小宽度主要由导线与绝缘基板间的黏附强度和流过的电流值所决定,但最小不宜小于 8mil。在高密度、高精度的印制线路中,导线宽度和间距一般可取 12mil。导线宽度在大电流情况下还是考虑其温升,单面板实验表明当铜箔厚度为 $50\mu m$、导线宽度 $1\sim 1.5mm$、通过电流 2A 时,温升很小,一般选取用 $40\sim 60mil$ 宽度的导线就可以满足设计要求而不致引起温升。印制导线的公共地线应尽可能粗,这在带有微处理器的电路中尤为重要,因为地线过细时,由于流过的电流的变化,地电位变动,微处理器定时信号的电压不稳定,会使噪声容限劣化。在 DIP 封装的 IC 引脚间走线,可采用"10-10"与"12-12"的原则,即当两脚间通过两根线时,焊盘直径可设为 50mil、线宽与线距均为 10mil;当两脚间只通过 1 根线时,焊盘直径可设为 64mil、线宽与线距均为 12mil。

Width 子规则用于设置 PCB 布线时允许采用的导线宽度。单击 Width 子规则前面的三角按钮,则会展开一个 Width 子规则,单击该规则,"PCB 规则及约束编辑器"对话框的右侧如图 8-8 所示。

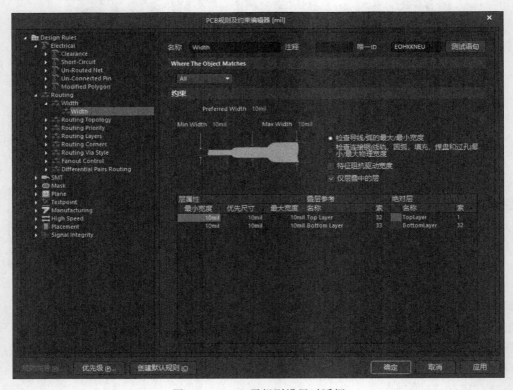

图 8-8　Width 子规则设置对话框

在"约束"区域内可以设置导线宽度,有最大、最小和优先之分。其中最大宽度和最小宽度确定了导线的宽度范围,而优先尺寸则为导线放置时系统默认的导线宽度值。

在"约束"区域内还包含了两个复选框。

- 特征阻抗驱动宽度:选中该复选框,将显示铜膜导线的特征阻抗值。用户可对最大、最小及优先阻抗进行设置,如图 8-9 所示。

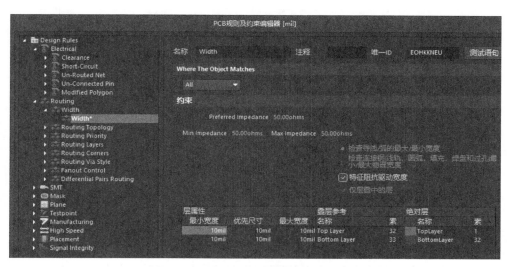

图 8-9　选中"特征阻抗驱动宽度"复选框后 Width 子规则设置界面变化

- 仅层叠中的层：选中该复选框，表示当前的宽度规则仅适用于图层堆栈中所设置的工作层。系统默认为选中状态。

选中"仅层叠中的层"复选框，有两个单选按钮可供设置。

- ◆ 检查导线弧的最大/最小宽度：选中该单选按钮，可设置检查线轨和圆弧的最大/最小宽度。
- ◆ 检查连接铜（线轨，圆弧，填充，焊盘和过孔）最小/最大物理宽度：选中该单选按钮，可设置检查线轨、圆弧、填充、焊盘和过孔最小/最大宽度。

Altium Designer 设计规则针对不同的目标对象，可以定义同类型的多个规则。例如，用户可定义一个适用于整个 PCB 的导线宽度约束条件，所有导线都是这个宽度。但由于电源线和地线通过的电流比较大，比起其他信号线要宽一些，所以要对电源线和地线重新定义一个导线宽度约束规则。

下面就以定义两种导线宽度规则为例，给出如何定义同类型的多重规则。

首先定义第一个宽度规则，在打开的 Width 子规则设置对话框中，设置"最大宽度"值、"最小宽度"值和"优先尺寸"值都为 10mil，在"名称"文本编辑框内输入 All，规则匹配对象（Where The Object Matches）为 All。设置完成后，如图 8-10 所示。

选中"PCB 规则及约束编辑器"对话框左边规则列表中的 Width 规则，右击，选择"新规则"，在规则列表中会出现一个新的默认名为 Width 的导线宽度规则。单击该新建规则，打开设置对话框。

以下操作均需在之前做好的 PCB 板上完成。在"约束"区域内，将"最大宽度"值、"最小宽度"值和"优先尺寸"值都设置为 20mil 在"名称"文本编辑框内输入 VCC and GND。接下来设置匹配对象的范围。这里选择对象为 Net，单击下三角按钮，在下拉列表框中选择＋15V，如图 8-11 所示。

此时单击 Net 所在的下拉列表框，选中 Custom Query，Custom Query 区域中更新为 InNet('＋15V')，如图 8-12 所示。

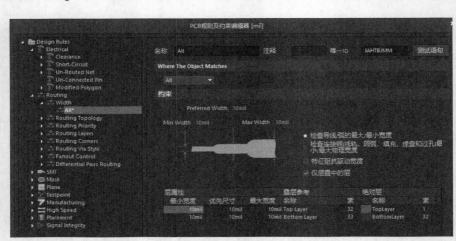

图 8-10　第一种导线宽度规则设置

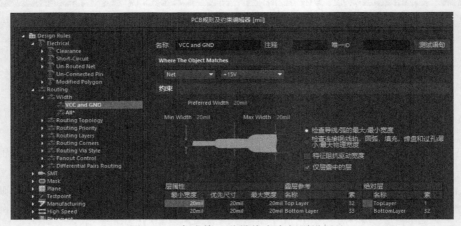

图 8-11　完成第一种导线宽度规则设置

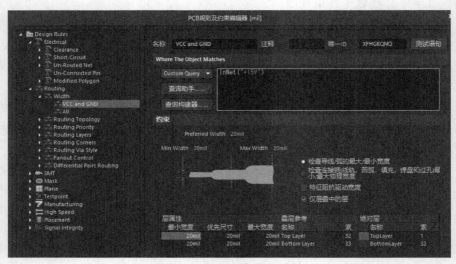

图 8-12　匹配对象范围设置

单击被激活"查询助手"按钮,启动 Query Helper 对话框。此时在 Query 区域中显示的内容为 InNet('＋15V')。单击 Or 按钮,Query 区域中显示的内容变为 InNet('＋15V') Or。单击 Or 的右侧使光标停留。单击 PCB Functions 目录中的 Membership Checks,在右边的 Name 栏中找到 InNet 并双击,此时 Query 区域中的内容为 InNet('＋15V') Or InNet()。将光标停留在第二个括号中。单击 PCB Objects Lists 目录中的 Nets,在右边的 Name 栏中找到并双击－15V,此时 Query 区域中的内容为 InNet('＋15V') Or InNet(－15V)。按照上述操作,将 VCC 网络和 GND 网络添加为匹配对象。Query 区域中显示的内容最终为 InNet('＋15V') Or InNet('－15V') Or InNet('VCC') Or InNet('GND'),如图 8-13 所示。

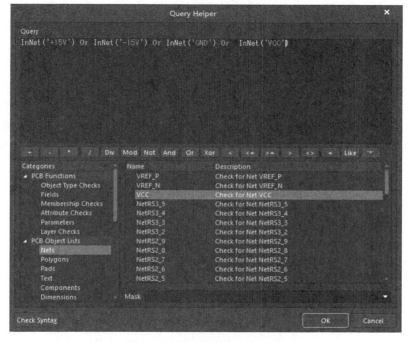

图 8-13　设置规则适用的网络

单击 Check Syntax 按钮,进行语法检查。系统会弹出检查信息提示,如图 8-14 所示。

图 8-14　系统信息提示

单击 OK 按钮,关闭信息提示框。单击 Query Helper 对话框中的 OK 按钮,关闭该对话框,返回规则设置对话框。

单击规则设置对话框左下方的"优先级"按钮,进入"编辑规则优先级"对话框,如图 8-15 所示。

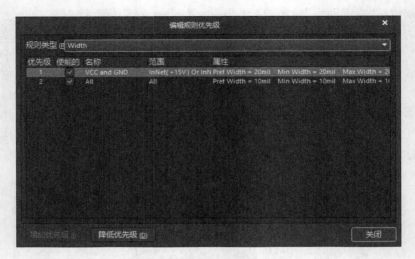

图 8-15 "编辑规则优先级"对话框

该对话框中列出了所创建的两个导线宽度规则。其中 VCC and GND 规则的优先级为 1,All 的优先级为 2。单击对话框下方的"降低优先级"按钮或"增加优先级"按钮,即可调整所列规则的优先级。此处单击"降低优先级"按钮,则可将 VCC and GND 规则的优先级降为 2,而 All 优先级提升为 1,如图 8-16 所示。

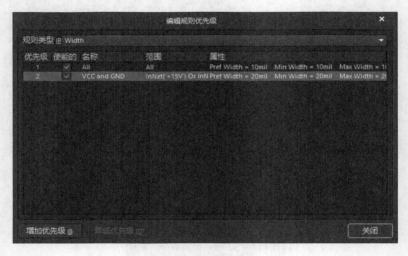

图 8-16 对规则优先级的操作

2) Routing Topology 子规则

Routing Topology 子规则用于设置自动布线时同一网络内各节点间的布线方式。设置对话框如图 8-17 所示。

在"约束"区域内,单击"拓扑"下三角按钮,可选择相应的拓扑结构,如图 8-18 所示。各拓扑结构的含义如表 8-1 所示。

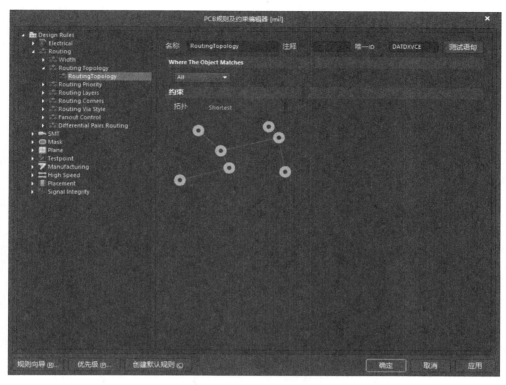

图 8-17　Routing Topology 子规则设置对话框

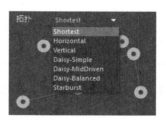

图 8-18　7 种可选的拓扑结构

表 8-1　各拓扑结构的含义

名　称	图　解	说　明
Shortest(最短)		在布线时连接所有节点的连线最短
Horizontal(水平)		连接所有节点后,在水平方向连线最短

名　称	图　解	说　明
Vertical(垂直)	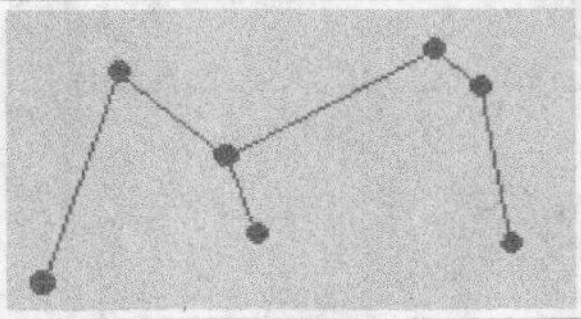	连接所有节点后,在垂直方向连线最短
Daisy-Simple（简单雏菊）	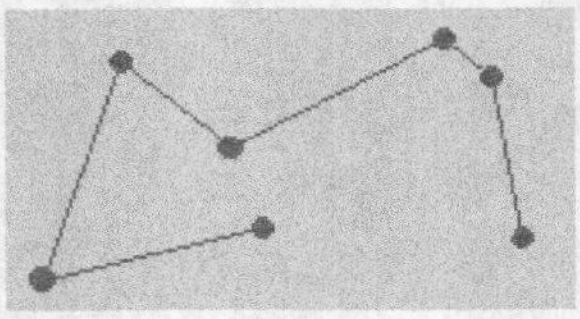	使用链式连通法则,从一点到另一点连通所有的节点,并使连线最短
Daisy-MidDriven（雏菊中点）	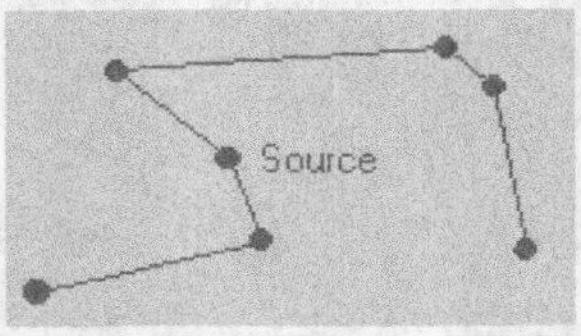 Source	选择一个源点(Source),以它为中心向左右连通所有的节点,并使连线最短
Daisy-Balanced(雏菊平衡)	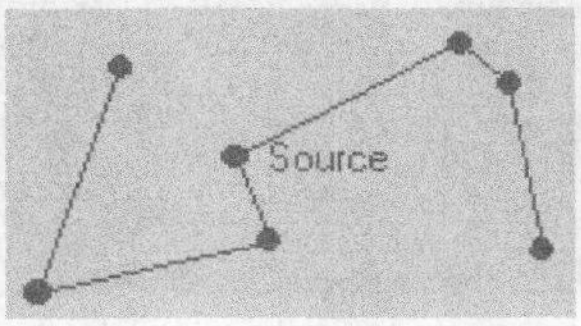 Source	选择一个源点,将所有的中间节点数目平均分成组,所有的组都连接在源点上,并使连线最短
StarBurst(星形)	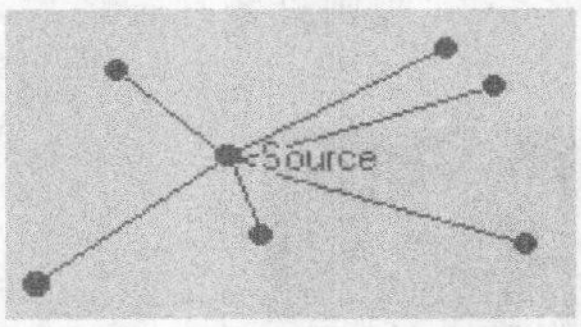 Source	选择一个源点,以星形方式去连接别的节点,并使连线最短

　　用户可根据实际电路选择布线拓扑。通常系统在自动布线时,布线的线长最短为最佳,一般可以使用默认值 Shortest。

　　3) Routing Priority 子规则

　　Routing Priority 子规则用于设置 PCB 中各网络布线的先后顺序,优先级高的网络先进行布线,设置对话框如图 8-19 所示。

　　"约束"区域内,只有一个"布线优先级"选项,该选项用于设置指定匹配对象的布线优先级,取值范围是 0~100,数字越大,相应的优先级就越高,即 0 表示优先级最低,100 表示优先级最高。

　　假设想将 GND 网络先进行布线,首先建立一个 Routing Priority 子规则,设置对象范围为 All,并设置其优先级为 0 级。将规则命名为 All。单击规则列表中的 Routing Priority 子规则,执行右键快捷菜单命令"新规则"。为新创建的规则命名 GND,设置其对象范围为 InNet('GND'),并设置其优先级为 0 级,如图 8-20 所示。

　　单击"应用"按钮,使系统接受规则设置的更改。这样在布线时就会先对 GND 网络进行布线,再对其他网络进行布线。

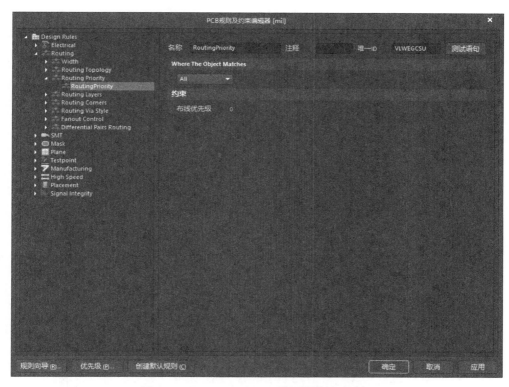

图 8-19　Routing Priority 子规则设置对话框

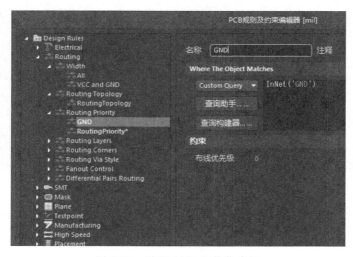

图 8-20　设置 GND 网络优先级

4）Routing Layers 子规则

Routing Layers 子规则用于设置在自动布线过程中各网络允许布线的工作层,其设置对话框如图 8-21 所示。

"约束"区域,列出了在"使能的层"中定义的所有层,如果允许布线,选中各层所对应的复选框即可。

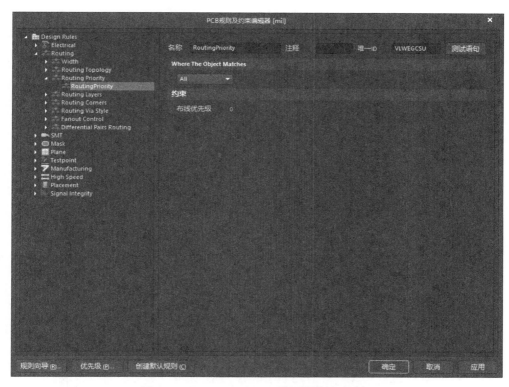

图 8-21　Routing Layers 子规则设置对话框

在该规则中可以设置 GND 网络布线时只在顶层布等。系统默认为所有网络允许布线在任何层。

5) Routing Corners 子规则

Routing Corners 子规则用于设置自动布线时导线拐角的模式,设置对话框如图 8-22 所示。

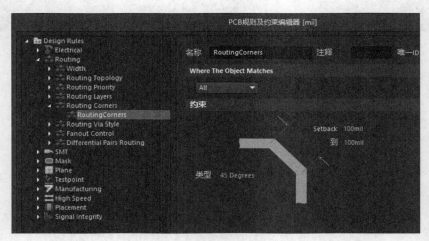

图 8-22　Routing Corners 子规则设置对话框

"约束"区域提供了 3 种可选的拐角模式,分别为 90°、45°和圆弧形,如表 8-2 所示。系统默认为 45°模式。

表 8-2　系统提供的 3 种布线拐角模式

拐角模式	图　示	说　明
90 Degrees		布线比较简单,但因为有尖角,容易积累电荷,从而会接收或发射电磁波,因此该种布线的电磁兼容性能比较差

拐角模式	图　示	说　明
45 Degrees		45°角布线将90°角的尖角分成两部分,因此电路的积累电荷效应降低,从而改善了电路的抗干扰能力
Rounded		圆角布线方式不存在尖端放电,因此该种布线方式具有较好的电磁兼容性能,比较适合高电压、大电流电路布线

对于45°和圆弧形这两种拐角模式需要设置拐角尺寸的范围,在Setback栏中输入拐角的最小值,在"到"栏中输入拐角的最大值。

6) Routing Via Style 子规则

Routing Via Style 子规则用于设置自动布线时放置过孔的尺寸,其设置对话框如图 8-23 所示。

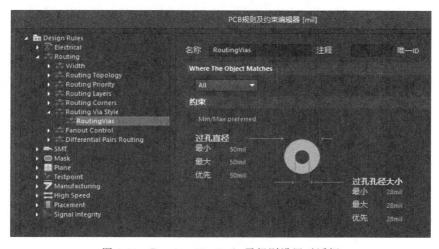

图 8-23　Routing Via Style 子规则设置对话框

在"约束"区域内,需设定过孔的内、外径的最小、最大和优先值。其中最大和最小值是过孔的极限值,优先值将作为系统放置过孔时默认尺寸。需要强调单面板和双面板过孔外径应设置为 40～60mil;内径应设置为 20～30mil。四层及以上的 PCB 外径最小值为 20mil,最大值为 40mil;内径最小值为 10mil,最大值为 20mil。

7) Fanout Control 子规则

Fanout Control 子规则用于对贴片式元件进行扇出式布线的规则。什么是扇出呢? 扇出其实就是将贴片式元件的焊盘通过导线引出并在导线末端添加过孔,使其可以在其他层面上继续布线。系统提供了 5 种默认的扇出规则,分别对应于不同封装的元件,即 Fanout_BGA、Fanout_Default、Fanout_LCC、Fanout_Small 和 Fanout_SOIC,如图 8-24 所示。

名称	优	使	类型	分类	范围	属性	
Fanout_BGA	1	✓	Fanout Control	Routing	IsBGA	Style - Auto	Direction
Fanout_Default	5	✓	Fanout Control	Routing	All	Style - Auto	Direction
Fanout_LCC	2	✓	Fanout Control	Routing	IsLCC	Style - Auto	Direction
Fanout_Small	4	✓	Fanout Control	Routing	(CompPinCount < 5)	Style - Auto	Direction
Fanout_SOIC	3	✓	Fanout Control	Routing	IsSOIC	Style - Auto	Direction

图 8-24 系统给出的默认扇出规则

这几种扇出规则的设置对话框除了适用范围不同外,其"约束"区域内的设置项是基本相同的。图 8-25 给出了 Fanout_Default 规则设置对话框。

图 8-25 Fanout_Default 规则设置对话框

"约束"区域仅包括"扇出选项"。"扇出选项"区域内,包含 4 个下拉列表框选项,分别是"扇出类型""扇出方向""方向指向焊盘"和"过孔放置模式"。

"扇出类型"下拉列表框中有 5 个选项。

- Auto:自动扇出。
- Inline Rows:同轴排列。
- Staggered Rows:交错排列。
- BGA:BGA 形式排列。
- Under Pads:从焊盘下方扇出。

"扇出方向"下拉列表框中有 6 个选项。

- Disable:不设定扇出方向。
- In Only:输入方向扇出。
- Out Only:输出方向扇出。
- In Then Out:先进后出方式扇出。
- Out Then In:先出后进方式扇出。
- Alternating In and Out:交互式进出方式扇出。

"方向指向焊盘"下拉列表框中有 6 个选项。

- Away From Center:偏离焊盘中心扇出。
- North-East:焊盘的东北方向扇出。
- South-East:焊盘的东南方向扇出。

- South-West：焊盘的西南方向扇出。
- North-West：焊盘的西北方向扇出。
- Towards Center：正对焊盘中心方向扇出。

"过孔放置模式"下拉列表框中有 2 个选项。

- Close To Pad(Follow Rules)：在遵从规则的前提下,过孔靠近焊盘放置。
- Centered Between Pads：过孔放置在焊盘之间。

8）Differential Pairs Routing 子规则

Differential Pairs Routing 子规则主要用于对一组差分对设置相应的参数,其设置对话框如图 8-26 所示。

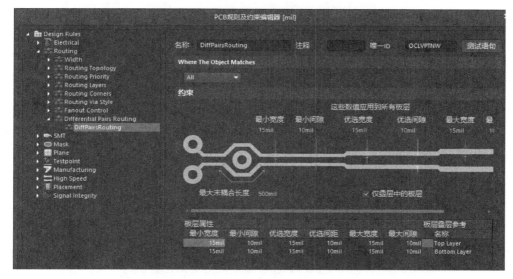

图 8-26　Differential Pairs Routing 子规则设置对话框

在"约束"区域内,需对差分对内部两个网络之间的最小间隙、最大间隙、优选间隙等进行设置,以便在交互式差分对布线器中使用,并在 DRC 校验中进行差分对布线的验证。

选中"仅叠层中的板层"复选框,则下面的列表中只是显示图层堆栈中定义的工作层。

8.2.3　用规则向导对规则进行设置

视频讲解

在 PCB 编辑环境中执行"设计"→"规则向导"命令,启动新建规则向导对话框,界面如图 8-27 所示。

下面以前面介绍的对电源线和地线重新定义一个导线宽度约束规则为例,讲解如何使用规则向导设置规则。

在打开的规则向导对话框中,单击 Next 按钮,进入选择待设置的规则类型对话框。本例中选择 Routing 规则中的 Width Constraint 子规则,并在"名称"文本框中输入新建规则的名称 V_G,如图 8-28 所示。

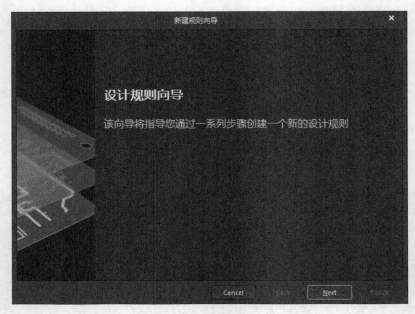

图 8-27　新建规则向导对话框

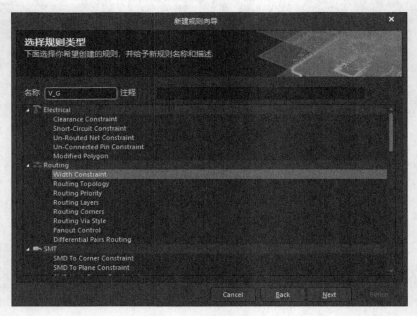

图 8-28　选择要设置的规则

　　单击 Next 按钮,进入选择规则范围对话框,选中"1 个网络"单选按钮,如图 8-29 所示。

　　单击 Next 按钮,进入"高级规则范围"界面。选择"条件类型/操作符"栏中的内容为 Belongs to Net,在"条件值"栏中单击,打开下拉列表框,选择网络标号-15V,如图 8-30 所示。

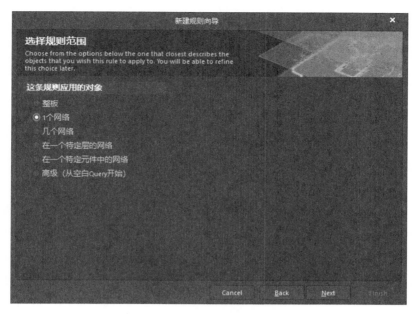

图 8-29　选择匹配对象范围对话框

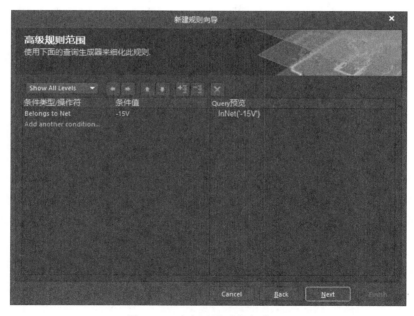

图 8-30　确定匹配对象细节(1)

单击"条件类型/操作符"栏下方的 Add another condition,在弹出的下拉列表框中选择 Belongs to Net,在其对应的"条件值"栏中选择网络标号+15V,将其上方的关系值改成 OR,如图 8-31 所示。

按照上述操作方法将 VCC 网络和 GND 网络添加到规则中,如图 8-32 所示。

图 8-31 确定匹配对象细节(2)

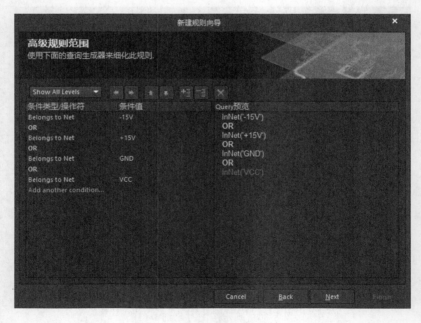

图 8-32 确定匹配对象细节(3)

单击 Next 按钮,进入"选择规则优先级"界面,在该界面中列出了所有的 Width 规则,如图 8-33 所示。这里不改变任何设置,保持新建规则为最高级。

单击 Next 按钮,进入新规则完成对话框,如图 8-34 所示。

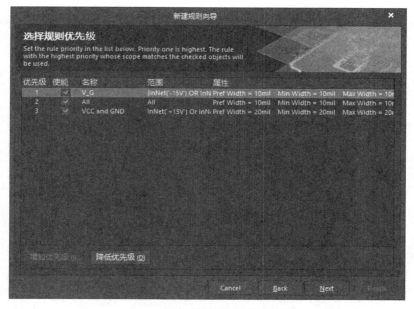

图 8-33 "选择规则优先级"界面

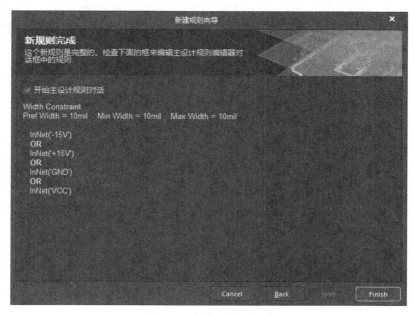

图 8-34 完成新规则创建

选中"开始主设计规则对话"复选框,单击 Finish 按钮,即打开"PCB 规则及约束编辑器"对话框。在这里对新建规则完成约束条件的设置,如图 8-35 所示。

由上述过程可以看出,使用规则向导进行规则设置只是设置了规则的应用范围和优先级。而约束条件还是要在"PCB 规则及约束编辑器"对话框中进行设置。

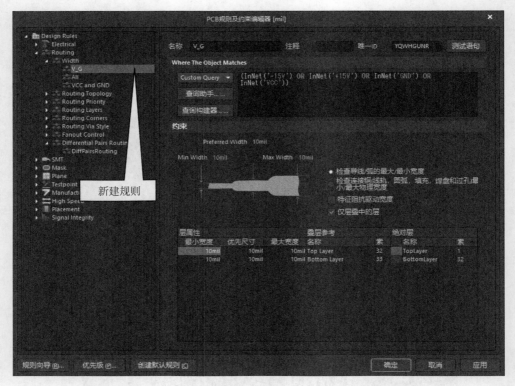

图 8-35   新建规则在"PCB 规则及约束编辑器"对话框中

8.3   布线策略的设置

布线策略是指自动布线时所采取的策略。在 PCB 编辑环境中,执行"布线"→"自动布线"→"设置"命令,此时系统弹出"Situs 布线策略"对话框,如图 8-36 所示。

该对话框分为上下两个区域,分别是"布线设置报告"区域和"布线策略"区域。

"布线设置报告"区域用于对布线规则的设置及受影响的对象进行汇总报告。该区域还包含了 3 个控制按钮。

- "编辑层走线方向"按钮:用于设置各信号层的布线方向,单击该按钮打开"层方向"对话框,如图 8-37 所示。
- "编辑规则"按钮:单击该按钮,可以打开"PCB 规则及约束编辑器"对话框,对各项规则继续进行修改或设置。
- "报告另存为"按钮:单击该按钮,可将规则报告导出,并以后缀名为.htm 的文件保存。

"布线策略"区域用于选择可用的布线策略或编辑新的布线策略。系统提供了 6 种默认的布线策略。

- Cleanup:默认优化的布线策略。
- Default 2 Layer Board:默认的双面板布线策略。

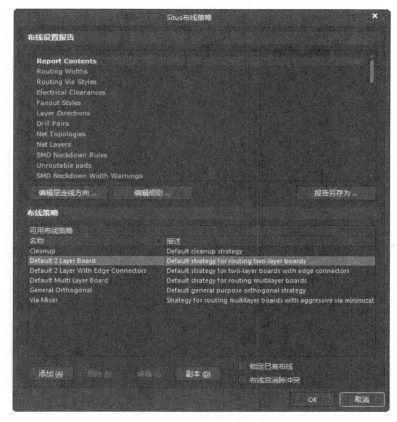

图 8-36　"Situs 布线策略"对话框

图 8-37　"层方向"对话框

- Default 2 Layer With Edge Connectors：默认具有边缘连接器的双面板布线策略。
- Default Multi Layer Board：默认的多层板布线策略。
- General Orthogonal：默认的常规正交布线策略。
- Via Miser：默认尽量减少过孔使用的多层板布线策略。

"Situs 布线策略"对话框的下方还包括两个复选框。

- "锁定已有布线"：选中该复选框，表示可将 PCB 上原有的预布线锁定，在开始自动布线过程中自动布线器不会更改原有预布线。
- "布线后消除冲突"：选中该复选框，表示重新布线后，系统可以自动删除原有的布线。

如果系统提供的默认布线策略不能满足用户的设计要求，可以单击"添加"按钮，打开"Situs 策略编辑器"对话框，如图 8-38 所示。

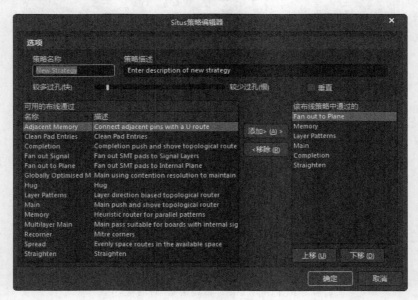

图 8-38 "Situs 策略编辑器"对话框

在该对话框中用户可以编辑新的布线策略或设定布线时的速度。"Situs 策略编辑器"提供了 14 种布线方式，各项含义如下。

- Adjacent Memory：表示相邻的元件引脚采用 U 形走线方式。
- Clean Pad Entries：表示清除焊盘上多余的走线，可以优化 PCB 板。
- Completion：表示推挤式拓扑结构布线方式。
- Fan out Signal：表示 PCB 板上焊盘通过扇出形式连接到信号层。
- Fan out to Plane：表示 PCB 板上焊盘通过扇出形式连接到电源和地。
- Globally Optimised Main：表示全局优化的拓扑布线方式。
- Hug：表示采取环绕的布线方式。
- Layer Patterns：表示工作层是否采用拓扑结构的布线方式。
- Main：表示采取 PCB 推挤式布线方式。一种连接型布线方式。利用拓扑图来寻找布线路径，再用推挤式布线器将计划路径转为实际路径。
- Memory：表示启发式并行模式布线。
- Multilayer Main：表示多层板拓扑驱动布线方式。
- Recorner：表示斜接转角。

- Spread：表示两个焊盘之间的走线正处于中间位置。
- Staighten：表示走线以直线形式进行布线。

8.4 自动布线

视频讲解

布线参数设置好后，可以利用 Altium Designer 提供的自动布线器进行自动布线了。本章全部以第 7 章用到的 LED 点阵电路为例进行举例演示。

1. "全部"方式

在 PCB 编辑环境中，执行"布线"→"自动布线"→"全部"菜单命令，如图 8-39 所示。

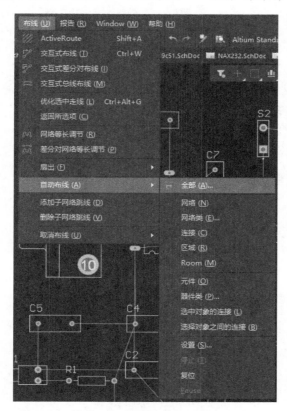

图 8-39 "布线"→"自动布线"→"全部"菜单命令

系统将弹出"Situs 布线策略"对话框，在设定好所有的布线策略后，单击 Route All 按钮，开始对 PCB 全局进行自动布线。

布线时系统的 Messages 面板会同步给出布线的状态信息，如图 8-40 所示。

关闭信息对话框，可以看到布线的结果如图 8-41 所示。

仔细观察有几根布线不合理，可以通过调整布局或手工布线来进一步改善布线结果。首先删除刚才布线的结果，执行"布线"→"取消布线"→"全部"菜单命令。此时自动布线将被删除，用户可对不满意的布线进行手动布线，如图 8-42 所示。

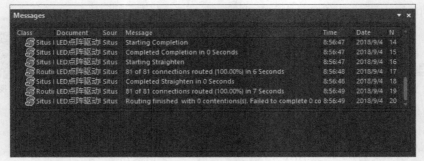

图 8-40　布线的状态信息

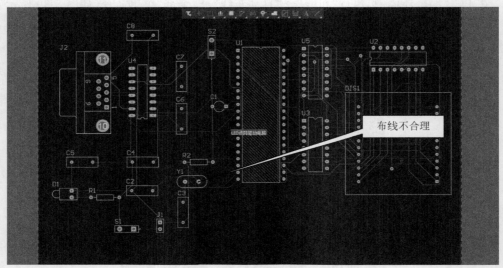

图 8-41　全部自动布线的结果

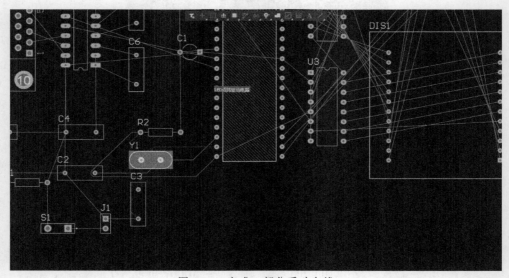

图 8-42　完成一部分手动布线

结果如图 8-43 所示。

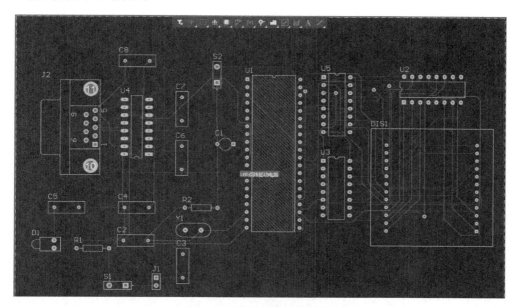

图 8-43　调整后的布线结果

继续调整,直至布线结果满足要求。

2. "网络"方式

"网络"方式布线,即用户可以以网络为单元对电路进行布线。首先对 GND 网络进行布线,然后对剩余的网络进行全电路自动布线。

首先查找 GND 网络,用户可使用导航面板查找,如图 8-44 所示。

在 PCB 编辑环境中,所有的 GND 网络都以黑灰色显示,如图 8-45 所示。

注:在 PCB 板界面中按下 Ctrl+单击,可以从单击某一焊盘或是导线的方式选中一个网络。

在 PCB 编辑环境中,执行"自动布线"→"网络"菜单命令,此时鼠标指针以"十"字形出现,在 GND 网络的飞线上单击,此时系统即会对 GND 网络进行单一网络自动布线操作,结果如图 8-46 所示。

右击释放鼠标。接着对剩余电路进行布线,选择"布线"→"自动布线"→"全部"命令,在弹出的"Situs 布线策略"对话框中选中"锁定已有布线"复选框,如图 8-47所示。

然后单击 Route All 按钮对剩余网络进行布线,布线结果如图 8-48 所示。

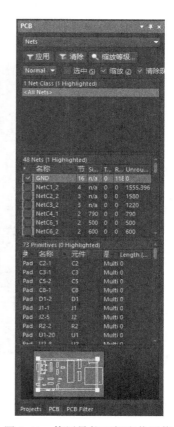

图 8-44　使用导航面板查找网络

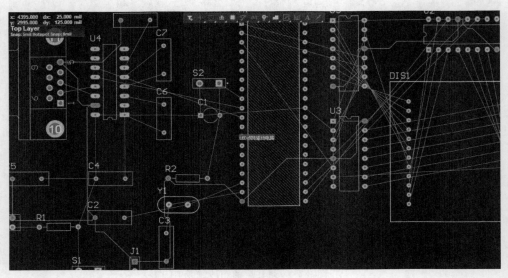

图 8-45   显示 GND 网络

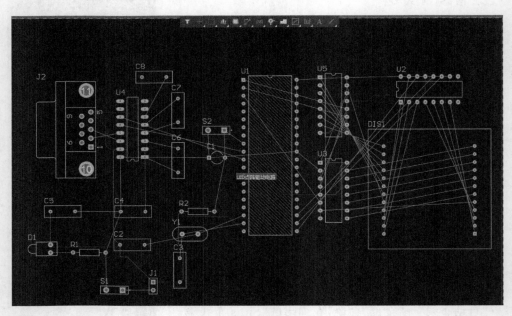

图 8-46   对 GND 网络进行单一网络自动布线

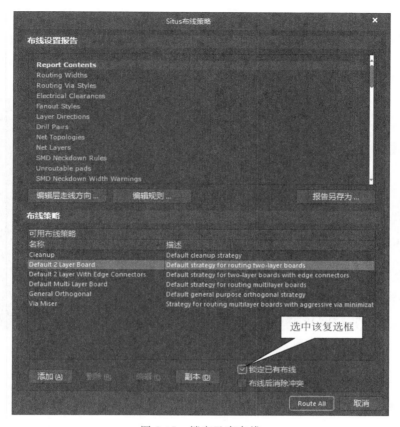

图 8-47　锁定已有布线

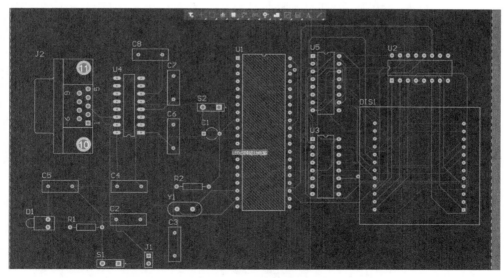

图 8-48　分步布线结果

3."连接"方式

"连接"方式即用户可以对指定的飞线进行布线。在 PCB 编辑环境中,执行"布线"→"自动布线"→"连接"菜单命令,此时鼠标指针以"十"字光标形式出现,在期望布线的飞线上单击,即可对这一飞线进行单一连线自动布线操作,如图 8-49 所示。

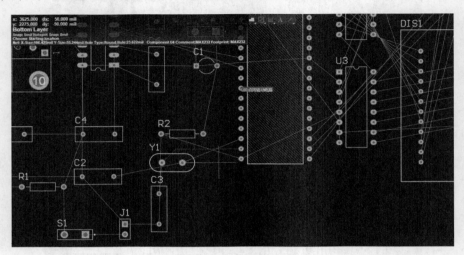

图 8-49　对单一连线进行自动布线操作

将期望布线的飞线布置完成后,即可对剩余网络进行布线。

4."区域"方式

"区域"方式即用户可以对指定的区域进行布线。在 PCB 编辑环境中,执行"布线"→"自动布线"→"区域"菜单命令,此时鼠标指针以"十"字光标形式出现,在期望布线的区域上拖动,即可对选中的区域进行连线自动布线操作,如图 8-50 所示。

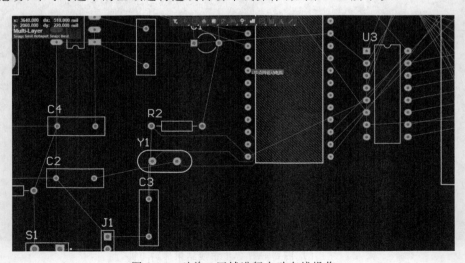

图 8-50　对单一区域进行自动布线操作

将期望布线的区域布置完成后，即可对剩余网络进行布线。

5．"元件"方式

"元件"方式即用户可以对指定的元件进行布线。在 PCB 编辑环境中执行"布线"→
"自动布线"→"元件"命令，此时鼠标指针以"十"字形出现，在期望布线的元件上单击，即
可对这一元件的网络进行自动布线操作，以 Y1 为例，如图 8-51 所示。

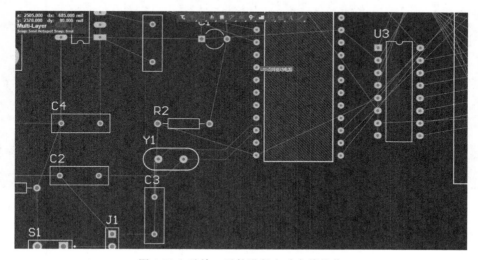

图 8-51　对单一元件进行自动布线操作

将期望布线的元件布置完成后，即可对剩余的网络进行布线。

6．"选中对象的连接"方式

这一方式与"元件"方式的性质是一样的，不同之处只是该方式可以一次对多个元件
的布线进行操作。选中需要进行布线的多个元件，如图 8-52 所示。

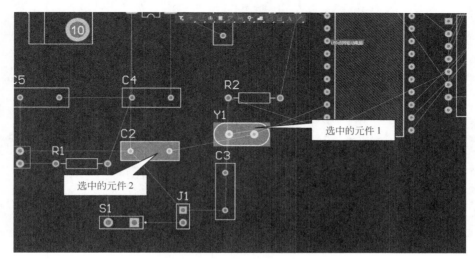

图 8-52　选中要进行布线的多个元件

在 PCB 编辑环境中,执行"布线"→"自动布线"→"选中对象的连接"菜单命令,即可对选中的多个元件进行自动布线操作,如图 8-53 所示。

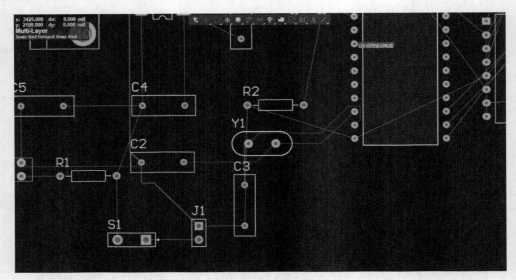

图 8-53　对选中的多个元件进行自动布线

将期望布线的元件布置完成后,即可对剩余的网络进行布线。

7. "选择对象之间的连接"方式

该方式可以在选中的两个元件之间进行自动布线操作。首先选中待布线的两个元件,如图 8-54 所示。

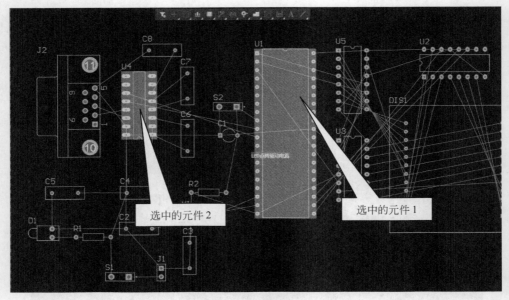

图 8-54　选中要进行布线的元件

执行"布线"→"自动布线"→"选择对象之间的连接"菜单命令,布线结果如图 8-55 所示。

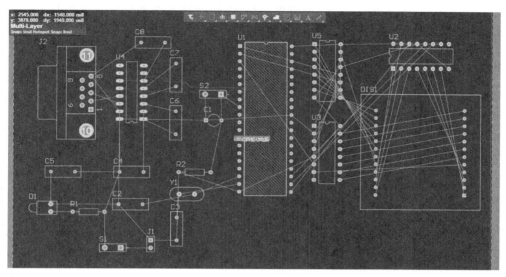

图 8-55　两元件间的布线结果

8. 其他布线方式

网络类:该方式为指定的网络类进行自动布线。单击"设计"→"类"菜单命令,弹出"对象类浏览器"对话框,如图 8-56 所示。

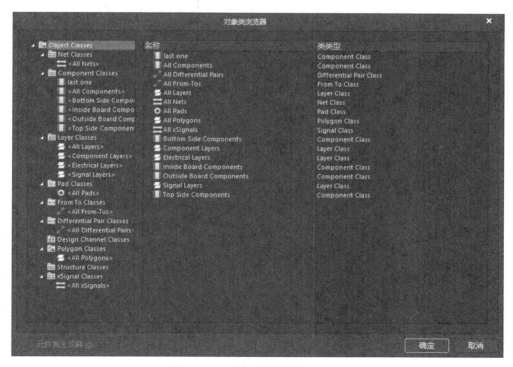

图 8-56　"对象类浏览器"对话框

在该对话框中可以添加网络类,以便于"网络类"的布线方式。若当前的PCB不存在自定义的网络类,执行"网络类"的布线方式后,系统弹出不存在网络类的提示信息对话框,如图8-57所示。

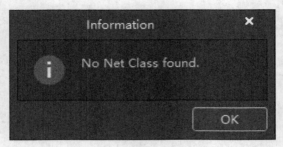

图8-57　提示信息对话框

Room:该方式为指定的Room空间内的所有对象进行自动布线。

扇出:该方式为利用扇出布线方式将焊盘连接到其他网络。

停止:终止自动布线进程。

复位:对PCB板重新布线。

Pause:暂停自动布线进程。

视频讲解

8.5　手动布线

自动布线时可能会出现一些布线不合理的情况,比如有一些的绕线、走线不美观的情况。此时可以通过手动布线进行修改调整。对于较为简单、涉及元件较少的设计也可以只采用手动布局的方式。下面介绍一下常用的两种手动布线方式。

8.5.1　手动布线——交互式布线工具

当将电路图从原理图导入PCB后,各焊点间的网络连接都已定义好了(使用飞线连接网络),此时用户可使用系统提供的交互式走线模式进行手动布线。

单击"布线"工具中的"交互式布线"工具,如图8-58所示。

"交互式布线"工具

图8-58　选择交互式布线工具

注:在进行交互式布线之前需要在"优选项"-PCB Editor-Interactive Routing中选中"原件重新布线"。

此时鼠标指针以"十"字形出现,将鼠标指针移到期望布线的网络的起点处单击选中,此时鼠标指针中心会变成一个中心带有圆圈的"十"字符号,如图8-59所示。

空心圆符号表示在此处单击就会形成有效的电气连接。因此单击开始布线,如图8-60所示。

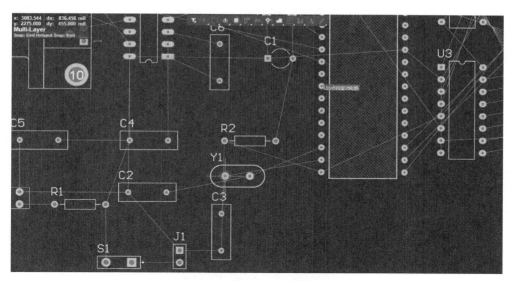

图 8-59　鼠标中心的八角空心符号

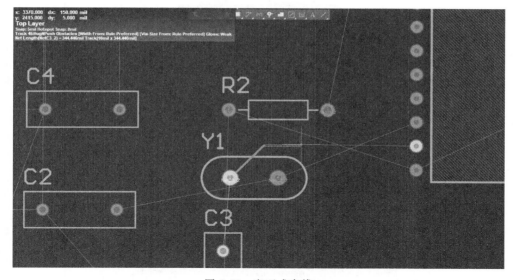

图 8-60　交互式布线

注： 此时按下 Space 键可以更改布线的角度和方向。

在布线过程中按 Tab 键，即弹出 Properties-Interactive Routing 界面，如图 8-61 所示。

在这个界面可以进行导线的宽度、导线所在层面、过孔的内外直径等设置。在界面下方可以对交互式布线冲突解决方案、交互式布线选项等进行设置。

在界面下方的 Rules 栏中，单击 Width Rule，按钮可以进入导线宽度规则的设置对话框，对之前设定的导线宽度进行的修改等操作，如图 8-62 所示。

单击"确定"按钮返回上一个界面，在 Rules 栏，单击 Via Rule 按钮，可以进入过孔规则的设置对话框，对过孔规则进行具体设置，如图 8-63 所示。

图 8-61　Properties-Interactive Routing 界面

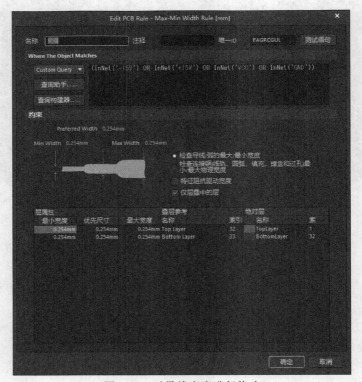

图 8-62　对导线宽度进行修改

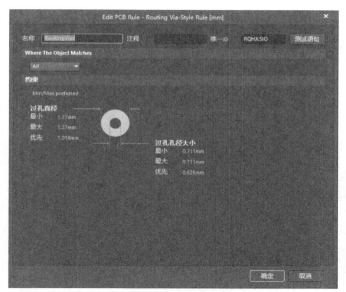

图 8-63　进行过孔规则设置

　　Properties 栏是 Properties-Interactive Routing 界面的一个重要部分,在该界面可以设置过孔的直径及尺寸,可以选择线宽,复选框表示是否使用已存在的布线规则。其中右上角内容如 Shift+R、Num-/Num+ 为该操作的快捷键,如图 8-64 所示。

　　另一个重要部分则是 Interactive Routing Options 区域,在这部分可以进行布线方式、拐角种类以及布线优化强度的设置,如图 8-65 所示。其中 Routing Mode 下拉列表框给出了 6 种方式,分别是 Ignore Obstacles(无视障碍)、Walkaround Obstacles(绕过障碍)、

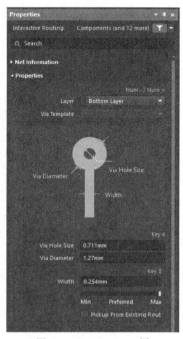

图 8-64　Properties 栏

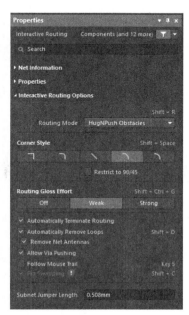

图 8-65　Interactive Routing Options 区域

Push Obstacles(挤开障碍)、HugNPush Obstacles(在紧贴下挤开障碍)、Stop At First Obstacles(遇到障碍即停)、AutoRoute Current Layer(自动布线当前层)和 AutoRoute Multilayer(自动布线多层)。

注：在布线时可按下 Shift+R 键可以对遇到障碍时的布线模式进行循环改变。

进行完以上设置后，将鼠标指针移动到另一点待连接的焊盘处单击，完成一次布线操作，如图 8-66 所示。

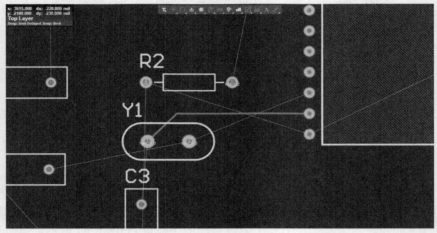

图 8-66　完成交互式布线方式连接网络

绘制好铜膜布线后，如希望再次调整铜膜布线的属性，用户可双击绘制好的铜膜布线，此时系统将弹出铜膜布线编辑对话框，如图 8-67 所示。

在该对话框中，用户可编辑铜膜布线的宽度、所在层、所在网络及其位置等参数。

按照上述方式，即可完成 PCB 板的布线。

8.5.2　手动布线——灵巧布线交互式布线工具

在灵巧布线交互式布线方式中，用户可以根据系统所提供的布线路径进行相应的布线操作，减少了布线的工作量，提高了布线效率。

自动完成模式：在该模式下，系统会自动完成整个连接的线径，只需按 Ctrl 键同时单击，即可完成整个路径的布线。

按 Ctrl+W 快捷键开始进行交互式布线。此时鼠标指针以"十"字形出现，将鼠标指针放置到期望布线的网络的起点处，此时鼠标指针中心会出现一个带圆圈的"十"字符号，如图 8-68 所示。

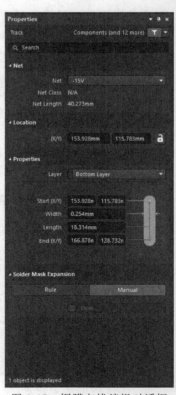

图 8-67　铜膜布线编辑对话框

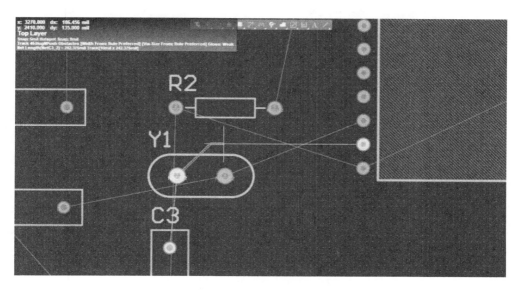

图 8-68　鼠标中心的八角空心符号

按 Ctrl 键,同时单击,即可自动完成整个布线连接,如图 8-69 所示。

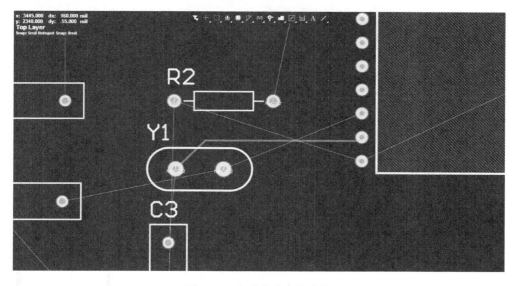

图 8-69　自动完成布线连接

当一个焊盘,有多个不同方向的连接点时,在自动完成模式下系统将只显示一个方向上的布线路径,如图 8-70 所示。

按数字 7 键可以切换显示其他方向上的布线路径,如图 8-71 所示。根据设计要求用户可以选择布线的先后顺序。

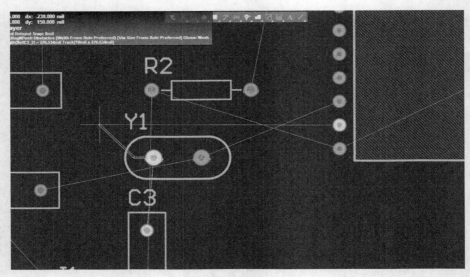

图 8-70　显示一个方向上的布线路径

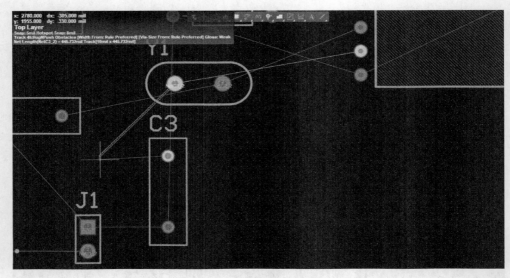

图 8-71　切换其他方向上的布线路径

视频讲解

8.6　混合布线

　　Altium Designer 的自动布线功能虽然非常强大,但是自动布线时多少也会存在一些令人不满意的地方,而一个设计美观的印制电路板往往都要在自动布线的基础上进行多次修改,才能将其设计得尽善尽美。因此在许多情况下会选择先用自动布线的方式进行大部分的布线内容,再用手动布线的方式进行调整。下面以 LED 点阵驱动电路为例进行介绍。

　　【例 8-1】　以一个 LED 点阵驱动电路进行混合布线。

第 1 步：采用自动布线中的"网络"方式布通电路中的 GND 网络，结果如图 8-72 所示。

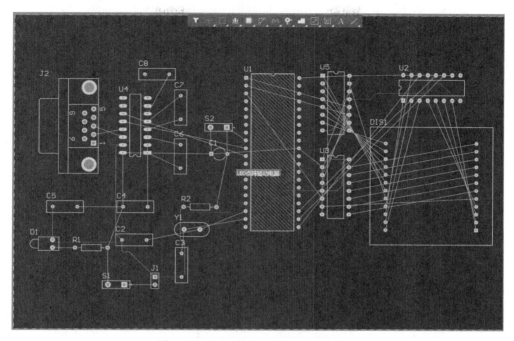

图 8-72　以"网络"方式布通 GND 网络

接着对 GND 网络中的部分线路进行调整。执行"工具"→"优先选项"菜单命令，在弹出的"参数选择"对话框中，选择 PCB Editor→General 参数选择设置对话框下方的"器件拖拽"下拉列表框中的 Connected Tracks 选项，如图 8-73 所示。

设置完成后，单击"确定"按钮确认设置。然后执行"编辑"→"移动"→"器件"菜单命令，如图 8-74 所示。

此时鼠标指针以"十"字形出现，单击元件，则元件及其焊点上的铜膜走线都随着鼠标的移动而移动，如图 8-75 所示。

在期望放置元件的位置单击即可放置元件。按照上述方式不断线调整其他元件，结果如图 8-76 所示。

不断线调整元件后，与元件相连的铜膜走线发生形变，因此，在调整完元件后，需要重新布线。执行"工具"→"取消布线"→"全部"菜单命令，清除所有布线，然后再次采用自动布线中的"网络"方式布通电路中的 GND 网络，结果如图 8-77 所示。

第 2 步：对剩余电路进行布线，执行"自动布线"→"全部"菜单命令，在弹出的对话框中锁定所有预布线，如图 8-78 所示。

单击 Route All 按钮对剩余网络进行布线，布线结果如图 8-79 所示。

第 3 步：自动布线后，可调整不合适的连线。如图 8-80 所示的布线中走线不够合理没有满足最短走线原理。

调整该走线的步骤如下。

首先删除该不合理走线，如图 8-81 所示。

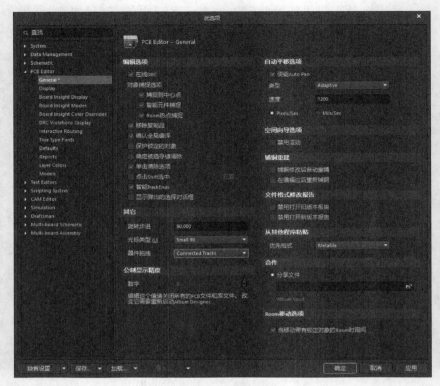

图 8-73　启动不断线拖动功能

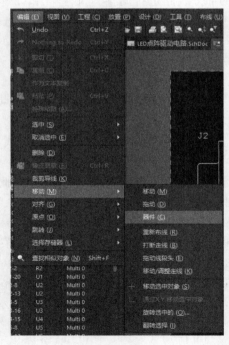

图 8-74　"编辑"→"移动"→"元件"菜单命令

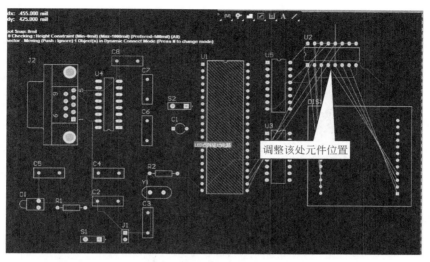

图 8-75　不断线拖动元件

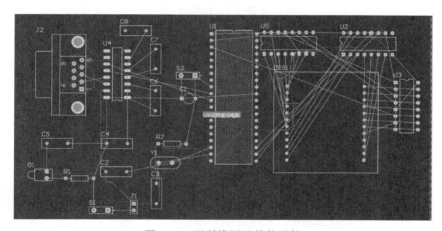

图 8-76　不断线调整其他元件

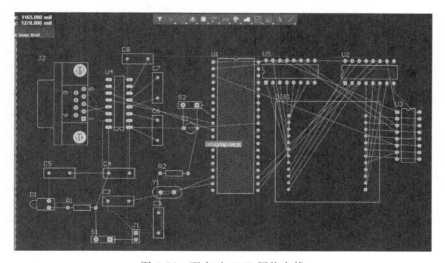

图 8-77　再次对 GND 网络布线

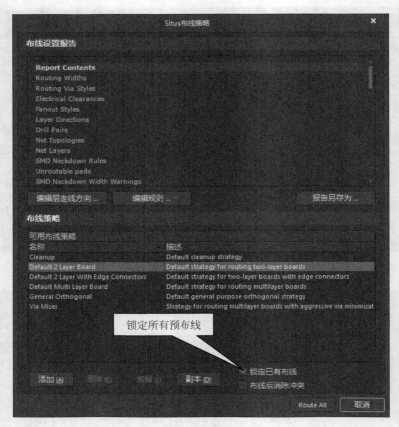

图 8-78　锁定所有预布线

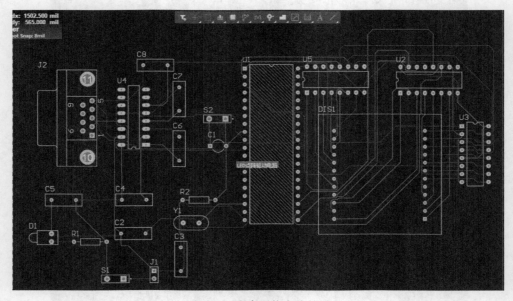

图 8-79　剩余网络布线结果

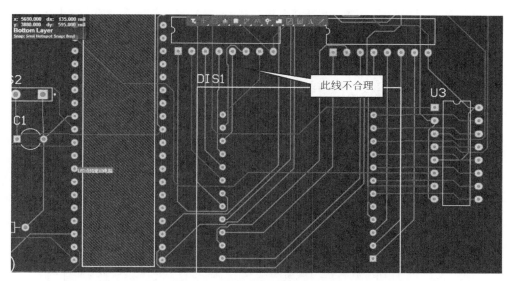

图 8-80　不合理走线

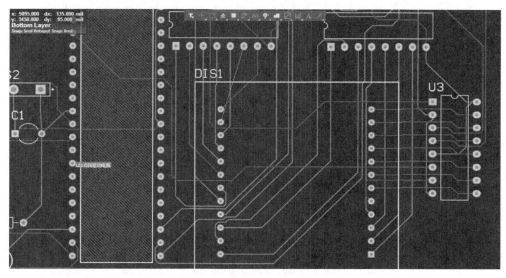

图 8-81　删除不合理走线

单击布线工具（"交互式布线"工具或"灵巧布线交互式布线"工具），设置布线层面为底层。重新对该点走线，如图 8-82 所示。

当遇到转折点时，可在按 Shift＋Ctrl 组合键的同时，用鼠标滑轮切换布线层面（也可按数字小键盘上的"＊"键可以在布线时切换到下一层），同时加一过孔，如图 8-83 所示。

完成修改布线，如图 8-84 所示。

第 4 步：按照上述方法调整其他连线，在调整的过程中，用户可采用单层显示方式。

如何在 Altium Designer 中显示单层呢？将鼠标指针移动到编辑窗口中的"板层标签"上右击，系统将会弹出快捷菜单，如图 8-85 所示。

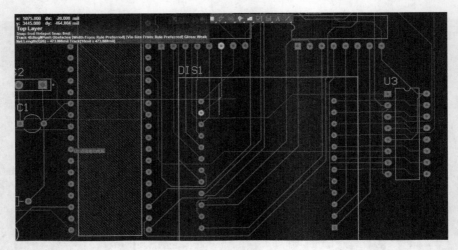

图 8-82　重新走线

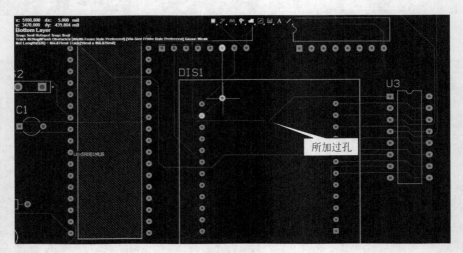

图 8-83　切换布线层面同时加一过孔

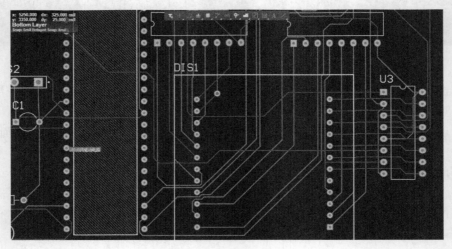

图 8-84　完成修改走线

图 8-85　板层设置菜单

执行"隐藏层"→Bottom Layer 菜单命令，即可隐藏 Bottom Layer，只是显示 Top Layer，效果如图 8-86 所示。

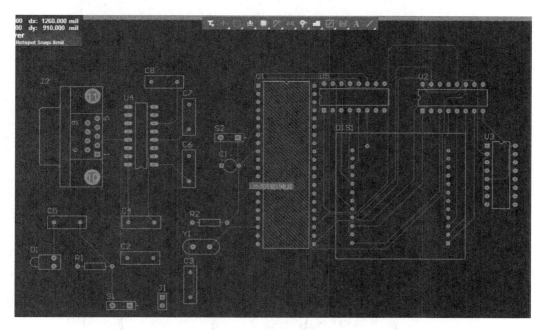

图 8-86　只显示顶层

用户可根据实际电路连接调整布线，结果如图 8-87 所示。

布线后的 3D 图如图 8-88 所示。

由 3D 效果图可以看到，插件 J1 的位置不是很合理，所以修改 PCB 效果为如图 8-89 所示的形式。

再次生成 3D 效果图，如图 8-90 所示。

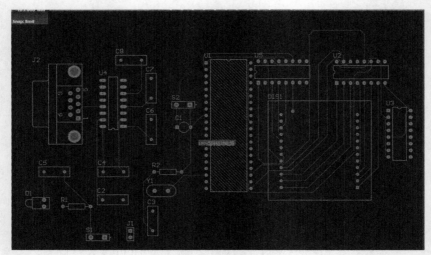

(a) 顶层布线调整结果

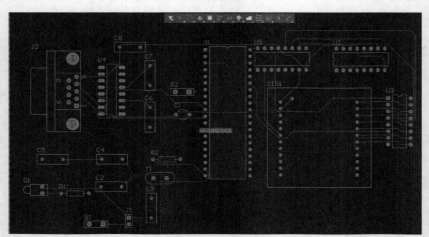

(b) 底层布线调整结果

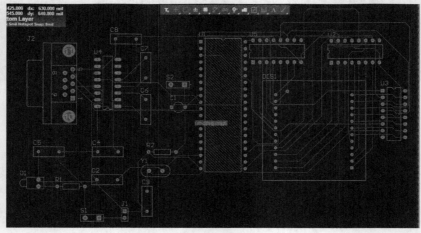

(c) 整个电路布线结果

图 8-87　电路布线调整结果

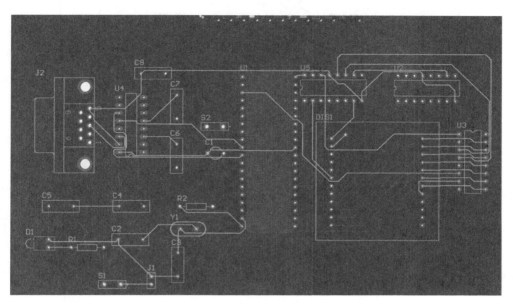

图 8-88　布线后的 3D 图

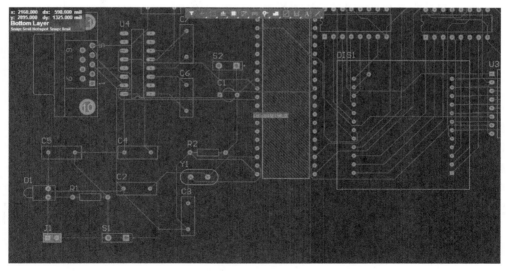

图 8-89　修改后的 PCB 效果

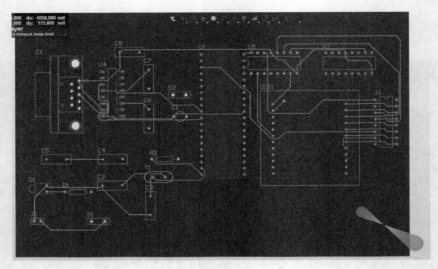

图 8-90　3D 效果图

8.7　差分对布线

视频讲解

差分信号也称为差动信号,它用两根完全一样,极性相反的信号传输一路数据,依靠两根信号电平差进行判决。为了保证两根信号完全一致,在布线时要保持并行,线宽、线间距保持不变。要用差分对布线一定要信号源和接收端都是差分信号才有意义。接收端差分线对间通常会加匹配电阻,其值等于差分阻抗的值,这样信号品质会好一些。

差分对的布线有两点需要注意:一是两条线的长度要尽量一样长;二是两线的间距(此间距由差分阻抗决定)要保持不变,也就是要保持平行。差分对的布线方式应适当地靠近且平行。所谓适当地靠近是因为这个间距会影响到差分阻抗的值,此值是设计差分对的重要参数;而需要平行也是因为要保持差分阻抗的一致性。若两线忽远忽近,差分阻抗就会不一致,从而影响信号完整性及时间延时。

下面以一个流程图说明,如何在Altium Designer 系统中实现差分对布线,如图 8-91 所示。

【例 8-2】　以一个实例进行差分对布线。

第 1 步:新建 PCB 工程项目命名为diff Pair. PrjPCB,导入已绘制好的原理图(如图 8-92 所示)和已完成布局的 PCB 文件(如图 8-93 所示)。

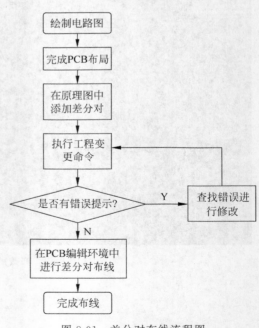

图 8-91　差分对布线流程图

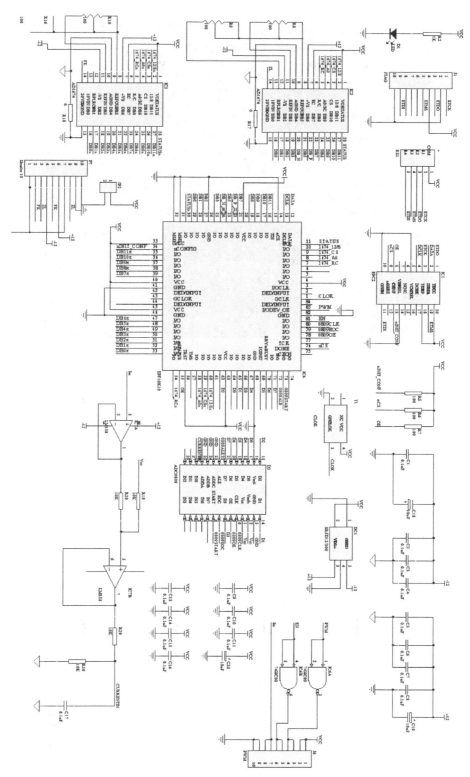

图 8-92　绘制完成的原理图(示意图)

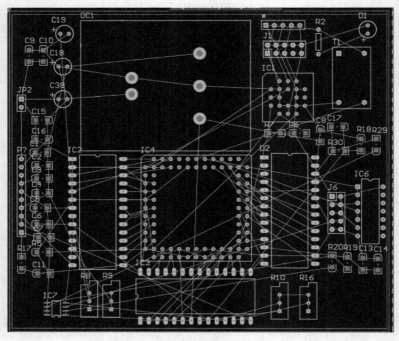

图 8-93　已完成布局的 PCB 文件

第 2 步：将界面切换到原理图编辑环境,让一对网络名称的前缀名相同,后缀分别为 _N 和_P。找到要设置成差分对的一对网络,如 DB4、DB6,如图 8-94 所示。

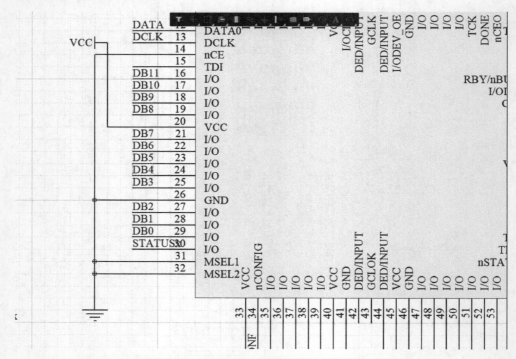

图 8-94　找到 DB4、DB6 待设置为差分对

双击这两个网络标签,将 DB4 重新命名为 DB_N,将 DB6 重新命名为 DB_P,如图 8-95 所示。

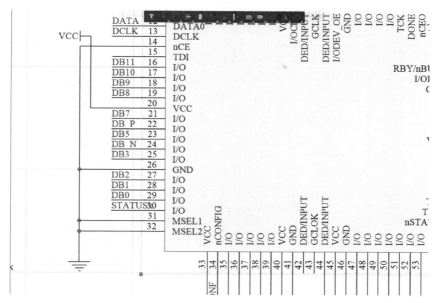

图 8-95　更改网络标签名

由于该原理图是采用网络标签来实现电气连接的,所以该处更改网络标签名,相应地,另一端连接处也要同时更改,这里应该注意。

修改完成后,就应该放置差分对标志了。在原理图编辑环境中执行"放置"→"指示"→"差分对"菜单命令,如图 8-96 所示。

此时鼠标指针变成"十"字形,并附有差分对标志,如图 8-97 所示。

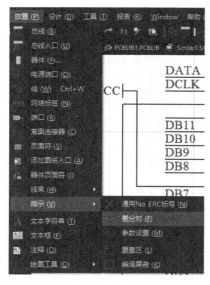

图 8-96　"放置"→"指示"→"差分对"菜单命令

图 8-97　待放置的差分对标志

在引脚 DB_N 和 DB_P 处,单击放下差分对标志,如图 8-98 所示。

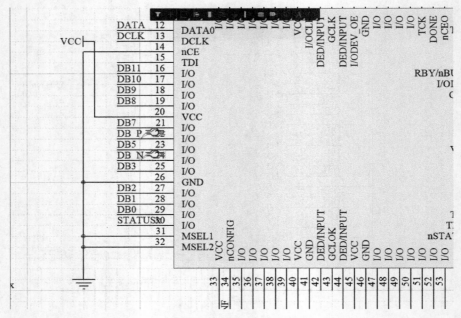

图 8-98   完成差分对的放置

第 3 步:在原理图编辑环境中,执行"设计"→Update PCB Document diff Pair. PcbDoc 菜单命令,如图 8-99 所示。

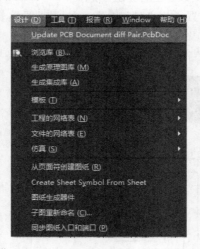

图 8-99   "设计"→Update PCB Document diff Pair. PcbDoc 菜单命令

启动"工程变更指令"对话框,单击"验证更改"按钮和"执行更改"按钮,把有关的差分对信息添加到 PCB 文件中。此时"工程变更指令"对话框如图 8-100 所示。

第 4 步:在 PCB 编辑环境中,打开 PCB 面板,如图 8-101 所示。

单击该面板最上方的下拉列表框,选择 Differential Pairs Editor 选项,PCB 面板如图 8-102 所示。

图 8-100　将差分对信息添加到 PCB 文件

图 8-101　PCB 面板

图 8-102　显示所有差分对

第5步：选择定义的差分对DB，单击"规则向导"按钮，弹出"差分对规则向导"对话框，如图8-103所示。

图8-103　"差分对规则向导"对话框

单击Next按钮，进入设置子规则名称对话框。在对话框的3个文本编辑框中，可以为各个差分对子规则进行重新定义名称，这里采用系统默认设置，如图8-104所示。

单击Next按钮，进入强制长度对话框。该对话框用于设置差分对布线的模式，以及导线之间的间距等。这里采用系统默认设置，如图8-105所示。

单击Next按钮，进入差分对子规则对话框，如图8-106所示。该对话框中的各项设置在前面已做过介绍，此处不再赘述。

单击Next按钮，进入规则创建完成对话框。在该对话框中，列出了差分对各项规则的设置情况，如图8-107所示。

单击Finish按钮，退出设置界面。

可以看到，选中差分对DB完成了布线。全局处于高亮状态，如图8-108所示。

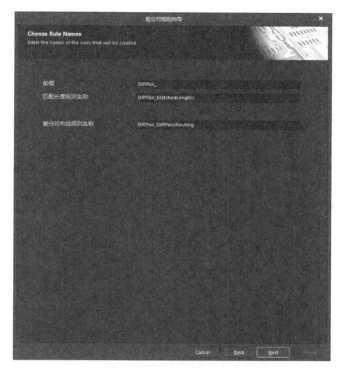

图 8-104　设置子规则名称

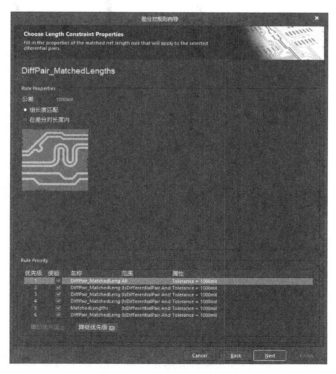

图 8-105　强制长度对话框

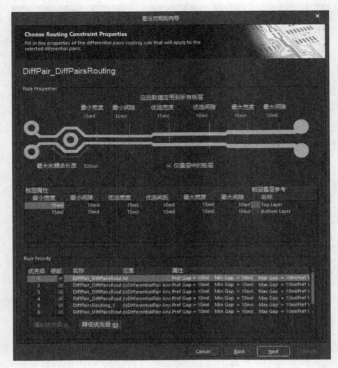

图 8-106　差分对子规则对话框

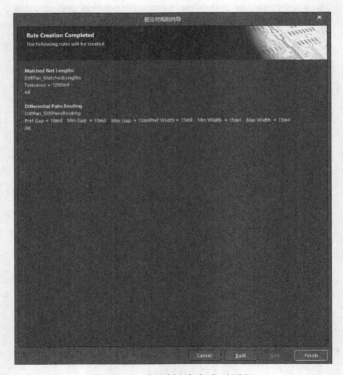

图 8-107　规则创建完成对话框

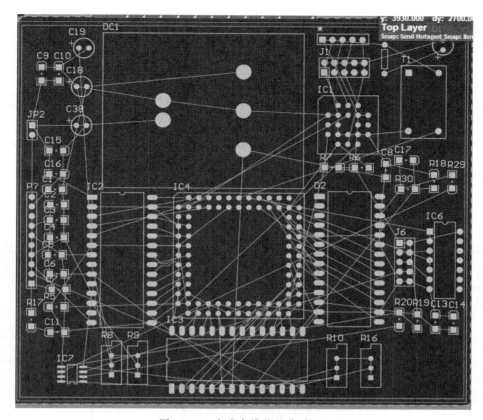

图 8-108　完成布线的差分对 DB

8.8　ActiveRoute 布线

ActiveRoute 功能是一种自动的交互式布线技术，是作为交互式布线的一种补充。它在 Altium Designer 中也叫作"对选中的对象自动布线"，如图 8-109 所示。它是一种引导式的交互布线，它可以对选中的网络进行快速高质量的在多层同时布线。它实用于多引脚的 BGA 元件，能够优化逃逸布线，同时也可以进行差分对布线、自动引脚交换和生成蛇形线以达到等长匹配。值得注意的是，ActiveRoute 可以对已经补好的线进行修改，如优化、改做差分对等。

图 8-109　ActiveRoute 布线

ActiveRoute 布线相对于手动布线、交互式布线和自动布线，具有相对较快的布线速度以及较高的布线质量和较高的自动化程度，并且控制难度也不算很高，如图 8-110 所示。

进行一个简单的例示。执行"设计"→"类"命令，弹出"对象类浏览器"对话框，如图 8-111 所示。

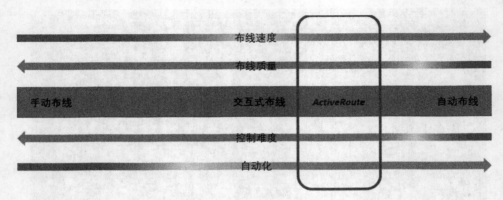

图 8-110 ActiveRoute 比较图

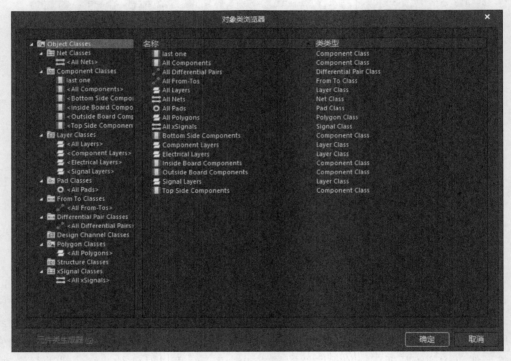

图 8-111 "对象类浏览器"对话框

在左侧 Net Classes 栏上右击,选择"添加类"命令,会生成一个 New Classes 的新网络类。这里随意选取 3 个网络作为新类的成员以做示范,如图 8-112 所示。

单击">"按钮将它们添加到成员中,单击"确定"按钮保存新的网络类。在编辑窗按下快捷键 K 或者单击 Panels 按钮,选择 PCB ActiveRoute 打开 PCB ActiveRoute 界面,如图 8-113 所示。

在 Layers 一栏中选中 Top Layer 和 Bottom Layer 复选框,然后在编辑界面左侧的 PCB 面板中选中"选中"复选框,单击选择刚才创建的 New Class,结果如图 8-114 所示。

单击右侧 PCB ActiveRoute 界面中的 Active Route 或是使用快捷键 Shift ＋A 开始布线。布线结果如图 8-115 所示。

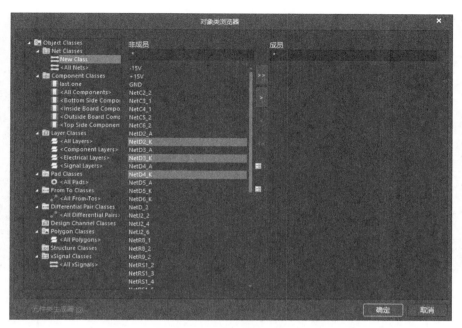

图 8-112　生成新的网络类

图 8-113　PCB ActiveRoute 界面

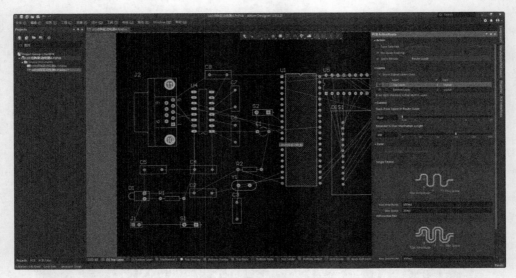

图 8-114　布线前的准备操作

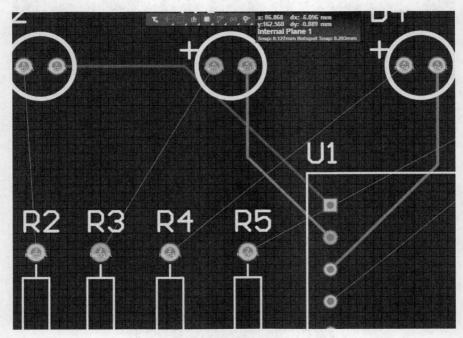

图 8-115　布线结果

　　从结果可以看出,ActiveRoute 与手动布线的结果十分相似,它是以一种最优化的方式去布线,部分不太合适的布线可以使用手动修改。ActiveRoute 的优势是每次以最优化的方式去接近焊盘,不会考虑焊盘入口。

　　下面对 PCB ActiveRoute 面板中的其他内容进行一些简单介绍。其中 Gloss Result 为优化结果,默认处于选中状态,一般建议用户选中该选项。

　　Pin Swap Routing 为引脚交换布线,可以实现自动交换引脚。以一个简单例子来展示一下 Pin Swap Routing 的效果。

【例 8-3】 引脚交换布线举例。

第 1 步：在 Altium Designer 主界面新建工程，在上面放置两个 Header 7 并连好线，导入 PCB 板中，在 PCB 编辑环境中执行"工具"→"配置引脚交换"菜单命令，弹出"在元器件中配置引脚交换信息"对话框如图 8-116 所示。

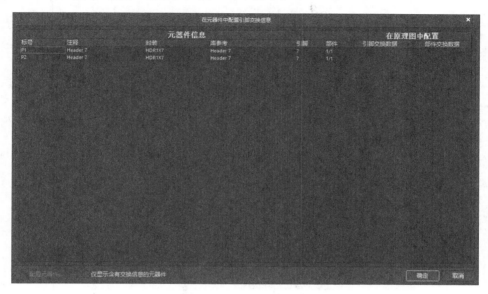

图 8-116 配置引脚交换

第 2 步：双击"引脚交换数据"栏，弹出 Configure Pin Swapping For... 对话框，如图 8-117 所示。将 P1 的引脚全部设置到一个群组。同理，将 P2 的引脚全部设置到另一个群组。设置完成单击"确定"按钮退出。

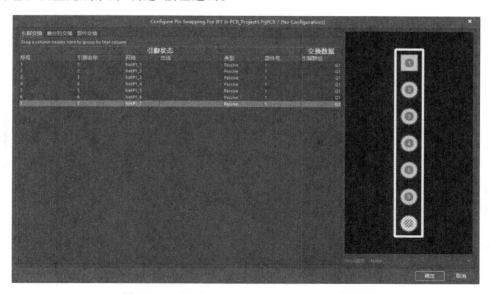

图 8-117 Configure Pin Swapping For... 对话框

第3步:切换到PCB板界面,如图8-118所示。可以看到飞线纠缠到了一个点上。虽然这个问题可以简单地通过放置的方式解决,但是实际中遇到的情况可能会十分复杂难以解决,这就需要用到Pin Swap Routing功能。

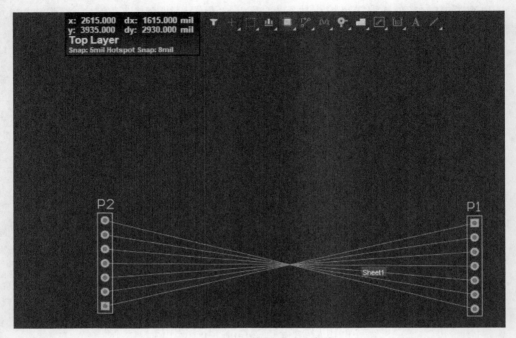

图8-118 飞线纠缠无法布线

第4步:选中其中一个元件,双击进入它的Properties界面,如图8-119所示。在Swapping Options区域选中Enable Pin Swapping复选框。

第5步:设置完成后,单击"工程"→Compile PCB Project命令完成编译,再回到PCB ActiveRoute界面。如图8-120所示,选中Pin Swap Routing复选框后,在Pin Swap栏中,选中P1-Header 7,使能元件P1引脚交换。

第6步:进行同之前的操作一样,选中网络,单击ActiveRoute按钮。完成结果如图8-121所示。会弹出提示"Update Schematic with Pin Swap Changes(是否更新原理中的引脚交换)?"对话框。

单击"是"按钮,弹出"工程变更指令"对话框,如图8-122所示。读者可自行根据实际情况设定。

Route Guide是按照工程师引导的布线方向进行布线。接下来进行一个简单的实例。

【例8-4】 以LED点阵驱动电路为例进行引导布线。

首先,选中需要布线的飞线,单击PCB ActiveRoute栏中的Route Guide。鼠标指针变成带有圆圈的"十"字形,所有被选中的飞线集中于十字中心。操作界面如图8-123所示。

在预计进行布线的地方单击出现绿色轨迹,移动鼠标可以显示预计进行布线的线路,在需要放置的位置再次单击。在最终放置点右击退出布线,如图8-124所示。

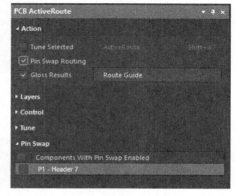

图 8-119　元件的属性界面　　　　　　　　　　图 8-120　完成引脚交换使能

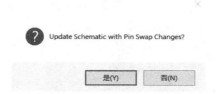

图 8-121　布线结果

图 8-122　"工程变更指令"对话框

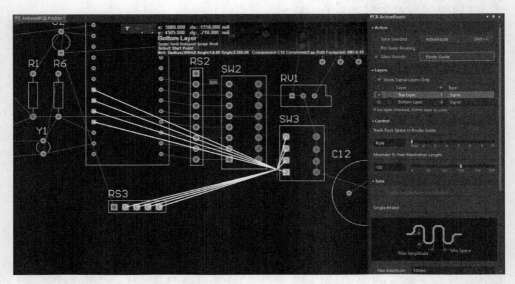

图 8-123　Guide Route 操作界面

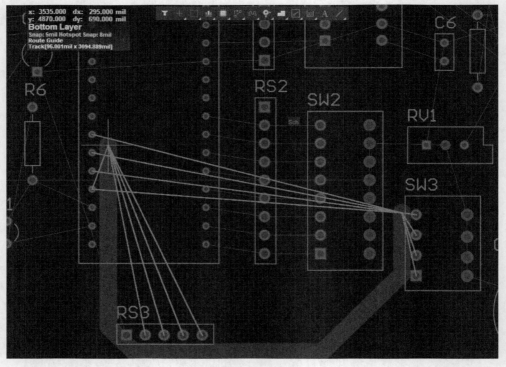

图 8-124　布线效果

完成后单击 ActiveRoute 按钮开始自动布线。完成结果如图 8-125 所示。

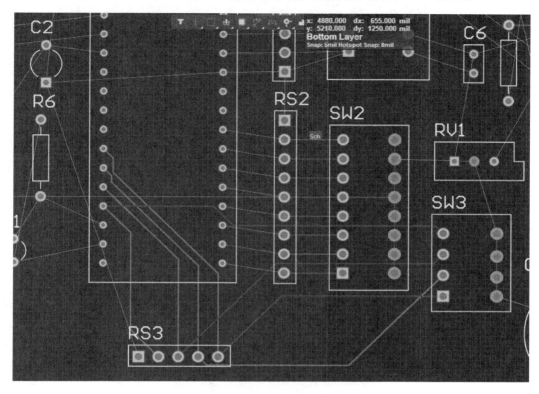

图 8-125　布线完成

继续介绍 PCB ActiveRoute 面板内容。其中 Control 栏中的 Track-Track Space In Route Guide 是表示在 Route Guide 界面中的布线间距。Meander％ Over Manhattan Length 是曼哈顿长度上的弯曲率。因为 Active Route 在自动布线时会把弯曲的部分尽量优化为平直，可能会导致布线空间不够，那么就需要把这个弯曲率调高，从而提高布线的成功率。

接下来介绍"等长布线"。

第 1 步：在 Rules 的 High Speed 中为它设置一个规则，如图 8-126 所示。在 High Speed 下找到 Matched Lengths，对象范围选择 Net Class，然后选中之前设定好的 New Class，读者可以自行根据需要进行设置。

完成后单击"确定"按钮退出，重新编译工程，返回 PCB ActiveRoute 界面。

第 2 步：选中 Tune Selected 复选框，在 Tune 栏选中刚才设定的规则，如图 8-127 所示。Single Ended 和 Differential Pair 分别对应单个线路和差分对的情况。可在下面设定该蛇形线的最大幅值和最小步长。

布线结果如图 8-128 所示。

图 8-126　PCB 规则及约束编辑器

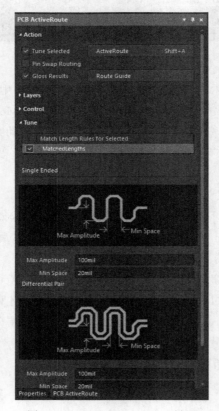

图 8-127　PCB ActiveRoute 界面

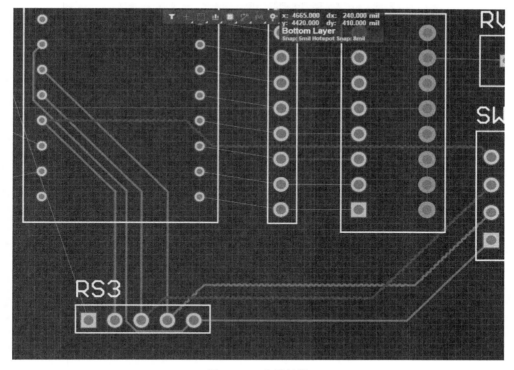

图 8-128 布线结果

8.9 设计规则检测

布线完成后,用户可利用 Altium Designer 提供的检测功能进行规则检测,查看布线后的结果是否符合所设置的要求,如对所有铜元素的铜厚度/宽度检查、锐角布线检查、断点检查及显示等。在 PCB 编辑环境中,执行"工具"→"设计规则检查"菜单命令,此时,系统将弹出"设计规则检测器"对话框,如图 8-129 所示。

在该对话框中包含两部分设置内容,即 Report Options("DRC 报告选项"设置)和 Rules To Check(检查规则设置)。

Report Options 用于设置生成的 DRC 报告中所包含的内容。

Rules To Check 用于设置需要进行检验的设计规则及进行检验时所采用的方式(在线还是批量),设置界面如图 8-130 所示。

设置完成后,单击"运行 DRC"按钮,出现 Message(信息)对话框,如图 8-131 所示。如果检测有错误,那么 Message 对话框会提供所有的错误信息;如果检测没有错误,那么 Message 对话框将会是空白的。

由图 8-131 可以看到,所有报错都是由于网络长度不匹配要求。为了不出现该种错误提示。在"设计规则检查器"对话框中,设置忽略 Matched Lengths 检查,如图 8-132 所示。

再次单击"运行 DRC"按钮,Message 对话框如图 8-133 所示。

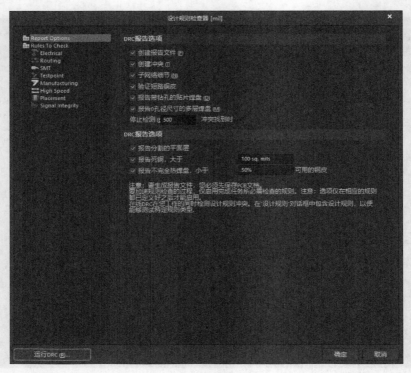

图 8-129 "设计规则检查器"对话框

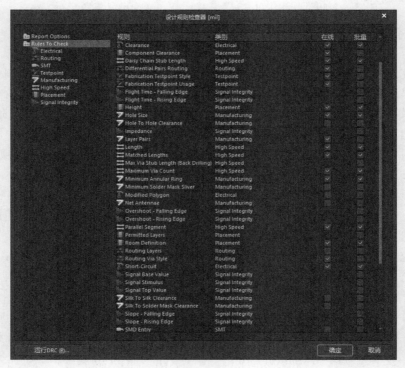

图 8-130 Rules To Check 设置界面

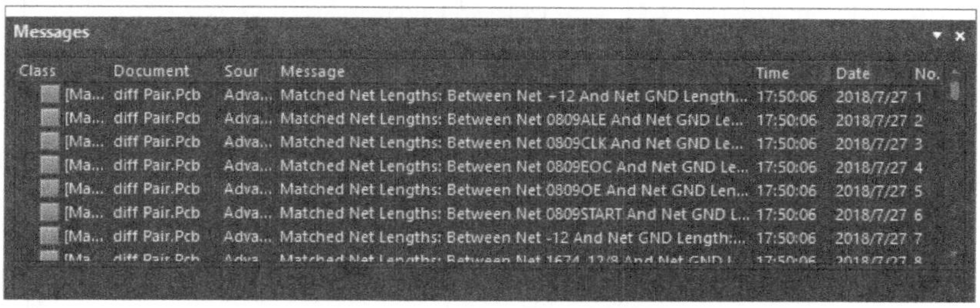

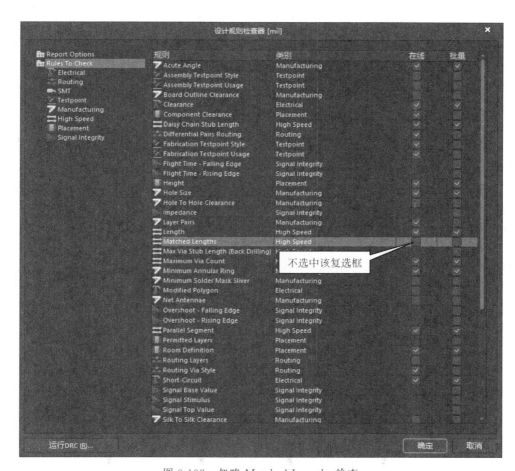

图 8-131　Message 对话框

图 8-132　忽略 Matched Lengths 检查

图 8-133　Message 对话框

此时在 Message 对话框中没有了错误信息提示,其输出报表如图 8-134 所示。

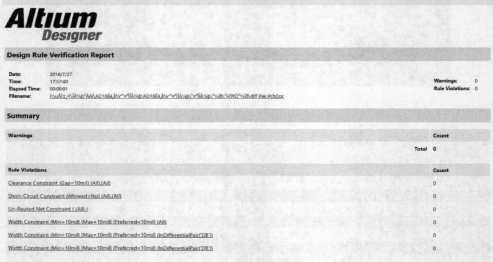

图 8-134　设计规则检查报表

该报表由两部分组成：上半部分给出了报表的创建信息,下半部分则列出了错误信息和违反各项设计规则的数目。本设计没有违反任何一条设计规则的要求,顺利通过了 DRC 检测。

习题

1. 简述设置布线的规则。
2. 以 LED 点阵驱动电路为例,对 PCB 进行混合布线。
3. 以 LED 点阵驱动电路为例,尝试实现单线和差分线的网络等长。
4. 对完成布线的 PCB 进行设计规则检测。
5. 设置规则,在线检测"走线宽度小于 4mil"的错误。

内容提要：

- 添加测试点
- 补泪滴
- 包地
- 铺铜
- 添加过控
- PCB 的其他功能
- 3D 环境下精确测量

目的： 完成布线后还不算是完成 PCB 板的设计工程，还需要对之前的设计进行补充、验证。本章将对完成 PCB 布线后的其他操作进行介绍。

9.1 添加测试点

9.1.1 设置测试点设计规则

为了便于仪器测试电路板，用户可在电路中设置测试点。在 PCB 编辑环境中，执行"设计"→"规则"菜单命令，打开"PCB 规则及约束编辑器"对话框，在左边的规则列表中，单击 Testpoint 前面的三角形按钮，可以看到需要设置的测试点子规则有 4 项，如图 9-1 所示。

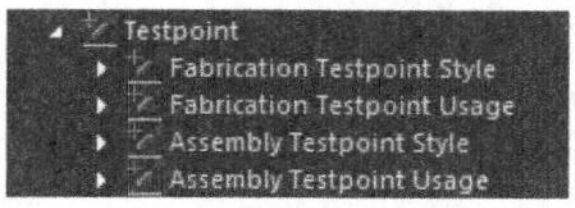

图 9-1 测试点子规则

1. Testpoint Style(测试点样式)子规则

Testpoint Style 包括 Fabrication Testpoint Style(制造测试点样式)子规则和 Assembly Testpoint Style(装配测试点)样式子规则，它们用于设置 PCB 中测试点的样式，如测试点的大小、测试点的形式、测试点允许所在层面和次序等。设置对话框如图 9-2 和图 9-3 所示。

在上述两个规则的"约束"区域内，可以对大小和通孔尺寸的最大尺寸、最小尺寸、首选尺寸进行设置。可以对元件体间距及板间距进行设置，同时还可以设置是否使用栅格。

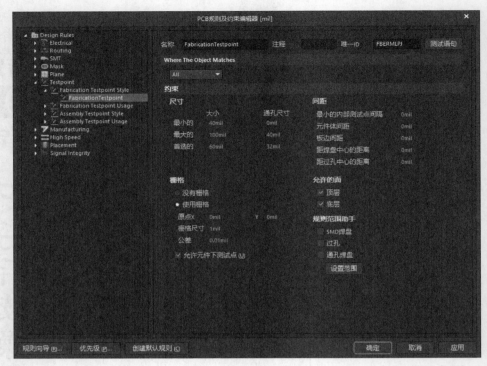

图 9-2　Fabrication Testpoint Style 子规则设置对话框

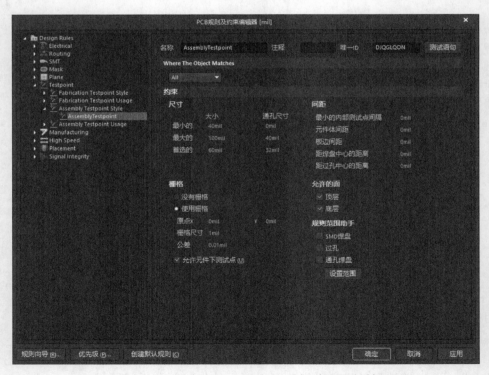

图 9-3　Assembly Testpoint Style 子规则设置对话框

2. Testpoint Usage(测试点使用)子规则

Testpoint Usage 包括 Fabrication Testpoint Usage(制造测试点使用)子规则和 Assembly Testpoint Usage(装配测试点使用)子规则,用于设置测试点的有效性,它的设置对话框如图 9-4 和图 9-5 所示。

图 9-4　Fabrication Testpoint Usage 子规则设置对话框

在约束区域内包含 3 个选项,其含义如下所示。

当用户选中"必需的"选项时,表示适用范围内的必须生成测试点。如果选中此选项,则可进一步选择测试点的范围:若选中"允许更多测试点(手动分配)",则表示可以在同一网络上放置多个测试点;当用户选择"禁止的"选项时,表示适用范围内的每一条网络走线都不可以生成测试点;而当用户选择"无所谓"选项时,表示适用范围内的网络走线可以生成测试点,也可以不生成测试点。

以第 8 章完成的 PCB 板为例进行介绍,本例中均采用系统的默认设置进行演示。

9.1.2　自动搜索并创建合适的测试点

视频讲解

【例 9-1】　以 LED 点阵驱动电路为例进行自动搜索、创建测试点操作。

第 1 步:在 PCB 编辑环境中,执行"工具"→"测试点管理器"菜单命令,如图 9-6 所示。

图 9-5　Assembly Testpoint Usage 子规则设置对话框

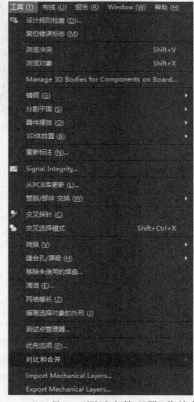

图 9-6　"工具"→"测试点管理器"菜单命令

此时系统将弹出"测试点管理器"对话框,如图 9-7 所示。

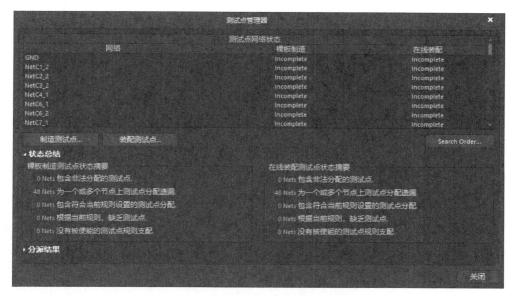

图 9-7　"测试点管理器"对话框

第 2 步:在管理器中包含"制造测试点"和"装配测试点"两项设置内容。单击"制造测试点"按钮,弹出如图 9-8 所示的设置对话框。

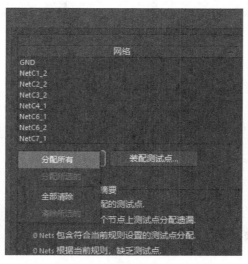

图 9-8　单击"制造测试点"按钮出现的对话框

单击"分配所有",在"分派结果"中可以看到已制造 38 个测试点,有 10 个测试点遗漏,如图 9-9 所示。

第 3 步:单击"装配测试点",得到其设置对话框,如图 9-10 所示。

第 4 步:单击"分配所有",在"分派结果"中可以看到成功装配 47 个测试点,如图 9-11 所示。

图 9-9　成功制造测试点

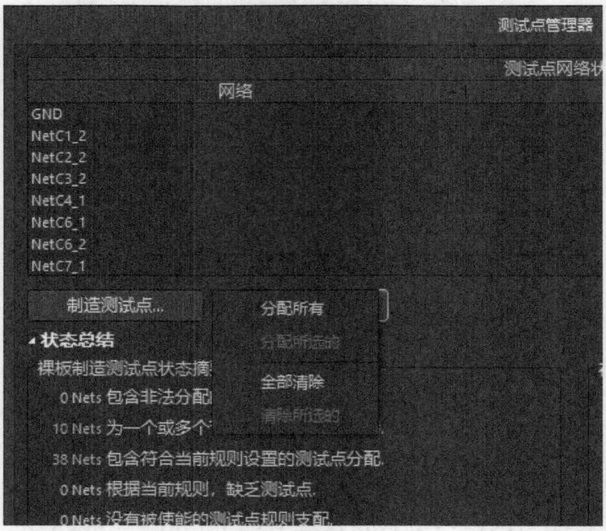

图 9-10　单击"装配测试点"

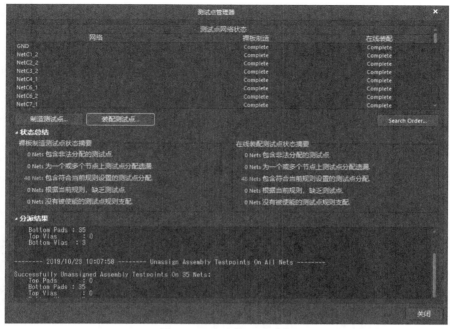

图 9-11　成功装配测试点

单击"保存"按钮，即可保存系统自动生成的测试点。

此外，执行"工具"→"测试点管理器"→"制造测试点"→"清除所有"和"工具"→"测试点管理器"→"装配测试点"→"清除所有"菜单命令，即可清除所有测试点，并在"分派结果"中看到清除结果。

9.1.3　手动创建测试点

视频讲解

首先设置测试点规则。在 PCB 编辑环境中执行"设计"→"规则"菜单命令，在弹出的对话框单击 Testpoint 规则，选择 FabricationTestpointUsage 子规则，进入测试点设置对话框，修改测试点的有效性为"无所谓"，如图 9-12 所示。

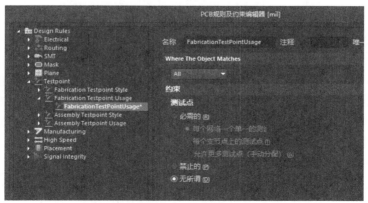

图 9-12　修改测试点的有效性为"无所谓"

同理,选择 Assembly Testpoint Usage 子规则,进入测试点设置对话框,修改测试点的有效性为"无所谓"。

由于自动创建测试点用户不可之间参与,缺少用户自主性,因此 Altium Designer 提供了用户手动创建测试点的功能。如用户期望在图 9-13 中标注的位置放置测试点。

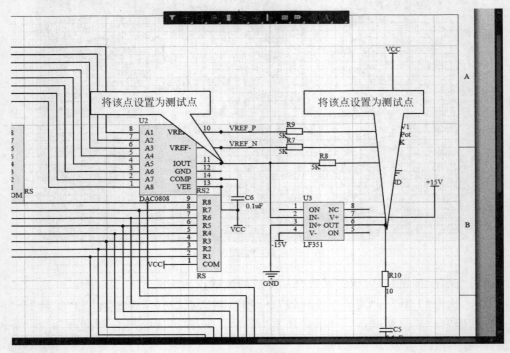

图 9-13　用户期望放置测试点位置图

其中测试点 TP1、TP2 即为将电路中的 U2-IOUT、U3-OUT 的两个焊盘设置为测试点。双击要作为测试点的焊盘,在弹出的属性对话框中,选中 Top 或 Bottom 或两个都选中,如图 9-14 所示。

此时"锁"按钮█处于被激活状态,说明此焊盘或过孔被锁定(在设置手动测试点之前焊盘或过孔位置处于未被锁定状态),完成操作后如图 9-15 所示。

9.1.4　放置测试点后的规则检查

在放置测试点之前,设置了相应的设计规则,因此用户可使用系统提供的检测功能进行规则检测,查看放置测试点后的结果是否符合所设置要求。在 PCB 编辑环境中,执行"工具"→"设计规则检查"菜单命令,在弹出"设计规则检查器"对话框的左侧,单击 Testpoint 选项,选中相应的复选框,在图 9-16 中选中 Assembly Testpoint Style 与 Assembly Testpoint Usage。

设置完成后,单击"运行 DRC"按钮进行规则检测。结果如图 9-17 所示。

由图 9-17 可知,本设计没有违反任何一条设计规则的要求,顺利通过 DRC 检测。

图 9-14　创建测试点

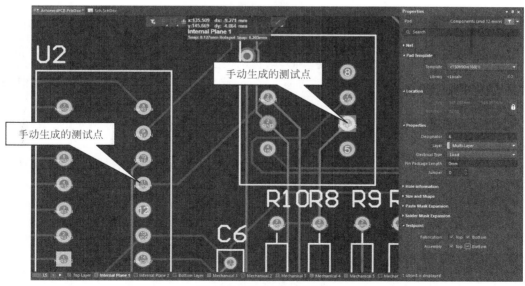

图 9-15　手动生成测试点

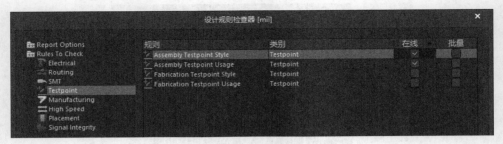

图 9-16 选择检测测试点选项

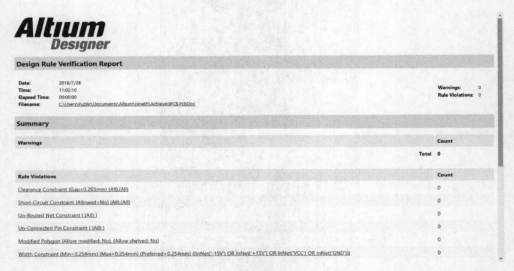

图 9-17 放置测试点后的规则检测结果

视频讲解

9.2 补泪滴

在电路板设计中,为了让焊盘更坚固,防止机械制板时焊盘与导线之间断开、加点连接面,常在焊盘和导线之间用铜膜布置一个过渡区,形状像泪滴,故常称做补泪滴(Teardrops)。

在 PCB 编辑环境中执行"工具"→"滴泪"菜单命令,弹出如图 9-18 所示的"泪滴"对话框。

该对话框内有 4 个设置区域,分别是"工作模式"区域、"对象"区域、"选项"区域和"范围"区域。

"工作模式"区域:

- "添加"单选按钮:选中该单选按钮,表示进行的是泪滴的添加操作。
- "删除"单选按钮:选中该单选按钮,表示进行的是泪滴的删除操作。

"对象"区域:

- "所有"单选按钮:用于设置是否对所有的焊盘过孔都进行补泪滴操作。
- "仅选择"单选按钮:用于设置是否只对所选中的元件进行补泪滴。

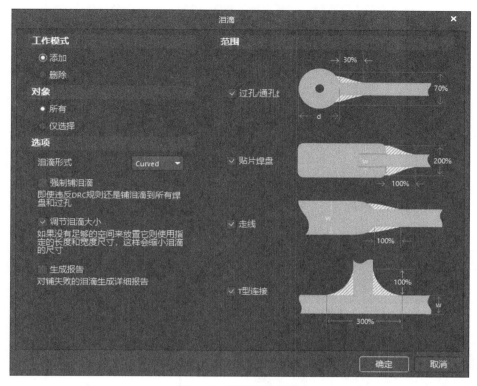

图 9-18 "泪滴"对话框

"选项"区域选项如下。

- "泪滴形式"选项：
  - ◆ Curved 选项：选中该选项,表示选择圆弧形补泪滴。
  - ◆ Line 选项：选中该选项,表示选择用导线形做补泪滴。
- "强制铺泪滴"复选框：用于设置是否忽略规则约束,强制进行补泪滴,此项操作可能导致 DRC 违规。
- "调节泪滴大小"复选框：自动适应空间大小去调节泪滴的大小。
- "生成报告"复选框：用于设置补泪滴操作结束后是否生成补泪滴的报告文件。

"范围"区域：

用于对各种焊盘以及导线类型补泪滴面积的设置。本例中的设置方式如图 9-19 所示。

完成设置后,单击"确定"按钮即可进行补泪滴操作。使用圆弧形补泪滴的方法操作的结果如图 9-20 所示。

单击"保存"按钮保存文件。

根据此方法,可以对单个的焊盘和过孔或某一网络的所有元件的焊盘和过孔进行滴泪操作。滴泪焊盘和过孔形状可以为圆弧形或导线形。

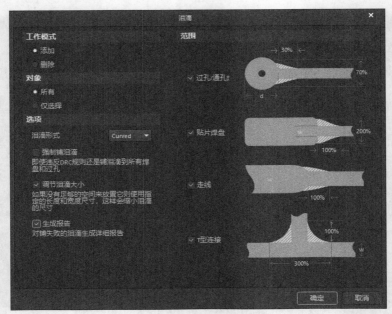

图 9-19　补泪滴设置

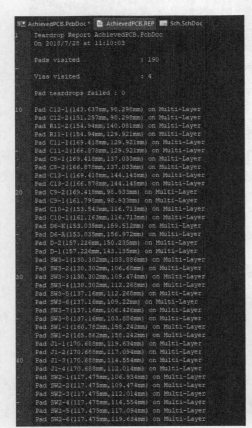

(a) 补泪滴报告文件

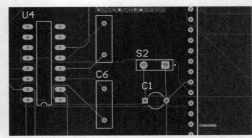

(b) 补泪滴后的电路图(局部电路)

图 9-20　补泪滴结果

9.3 包地

所谓包地就是为了保护某些网络布线,不受噪声信号的干扰,在这些选定的网络的布线周围,特别围绕一圈接地布线。

【例 9-2】 以 LED 点阵驱动电路为例进行包地操作。

第 1 步:在 PCB 编辑环境中,执行"编辑"→"选中"→"网络"菜单命令,此时鼠标指针变成"十"字形,到 PCB 编辑环境中,将要包络的网络选中,如图 9-21 所示。可以看到被选中的网络都被一个浅灰色的方框包裹。

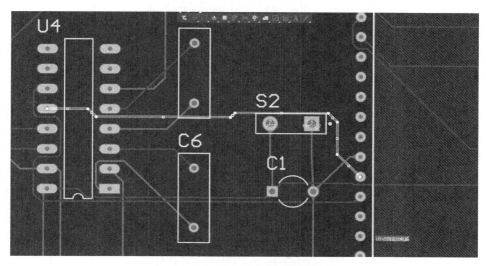

图 9-21　选取网络

第 2 步:执行"工具"→"描画选择对象的外形"菜单命令,即可在选中网络周围生成包络线,将该网络中的导线、焊盘及过孔包围起来,如图 9-22 所示。

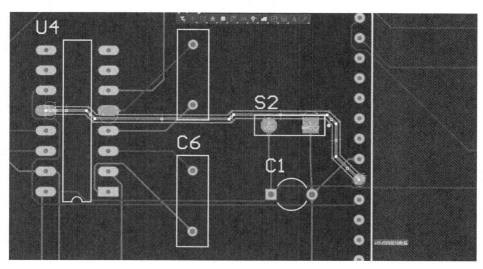

图 9-22　完成选定网络包地

第3步：双击打开每段包地布线的属性设置界面,将其"网络"设置成 GND,如图 9-23 所示,然后执行自动布线或采用手动布线来完成包地的接地操作。

图 9-23　设置其网络为 GND

注：包地线的线宽应与 GND 网络的线宽相匹配。

如果需要删除包地,在 PCB 编辑环境中,执行"编辑"→"选中"→"连接的铜皮"菜单命令,此时光标变为"十"字形,单击要除去的包地线整体,按 Delete 键即可删除。

视频讲解

9.4　铺铜

所谓铺铜,就是将 PCB 上闲置的空间作为基准面,然后用固体铜填充,这些铜区又称为灌铜。铺铜的作用有以下几点。

- 对于大面积的地或电源铺铜,会起到屏蔽作用,对某些特殊地,如 PGND,可起到防护作用。
- 铺铜是 PCB 工艺要求。一般为了保证电镀效果,或者层压不变形,对于布线较少的 PCB 板层铺铜。
- 铺铜是信号完整性要求。它可给高频数字信号一个完整的回流路径,并减少直流网络的布线。

- 散热及特殊元件安装也要求铺铜。

9.4.1 规则铺铜

【例 9-3】 以 LED 点阵驱动电路为例进行铺铜操作。

第 1 步：单击"布线"工具栏中的"放置多边形平面"工具，如图 9-24 所示。

铺铜工具

图 9-24 单击"放置多边形平面"工具

单击该按钮鼠标指针变成"十"字形，此时按 Tab 键，系统将弹出 Properties-Polygon Pour 界面，如图 9-25 所示。

该对话框中包含 Outline Vertices、Properties 和 Net 3 个区域的设置内容。

（1）Outline Vertices 区域：列出了多边形的各个顶点位置以及角度大小。

（2）Properties 区域：用于设定铺铜所在工作层面、铺铜区域的命名、是否自动命名，是否移除死铜等设置。所谓死铜，就是指没有连接到指定网络图元上的封闭区域内的铺铜。其中还包括 Fill Mode 系统给出了 3 种铺铜的填充模式。

- Solid(Copper Regions)：选中该选项，表示铺铜区域内为全铜铺设。

- Hatched(Tracks/Arcs)：选中该选项，表示铺铜区域内填入网格状的铺铜。

- None(Outlines Only)：选中该选项，表示只保留铺铜的边界，内部无填充。该区域中还包含一个下拉列表框，下拉列表框中的各项命令的含义如下。

  ◆ Don't Pour Over Same Net Objects：选中该选项时，铺铜的内部填充不会覆盖具有相同网络名称的导线，并且只与同网络的焊盘相连。

  ◆ Pour Over All Same Net Objects：选中该选项，表示铺铜将只覆盖具有相同网络名称的多边形填充，不会覆盖具有相同网络名称的导线。

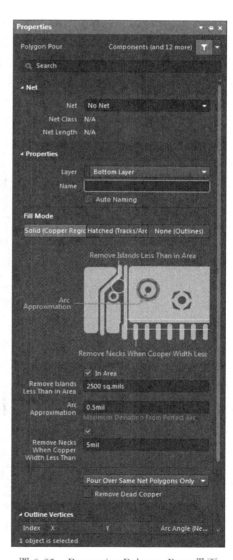

图 9-25 Properties-Polygon Pour 界面

◆ Pour Over Same Net Polygons Only：选中该选项，表示铺铜的内部填充将覆盖具有相同网络名称的导线，并与同网络的所有图元相连，如焊盘、过孔等。

（3）Net 区域：在该区域可以进行与铺铜有关的网络设置。

• Net：用于设定铺铜所要连接的网络，可以在下拉列表框中进行选择。并在下方给出该网络的信息。

在本例中设置铺铜的网络为 GND 网络，其他选项的设置如图 9-26 所示。

其中 Gird Size 栏设置栅格大小，为了使多边形连线的放置最有效，建议避免使用元件引脚间距的整数倍数值设置网格尺寸。Track Width 设置轨迹宽度，如果连线宽度比网格尺寸小，那么多边形铺铜区域是网格状的；如果连线宽度比网格尺寸大或相等，那么多边形铺铜区域是实心的。Surround Pads With 用来设置包裹焊盘的方式；Arcs 表示采用弧形包围，Octagons 表示采用八角形包围。Hatch Mode 用于设置多边形铺铜区域的网格式样，其 4 个选项如图 9-27 所示。Min Prim Length 设置多边形铺铜区域的精度，该值设置得越小多边形填充区域就越光滑，但铺铜、屏幕重画和输出产生的时间会加长。

第 2 步：设置完成后，回到操作界面。此时鼠标指针以"十"字形显示，拖动鼠标即可画线，如图 9-28 所示。

右击退出画线状态，此时系统自动进行铺铜，如图 9-29 所示。

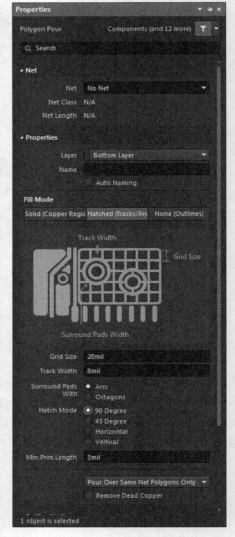

图 9-26　对铺铜选项设置

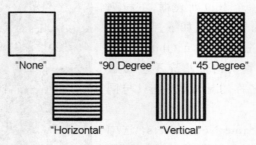

图 9-27　各种填充样式的多边形区域

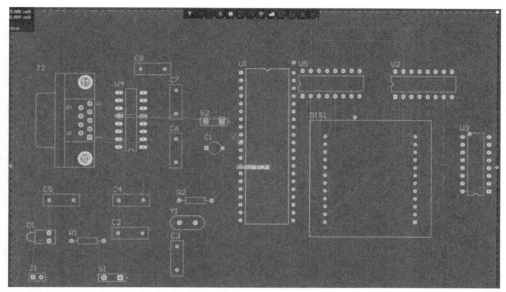

图 9-28 拖动鼠标画线确定铺铜范围

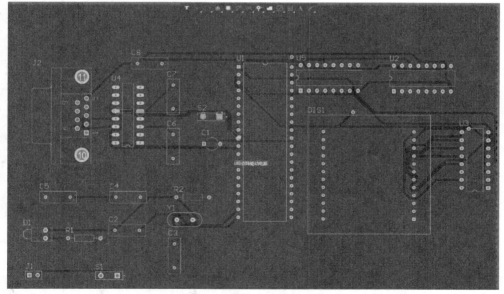

图 9-29 系统自动进行铺铜

　　和预期的结果一致,铺铜是以圆角形式出现的,如图 9-30 所示。

　　第 3 步:尝试更改填充边角的样式。双击电路中的铺铜部分,系统将弹出铺铜设置对话框,在对话框中选择八角形铺铜,如图 9-31 所示。

　　设置完成后,单击 Apply 按钮确认设置,此时系统将弹出确认重新铺铜对话框,系统开始重新铺铜。八角形铺铜如图 9-32 所示。

　　八角形和圆角形各有优点,但通常采用圆角形式。

　　第 4 步:局部调整。用户可能会注意到电路中有些位置非均地,如图 9-33 所示。

图 9-31　设置采用八角形铺铜

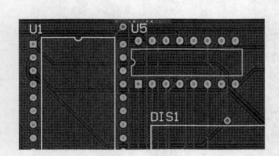

图 9-30　电路以圆角形式铺铜

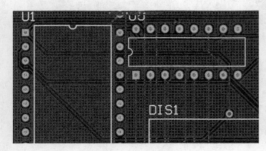

图 9-32　八角形铺铜

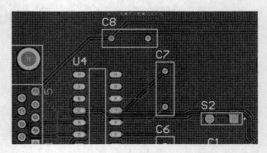

图 9-33　电路中非均地部分

图 9-33 中与 GND 相连的线路宽度不同,此时用户再次设置规则。执行"设计"→ "规则"菜单命令,在弹出的"PCB 规则及约束编辑器"对话框中选择 Plane 规则中的 Polygon Connect Style 子规则,如图 9-34 所示。

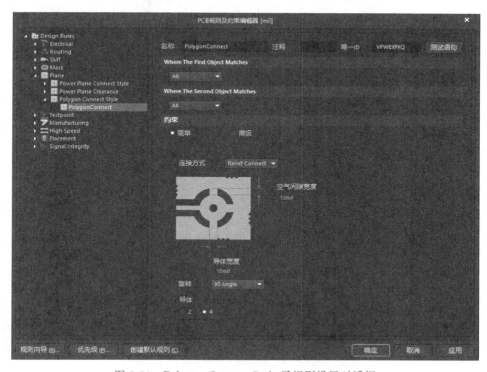

图 9-34　Polygon Connect Style 子规则设置对话框

在该对话框中,导体宽度为 10mil,而用户设置的 GND 导体宽度为 20mil,因此用户需修改导体宽度值为 20mil,如图 9-35 所示。

设置完成后,单击"确定"按钮,确认设置,然后重新铺铜,结果如图 9-36 所示。

第 5 步:按照上述方法为顶层铺铜,结果如图 9-37 所示。

铺铜后的 3D 图如图 9-38 所示。

9.4.2　删除铺铜

在 PCB 编辑界面中的板层标签栏中,选择层面为 Top Layer,在铺铜区域单击,选中铺在顶层铺铜。然后拖动鼠标,将顶层铺铜拖到电路外,如图 9-39 所示。

然后单击"剪切"工具或按 Delete 键将顶层铺铜删除。同理,按照上述操作也可删除底层铺铜。

铺铜的一大好处是降低地线阻抗(抗干扰能力提高有很大一部分是由地线阻抗降低带来的)。数字电路中存在大量尖峰脉冲电流,因此降低地线阻抗显得更有必要。普遍认为对于全由数字元件组成的电路,应该大面积铺铜;而对于模拟电路,铺铜所形成的地线回路反而会引起电磁耦合干扰,得不偿失。因此,并不是每个电路都要铺铜。

图 9-35　设置导线宽度

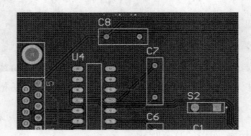

图 9-36　设置铺铜导线宽度后重新铺铜的结果

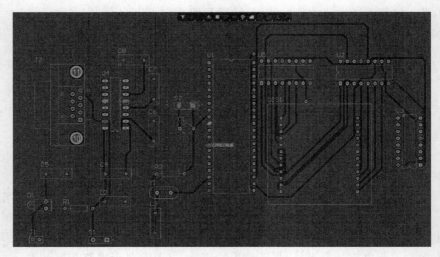

图 9-37　底层铺铜结果

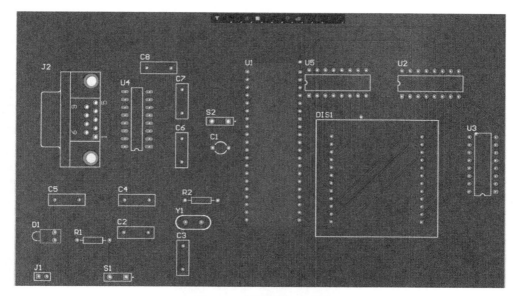

图 9-38　铺铜后的 3D 图

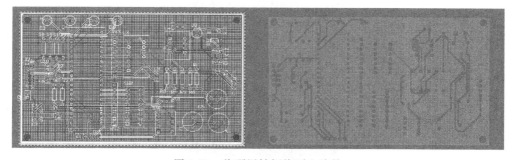

图 9-39　将顶层铺铜拖到电路外

9.5　添加过孔

过孔(via)是多层 PCB 的重要组成部分之一,PCB 上的每一个孔都可以称为过孔。过孔的作用:第一,用于各层间的电气连接;第二,用于元件的固定或定位。

单击"布线"工具栏中的"放置过孔"按钮,如图 9-40 所示。

放置过孔

图 9-40　单击"放置过孔"按钮

此时鼠标指针变为"十"字形,并带有一个过孔图形。在放置过孔时按 Tab 键,弹出如图 9-41 所示的过孔属性对话框。该对话框中各项设置含义如下。

其中 Net、Location、Testpoint 和 Properties 中的内容不再赘述。简单介绍一下其他的部分。Size and Shape 包括三个选项分别如下:

图 9-41　Properties-Via 界面

- Simple：用于设置过孔的孔尺寸、孔的直径以及 X/Y 位置。
- Top-Middle-Bottom：用于设置分别在顶层、中间层和底层的过孔直径大小。
- Full Stack：可以用于编辑全部层栈的过孔尺寸。

剩下的内容为：Shape 用于选择过孔形状，Offset Form Hole Center 用于过孔距中心的偏移量和其他位置设置。

Paste Mask Expansion 即助焊层延伸度，Sloder Mask Expansion 为阻焊层延伸度。这两部分内容都可以通过规则(Rules)或者手动(Manual)设置。阻焊层是决定有没有开窗绿油，与是否涂锡无关，锡膏防护层需要开钢网涂锡，与有无绿油无关。阻焊层是负片，绘制区域内表示没有开窗绿油(裸露铜)；助焊层是正片，绘制区域内开钢网涂锡；助焊层与阻焊层相反。

将鼠标指针移到所需的位置，单击，即可放置一个过孔。将鼠标指针移到新的位置，按照上述步骤，再放置其他过孔，双击鼠标右键，鼠标指针变为箭头状，即可退出该命令状态。图 9-42 为过孔作为安装孔的图形。

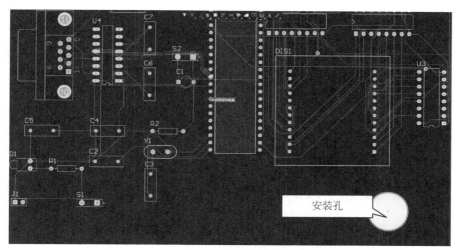

图 9-42　添加过孔的电路

9.6　PCB 的其他功能

在 PCB 设计中,鉴于用户的不同需求,Altium Designer 还提供了其他功能。

9.6.1　在完成布线的 PCB 板中添加新元件

现在需要在布好线的电路板中引入其他元件,如图 9-43 所示。

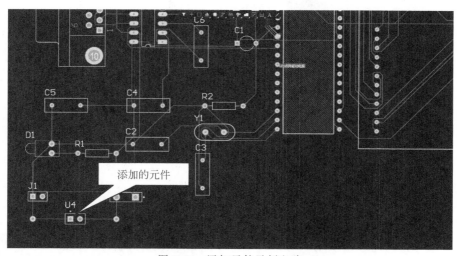

图 9-43　添加元件示例电路

在这一电路中,用户期望添加元件。添加元件端子时,用户可放置焊盘或放置接插件等元件。

【例 9-4】　以 LED 点阵驱动电路为例进行添加焊盘操作。

第 1 步:单击"布线"工具栏中的"放置焊盘"工具,此时鼠标指针以"十"字形出现,并在鼠标指针下跟随焊盘,如图 9-44 所示。

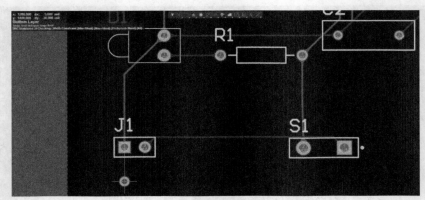

图 9-44　鼠标指针下跟随焊盘

第 2 步：此时按 Tab 键,打开 Properties-Pad 界面,在 Net 下拉列表框中选择焊盘所在的网络,如接地焊盘,选中 GND 网络,如图 9-45 所示。

设置完成后,在期望放置焊盘的位置单击放置焊盘,此时用户可看到放置的焊盘通过飞线与 GND 网络相连,如图 9-46 所示。

图 9-45　Properties-Pad 界面

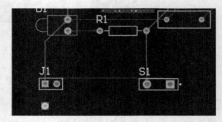

图 9-46　焊盘通过飞线与 GND 网络相连

第 3 步：参照上述方式放置与 VCC 网络相连的焊盘，即将放置的焊盘属性设置为属于 VCC 网络。结果如图 9-47 所示。

第 4 步：执行"布线"→"自动布线"→"连接"菜单命令，此时鼠标指针以"十"字形出现。单击与 GND 焊盘相连的飞线，系统将自动对选择的连线进行布线，结果如图 9-48 所示。

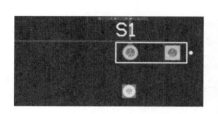

图 9-47　放置与 VCC 网络相连的焊盘

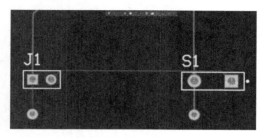

图 9-48　焊盘布线结果

【例 9-5】　添加连接端子。

第 1 步：在 PCB 编辑环境中执行"放置"→"元件"菜单命令，系统会自动弹出 Components 界面，如图 9-49 所示。

第 2 步：在该界面中，单击 ▤ 按钮，在下拉列表中选中 File-based Libraries Search，弹出 File-based Libraries Search 对话框，如图 9-50 所示。

在 File-based Libraries Search 对话框中，可以查找所有添加库中的封装形式，也可以对未知库中的封装形式进行查找操作。对该对话框的操作与绘制原理图时对库的操作基本相同，此处不再赘述。

浏览元件列表中的元件，查找期望的接插件。在本例中期望放置 PIN2 接插件，如图 9-51 所示。

第 3 步：单击"查找"按钮，返回到 Components 界面，如图 9-52 所示。

第 4 步：单击 Place PIN2 按钮，此时鼠标指针以"十"字形出现，并在鼠标指针下跟随 PIN2 接插件，如图 9-53 所示。

按 Space 键调整元件方向后，在期望放置接插件的位置单击即可放置 PIN2 接插件，结果如图 9-54 所示。

第 5 步：双击元件，即可打开 Properties-Component 界面，设置元件标号为 U4，如图 9-55 所示。

设置完成后，执行"设计"→"网络表"→"编辑网络"菜单命令，此时系统将弹出如图 9-56 所示的"网表管理器"对话框。

第 6 步：在"网表管理器"对话框的"板中网络"中，选取 GND 网络，接下来单击"板中网络"列表框下的"编辑"按钮，此时将弹出如图 9-57 所示的"编辑网络"对话框。

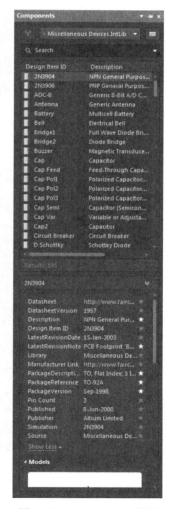

图 9-49　Components 界面

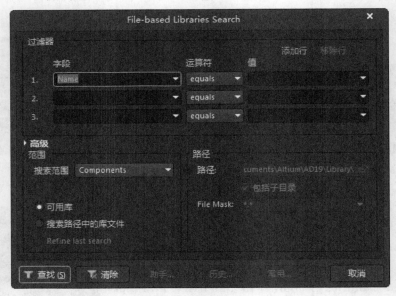

图 9-50　File-based Libraries Search 对话框

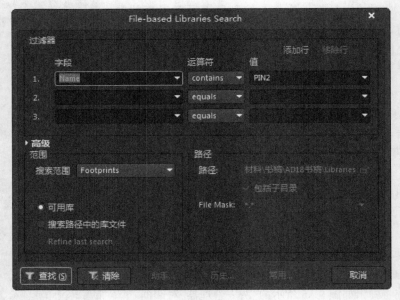

图 9-51　查找 PIN2 接插件

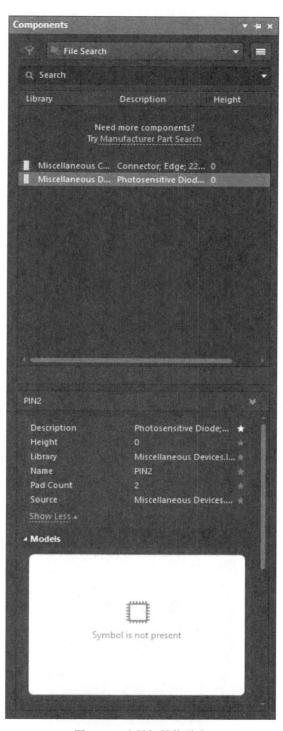

图 9-52　选择好封装形式

图 9-53　鼠标指针下跟随 PIN2 接插件

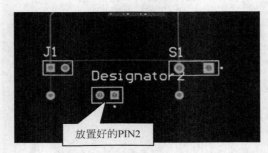

图 9-54　在电路中放置 PIN2 接插件

图 9-55　设置元件标号为 U4

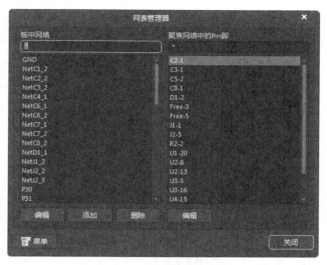

图 9-56 "网表管理器"对话框

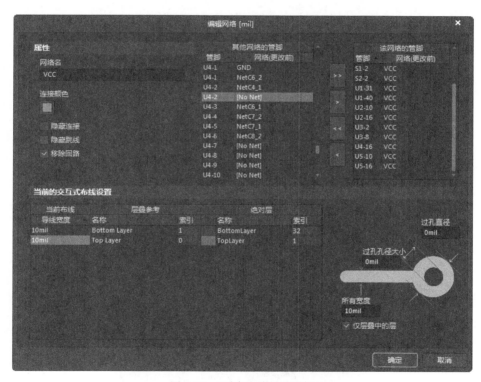

图 9-57 "编辑网络"对话框

第7步：在"其他网络的引脚"中选择 U4-2 引脚，然后单击">"按钮，将 U4-2 添加到"该网络的引脚"列表中，如图 9-58 所示。

第8步：设置完成后，单击"确定"按钮即可将 U4-2 引脚添加到 GND 网络。参照上述方式，将 U4-1 引脚添加到 VCC 网络，添加完成后，单击"关闭"按钮退出"网表管理器"。此时用户可看到元件 PIN2 通过飞线与电路连接，如图 9-59 所示。

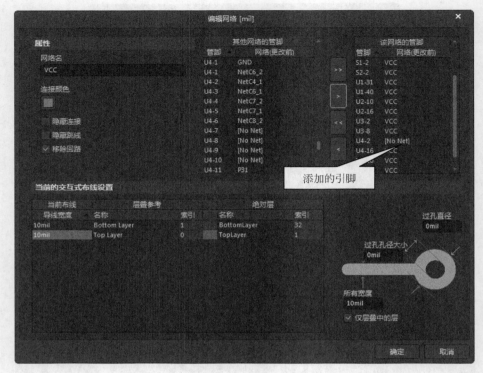

图 9-58 将 U4-2 添加到"该网络的引脚"列表中

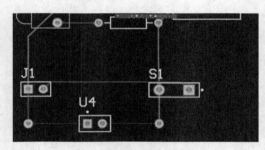

图 9-59 PIN2 接插件通过飞线与电路连接

第 9 步：执行"布线"→"自动布线"→"连接"菜单命令,对 PIN2 中的引脚 2 的连线进行布线,对 PIN2 中的引脚 1 执行手动布线命令,结果如图 9-60 所示。

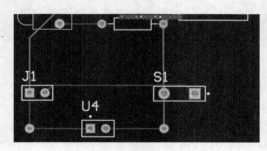

图 9-60 对 PIN2 布线的结果

9.6.2 重编元件标号

当将电路原理图导入 PCB 布局后,元件标号顺序不再有规律,如图 9-61 所示。

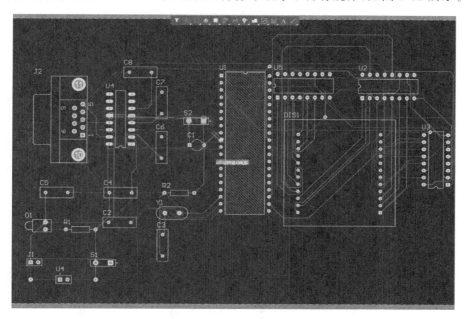

图 9-61 元件标号无规律

为了便于快速在电路板中查找元件,通常需要重编元件标号。在 PCB 编辑环境中,执行"工具"→"重新标注"菜单命令,此时系统将弹出如图 9-62 所示的"根据位置重新标注"对话框。

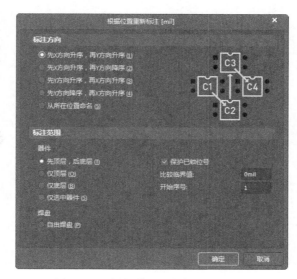

图 9-62 "根据位置重新标注"对话框

系统提供了5种排序方式,各方式的含义如表9-1所示。

表9-1 系统提供5种排序方式的含义

名 称	图 解	说 明
升序 X 然后升序 Y		由左至右,并且从下到上
升序 X 然后降序 Y		由左至右,并且从上到下
升序 Y 然后升序 X		由下而上,并且由左至右
升序 Y 然后降序 X		由上而下,并且由左至右
以坐标命名		以坐标值排序(如 R1 的坐标值为 X=50、Y=80,则 R1 新的标号为 R050-080)

本例采用系统默认设置。单击"确定"按钮对电路重排元件标号,如图9-63所示。

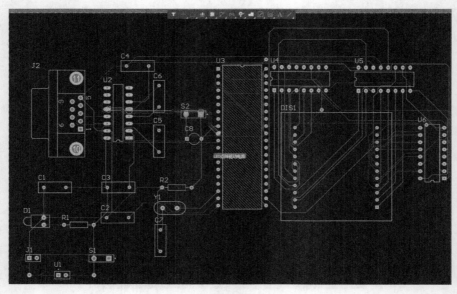

图 9-63 重排元件标号后的电路

9.6.3　放置文字标注

当 PCB 编辑完成后,用户可在电路板上标注电路板制板人及制板时间等信息。例如,在如图 9-64 所示的电路板的下方标注制板时间。

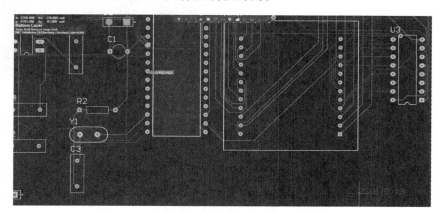

图 9-64　放置文字标注示例

将当前工作层切换为 Top Overlay,如图 9-65 所示。

图 9-65　将当前工作层切换为 Top Overlay

在 PCB 编辑环境中,执行"放置"→"字符串"菜单命令,此时鼠标指针以"十"字形出现,并在鼠标指针下跟随 String 字符串,如图 9-66 所示。

按 Tab 键,将弹出字符串属性设置界面(Properties-Text 界面),在 Text 文本框中输入 2018/9/13 字样,如图 9-67 所示。

图 9-66　鼠标指针下跟随 String 字符串

图 9-67　Properties-Text 界面

其他设置,如大小、字体、位置等参数,均保持默认设置,设置完成后,将鼠标指针移到期望的位置,单击即可放置文字标注,如图9-68所示。

右击,结束命令状态。

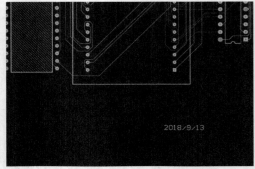

图9-68　放置文字标注

9.6.4　项目元件封装库

制作 PCB 时,若找不到期望的元件封装,用户可使用 Altium Designer 元件封装编辑功能创建新的元件封装,并将新建的元件封装放入特定的元件封装库。

1. 创建项目元件封装库

项目元件封装库就是将设计的 PCB 中所使用的元件封装建成一个专门的元件封装库。打开所要生成项目元件封装库的 PCB 文件,如之前完成的 AchievedPCB. PcbDoc,在 PCB 编辑环境中,执行"设计"→"生成 PCB 库"菜单命令,系统会自动切换到元件封装库编辑环境,生成相应的元件封装库,并把文件命名为 AchievedPCB. PcbLib,如图9-69所示。

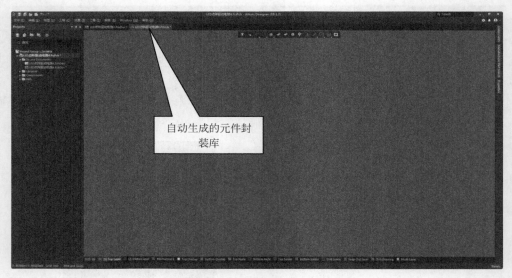

图9-69　自动生成的元件封装库

2. 创建元件封装——LED 点阵

以创建 LED 点阵元件封装为例。在 PCB Library 编辑环境中,执行"工具"→"元件向导"命令,系统弹出元件封装制作向导,如图9-70所示。

单击 Cancel 按钮,关闭向导对话框,此时在 PCB Library 界面的元件封装列表中单击 Add 按钮添加新的元件封装,如图9-71所示。

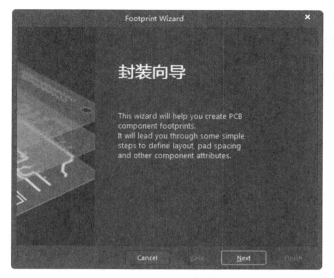

图 9-70　元件封装制作向导

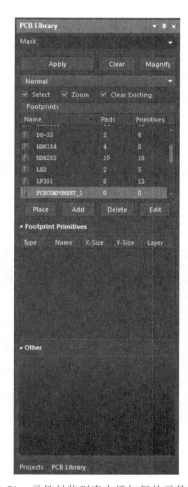

图 9-71　元件封装列表中添加新的元件封装

在元件封装编辑窗口编辑双色 LED 点阵元件的封装,如图 9-72～图 9-75 所示。

右击新建元件封装,执行 Footprint Properties 菜单命令,弹出"PCB 库封装"对话框,如图 9-76 所示。

在该对话框中可以对新建元件封装进行重新命名,将元件命名为 LED Array,如图 9-77 所示。

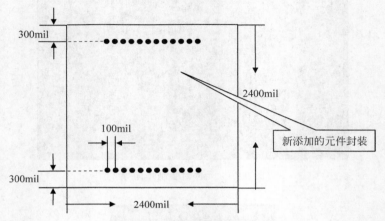

图 9-72　双色 LED 点阵元件数据

图 9-73　绘制双色 LED 点阵元件外形框

图 9-74　放置双色 LED 点阵元件的焊盘

图 9-75 编辑双色 LED 点阵元件的封装

图 9-76 "PCB库封装"对话框

图 9-77 重新命名元件封装

至此,双色 LED 点阵元件封装制作完成。

3. 元件封装库相关报表——元件报表

在 PCB Library 编辑环境中,执行"报告"→"元件"菜单命令,此时弹出如图 9-78 所示的后缀名为.CMP 的元件封装信息。

图 9-78 元件封装信息

4. 元件封装库相关报表——库列表报表

在 PCBLibrary 编辑环境中,执行"报告"→"库列表"菜单命令,弹出如图 9-79 所示的后缀名为.REP 的库列表文件,其中列出了该库所包含的所有封装的名称。

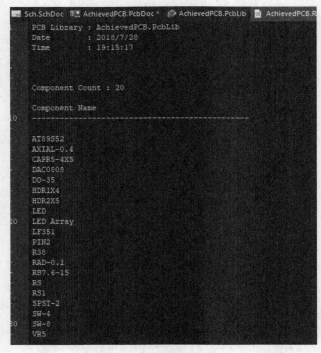

图 9-79 库列表报表

5. 元件封装相关报表——元件规则检查报表

在 PCB Library 编辑环境中,执行"报告"→"元件规则检查"菜单命令,弹出如图 9-80 所示的"元件规则检查"对话框。

各选项的含义如下:

1)"重复的"选项区

- 焊盘:检测元件封装中是否有重复的焊点序号;
- 基元:检测元件封装中是否有图形对象重叠现象;
- 封装:检测元件封装库中是否有不同元件封装具有相同元件封装名。

图 9-80　"元件规则检查"对话框

2)"约束"选项区

- 丢失焊盘名称:检测元件封装库内是否有元件封装遗漏焊点序号;
- 镜像的元件:检测元件封装是否发生翻转;
- 元件参考偏移:检测元件封装是否调整过元件的参考原点坐标;
- 短接铜皮:检测元件封装的铜膜走线是否有短路现象;
- 未连接铜皮:检测元件封装内是否有未连接的铜膜走线;
- 检查所有元器件:对元件封装库中所有的元件封装进行检测。

本例采用系统的默认设置。单击"确定"按钮,系统自动生成后缀名为 .ERR 的检测报表,如图 9-81 所示。

图 9-81　元件封装规则检测

6. 元件封装相关报表——测量距离

测量距离可用于精确测量两个端点之间的距离。

在 PCBLibrary 编辑环境中,执行"报告"→"测量距离"菜单命令,此时鼠标指针变成"十"字形,单击选择待测距离的两端点,在单击第二端点的同时系统弹出测量距离信息提示框,如图 9-82 所示。

7. 元件封装相关报表——对象距离测量报表

对象距离测量报表可用于精确测量两个对象之间的距离。

在 PCBLibrary 编辑环境中,执行"报告"→"测量"菜单命令,此时鼠标指针变成"十"字形,单击选择待测距离的两对象,在单击第二对象的同时系统弹出测量距离信息提示框,如图 9-83 所示。

图 9-82　距离信息提示框

图 9-83　间隙信息提示框

9.6.5　在原理图中直接更换元件

【例 9-6】　以发光二极管为例进行更换原件操作。

如图 9-84 所示,用户期望将图中的 LED 发光二极管替换为 LAMP。

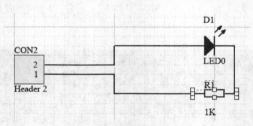

图 9-84　更换的原理图元件

第 1 步:双击 LED0 元件,此时将弹出 LED0 的 Properties-Component 界面,如图 9-85 所示。

第 2 步:单击 LED0 后面的 ┅┅ 按钮,弹出"浏览库"对话框,如图 9-86 所示。

第 3 步:在"元件名称"栏选择 LAMP,单击"确定"按钮完成 LAMP 对 LED0 的替换,如图 9-87 所示。注意修改后需重新连线。

9.6.6　将其他制图软件绘制的设计文件导入到 Altium Designer 系统

Altium Designer 完全兼容了 Protel98、Protel99、Protel99 SE、Protel DXP,并提供对 Protel99 SE 环境下创建的 DDB 和库文件导入功能,同时增加了 P-CAD、OrCAD、AutoCAD、PADS PowerPCB 等软件的设计文件和库文件的导入。下面就以一个 Protel99 SE

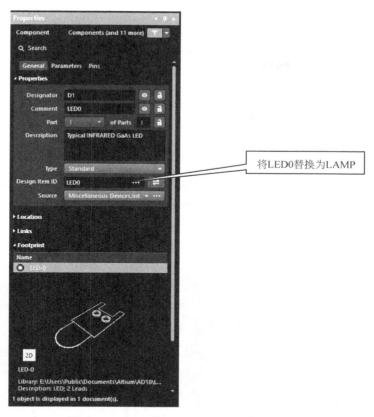

将LED0替换为LAMP

图 9-85 LED0 的 Properties-Component 界面

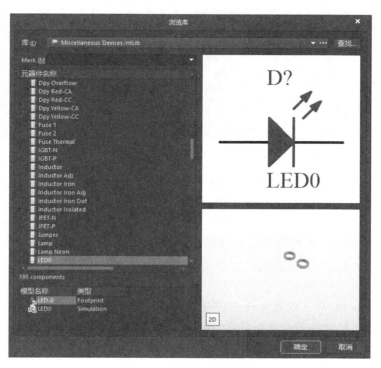

图 9-86 "浏览库"对话框

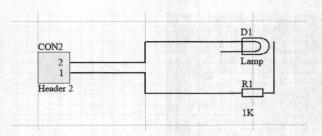

图 9-87　将 LED0 元件替换为 LAMP

的 DDB 文件导入 Altium Designer 系统为例,介绍如何使用"导入向导"工具将其他制图
软件绘制的设计文件导入到 Altium Designer 系统。

在 Altium Designer 主界面执行"文件"→"导入向导"菜单命令,打开"导入向导"对
话框,如图 9-88 所示。

图 9-88　"导入向导"对话框

单击 Next 按钮,进入选择导入文件类型对话框,在对话框列表中选择要导入的文件
类型,这里选择 99SE DDB Files,如图 9-89 所示。

单击 Next 按钮,进入选择要处理的文件对话框,在该对话框中单击"添加"按钮,将
要处理的文件夹、文件添加入"待处理文件夹"和"待处理文件"区域,如图 9-90 所示。

单击 Next 按钮,进入设置输出文件夹对话框,在该对话框中选择一个可保存输出文
件的文件夹,如图 9-91 所示。

单击 Next 按钮,进入设置原理图转换格式对话框,在该对话框中设置如何导入非锁
定的交汇接点,这里保持系统默认状态,如图 9-92 所示。

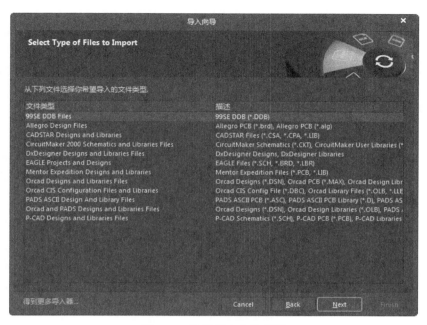

图 9-89　选择导入文件类型

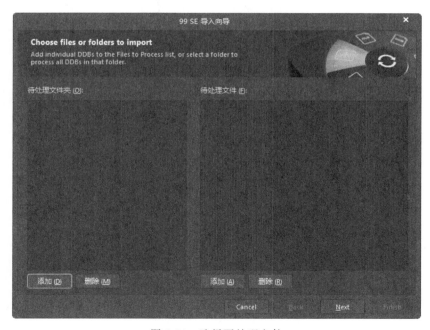

图 9-90　选择要处理文件

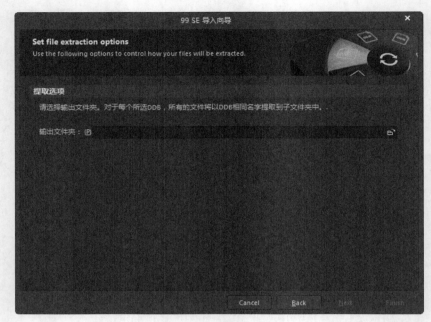

图 9-91　设置输出文件夹

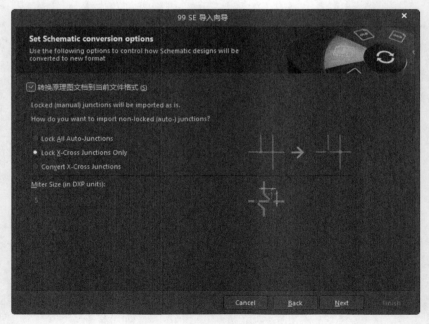

图 9-92　设置原理图转换格式

单击 Next 按钮,进入设置导入选项对话框,该对话框是用来控制如何将所选中的 DDB 文件映射到 Altium Designer 系统中的,这里保持系统默认状态,如图 9-93 所示。

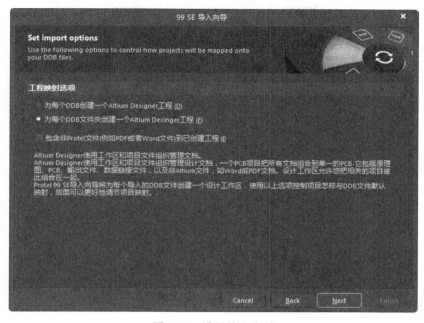

图 9-93 设置导入选项

单击 Next 按钮,进入选择导入文件对话框,如图 9-94 所示。

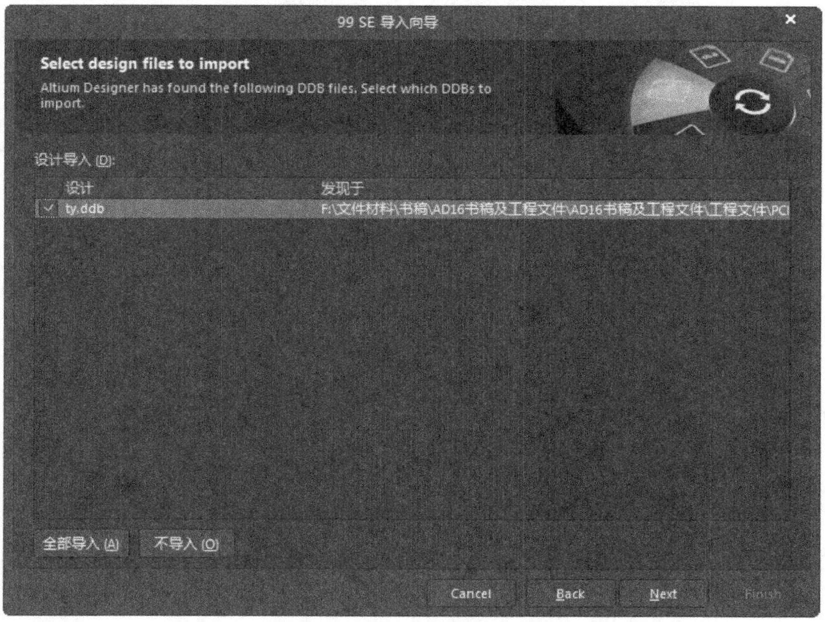

图 9-94 选择导入文件

单击 Next 按钮,进入创建工程报告对话框,如图 9-95 所示。

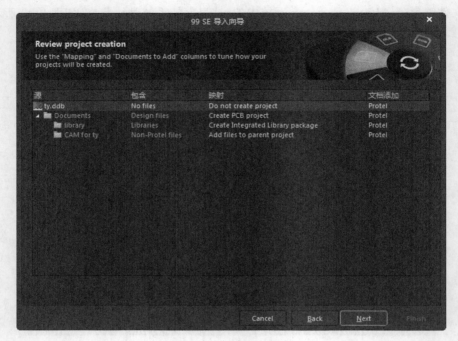

图 9-95　创建工程报告

单击 Next 按钮,进入导入摘要对话框,如图 9-96 所示。

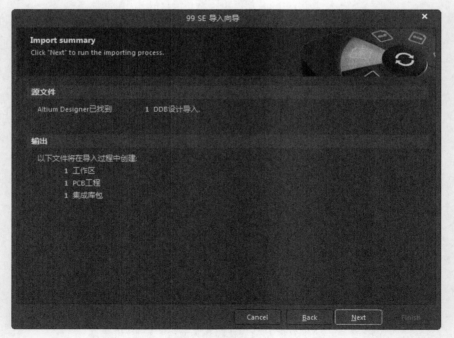

图 9-96　导入摘要

单击 Next 按钮,在导入进行的同时,系统的 Messages 提示框也会给出相应的状态提示,如图 9-97 所示。

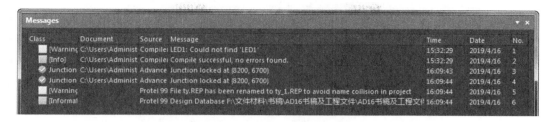

图 9-97 Messages 提示框

此处可视情况自行选择是否打开工作区。此处做打开操作,单击 Next 按钮,如图 9-98 所示。

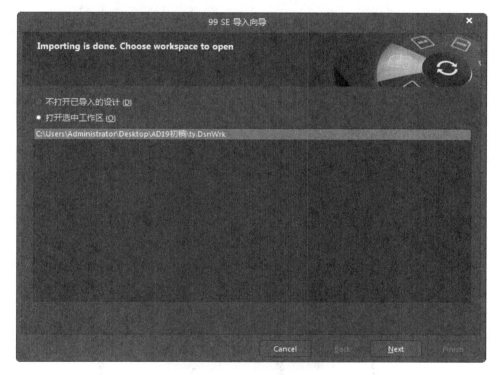

图 9-98 是否打开设计对话框

单击 Next 按钮,进入导入向导结束对话框,如图 9-99 所示。

单击 Finish 按钮,退出"导入向导",打开 Projects 面板,发现文件已被加载,如图 9-100 所示。

双击导入文件,就可以在 Altium Designer 系统环境中对该文件进行修改、编辑等操作了。

图 9-99　导入向导结束

图 9-100　成功加载 DDB 文件

9.7　3D 环境下精确测量

视频讲解

Altium Designer 19 提供了在 3D 环境下的距离测量,这种测量方式得到的数据更直观也更精确。避免了因为元件外壳尺寸不符合要求等原因造成返工。

【例 9-7】　以稳压电路为例进行 3D 测量。

第 1 步:在 Altium Designer 主界面执行"文件"→"新的"→"项目"命令,并向此项目中添加原理图文件和 PCB 文件。绘制如图 9-101 所示的原理图,并命名为"稳压电路"。

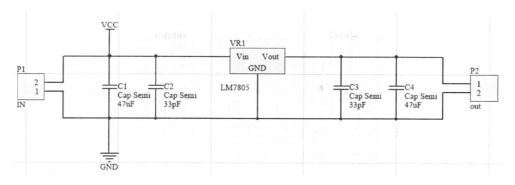

图 9-101　稳压电路原理图

第 2 步:将稳压电路的原理图绘制完毕后,在原理图编辑环境中,执行"设计"→ "Update PCB document 稳压电路.PcbDoc"命令,弹出"工程变更指令"对话框。接下来 的操作之前已做过介绍,此处不再赘述。经元件布局、自动布线和定义版形状几步操作 后,稳压电路 PCB 如图 9-102 所示。

图 9-102　稳压电路 PCB

在 PCB 编辑界面中,执行"视图"→"切换到 3 维模式"命令或按数字 3 键,稳压电路 PCB 3D 显示如图 9-103 所示。

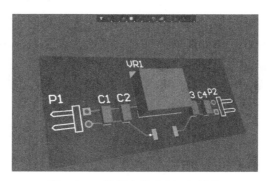

图 9-103　稳压电路 PCB 3D 显示

第 3 步:在 3D 显示环境下对元件进行测量,首先在 PCB 编辑界面中,执行"工具"→ "3D 体放置"→"测试距离"命令,此时鼠标指针原光柱变成蓝色。单击,鼠标指针变成

"十"字形,这时即可选择起始点和终止点,起始点选择如图 9-104 所示,终止点选择如图 9-105 所示,测试结果如图 9-106 所示。

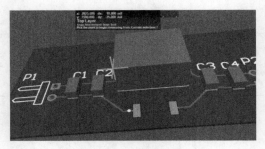

图 9-104　起始点选择

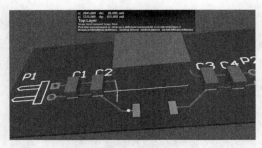

图 9-105　终止点选择

图 9-106　测量结果

本例以稳压模块上下两点作为起止点,可根据此方法测量视图内任意不同两点间距离。任何电子设计产品都要安装在机械物理实体中。通过 Altium Designer 的原生 3D 可视化与间距检查功能,确保电路板在第一次安装时即可与外壳完美匹配,不再需要昂贵的设计返工。在 3D 编辑状态下,电路板与外壳的匹配情况可以实时展现,可以在几秒内解决电路板与外壳之间的碰撞冲突。

习题

1. 简述电路中包地和铺铜的意义。
2. 请设计 51 单片机最小系统,并在 3D 环境下测量元件间距离。

第 **10** 章 Altium Designer 的 多 通 道 设 计

内容提要：

- 给出示例电路
- 对重复通道的操作

目的：Altium Designer 在对电路图中有重复部分的电路可以通过一种简单的操作使设计简化，本章将会对这种方法以音频放大电路为例进行介绍。

在设计电路时经常会碰到这样的情况，电路设计中的一部分电路被多次重复使用，这时就可以使用 Altium Designer 中提供的多通道设计方法来解决这一问题，从而达到事半功倍的效果。

视频讲解

所谓多通道设计，就是对同一通道（子图）多次引用。这个通道可以作为一个独立的原理图子图只画一次并包含于该项目中。可以很容易地通过放置多个指向同一个子图的原理图符号，或者在一个原理图符号的标识符中包含有说明重复该通道的关键字（Repeat）来定义使用该通道（子图）的次数。多通道设计的流程如图 10-1 所示。

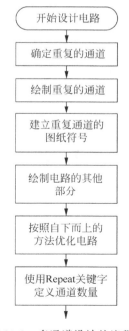

图 10-1　多通道设计的流程

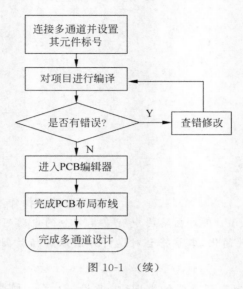

图 10-1　(续)

10.1　给出示例电路

以音频电路为例介绍多通道设计的方法。

音频放大器是音响系统中的关键部分,其作用是将传声元件获得的微弱信号放大到足够的强度去推动放声系统中的扬声器或其他电声元件,使原声响重现。

一个音频放大器一般包括 3 部分,如图 10-2 所示。

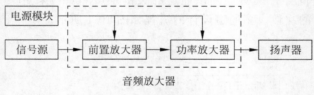

图 10-2　音响系统结构图

由于信号源输出幅度往往很小,不足以激励功率放大器输出额定功率,因此常在信号功率放大器之间插入一个前置放大器将信号源输出信号加以放大,同时对信号进行适当的音色处理。

本例中,音频放大器在放大通道的正弦信号输入电压幅度为 5～10mV、等效负载电阻 RL 为 8Ω 下应达到如下性能指标:

- 额定输出功率 POR≥2W。
- 带宽 BW≥(50～10000)Hz。
- 在 POR 下和 BW 内的非线性失真系数 γ≤3%。
- 在 POR 下的效率≥55%。
- 当前置放大级的输入端交流短接到地时,RL 上的交流噪声功率≤10mW。

音频放大器系统应包含 3 部分:电源模块、前置放大器及功率放大器。

10.1.1 电源电路设计

在放大电路中,用户需用到集成运算放大器 LM347,该集成运算放大器的工作电压为 ±15V,因此用户需设计 ±15V 稳压电源。在本例中采用桥式整流电路产生 ±15V 电源,如图 10-3 所示。

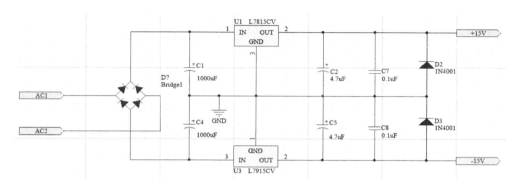

图 10-3 采用桥式整流构成的 ±15V 稳压电源电路

采用 4 个整流二极管构成全桥整流电路,将交流电压的某个半周电压转换极性,得到两个不同极性的单向脉动性直流电压,如图 10-4 所示。

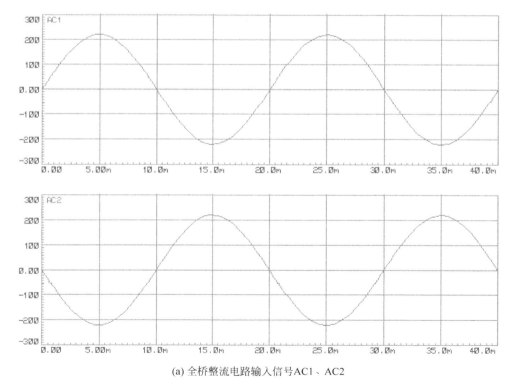

(a) 全桥整流电路输入信号AC1、AC2

图 10-4 全桥整流

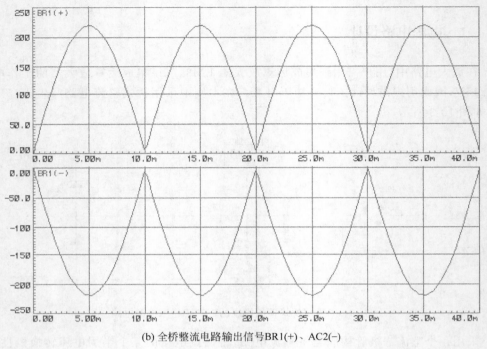

(b) 全桥整流电路输出信号BR1(+)、AC2(−)

图 10-4　(续)

　　通过整流桥整流滤波后得到的直流输入电压分别接在 7815 与 7915 的输入端,则在输出端即可得到稳定的±15V 输出电压,如图 10-5 所示。

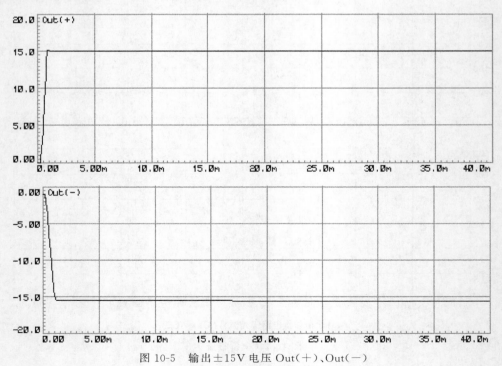

图 10-5　输出±15V 电压 Out(＋)、Out(−)

电路在三端稳压器的输入端接入电解电容 C1、C3 用于电源滤波，在三端稳压器输出端接入电容 C2、C4 用于减小输入电压波纹，而并入电容 C5、C6 用于改善负载的瞬态响应并抑制高频干扰。

此外，在输入端同时并入二极管 D1、D2 用于保护电路。

10.1.2　放大电路设计

放大电路包括前置放大电路与二级放大电路，其中前置放大电路如图 10-6 所示。

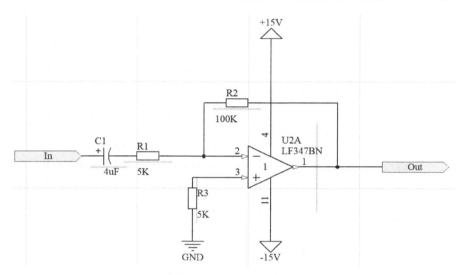

图 10-6　前置放大电路

前置放大电路用于对输入的音频信号进行放大，如图 10-7 所示。

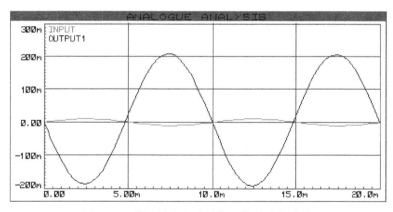

图 10-7　前置放大电路对输入信号进行放大

当输入前置放大电路的输入信号电压值为 10mV 时，输出信号对应电压值为 209mV，即系统的电压放大倍数为 20，且此放大电路为反向放大电路。

放大电路的二级放大电路如图 10-8 所示。

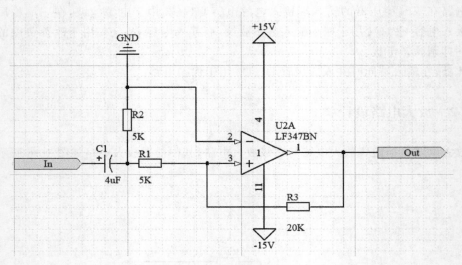

图 10-8　二级放大电路

二级放大电路用于对前置放大电路输出的信号进一步放大,如图 10-9 所示。

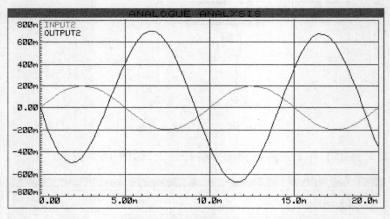

图 10-9　二级放大电路放大前置放大电路输出的信号

此电路对输入信号进行了反相放大,同时输出信号相位发生了偏移,即在放大信号的同时,对输入信号进行一定的处理。

10.1.3　功率放大电路设计

通用运算放大器的输出电流有限,多为十几毫安;输出电压范围受运放电源的限制,不可能太大。因此,可以通过互补对称电路进行电流扩大,以提高电路的输出功率。功率放大电路如图 10-10 所示。

当在功率放大电路的输入端输入一定功率的信号时,系统的输出功率如图 10-11 所示。

功率放大电路可提供电路的带负载能力。此外调整滑动变阻器 $RV1$ 及 $R8$ 的值,可改变电路的输入阻抗,如图 10-12 所示。

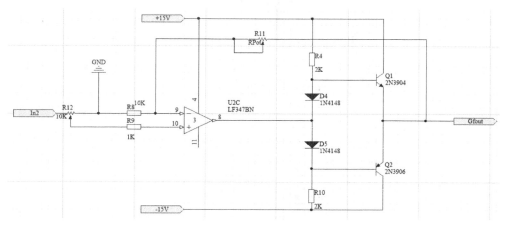

图 10-10　功率放大电路

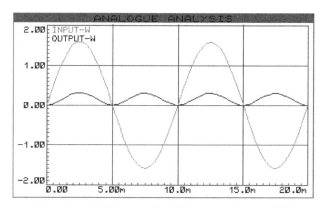

图 10-11　功率放大电路的输入功率与输出功率图

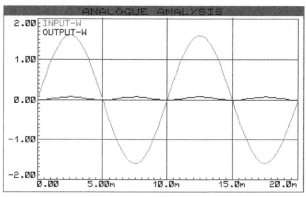

(a) 调整RV1、R8的滑动端到中点

图 10-12　调整 RV1、R8 后的电路输出结果

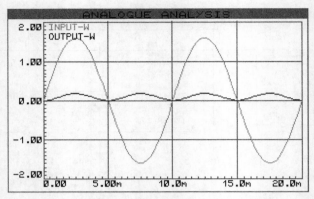

(b) RV1的滑动端到中点,而调整电路完全引入$R8$

图 10-12　(续)

10.2　对重复通道的操作

【例 10-1】　以音频电路为例介绍多通道设计的方法。

本设计要实现立体的音频效果,即要求有两个音频信号输出到两个扬声器中。所以重复使用的"通道"就是功率放大电路,且重复使用两次。本节就以音频电路为例按顺序进行介绍。

10.2.1　绘制该通道电路图

首先回顾一下前面所介绍的建立项目和建立文件的过程。执行"文件"→"新的"→"项目"菜单命令,建立一个新的 PCB 项目文件。打开 Projects 面板,可以看到新建的项目文件,如图 10-13 所示。

系统给出的项目默认名为 PCB_ Project1.PrjPcb,在该文件名上右击,从弹出的快捷菜单中选择"保存工程"命令,在弹出的对话框中将新项目重命名为 Multichannel ex. PrjPCB,如图 10-14 所示。

图 10-13　建立项目文件

执行"文件"→"新的"→"原理图"菜单命令,则在该项目中添加了一个新的空白原理图文件,系统默认名为 Sheet1. SchDoc,如图 10-15 所示。

在 Sheet1. SchDoc 文件名上右击,从弹出的快捷菜单中选择"保存"命令,将其重命名为 Power amplifier circuit. SchDoc。在该原理图中,绘制功率放大电路,如图 10-16所示。

图 10-14　重命名 PCB 项目文件

图 10-15　新建原理图文件

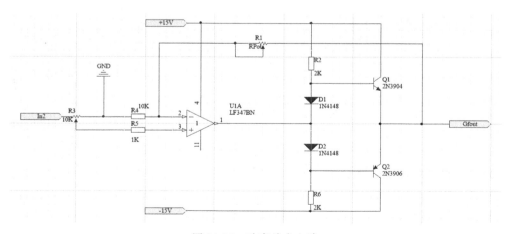

图 10-16　功率放大电路

10.2.2 建立图纸符号

与通常的层次设计图纸一样,多通道设计采用的也是层次设计,同样需要在新建图纸上建立图纸符号表示子图。

利用菜单命令,建立一张新的原理图文件,将其命名为 Multichannel Ex.SchDoc。在原理图编辑环境中,执行"设计"→Create Sheet Symbol From Sheet 菜单命令,如图 10-17 所示。

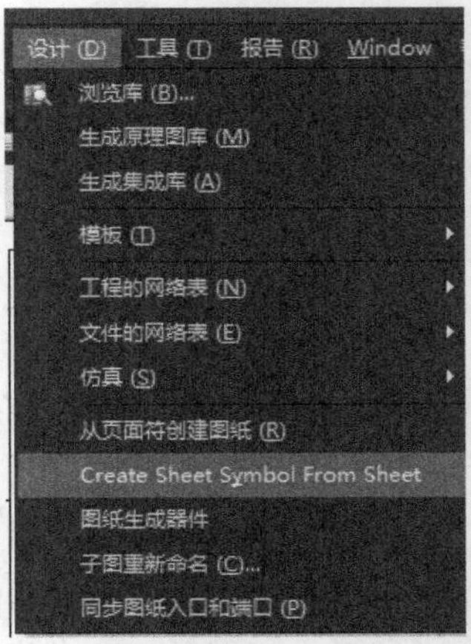

弹出 Choose Document to Place 对话框,列出该项目中的所有原理图文件,选择要放置在该图纸上的图纸符号的文件名,如图 10-18 所示。

此时鼠标指针下出现子图纸符号,如图 10-19 所示。

移动鼠标指针,将图纸放置到合适的位置,调整符号的大小和输入/输出端子的位置,如图 10-20 所示。

图 10-17 "设计"→Create Sheet Symbol From Sheet 菜单命令

图 10-18 Choose Document to Place 对话框

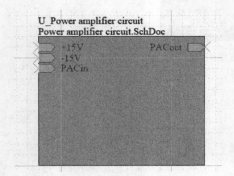

图 10-19 鼠标指针下的图纸符号

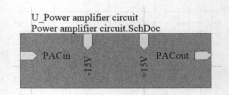

图 10-20 调整图纸符号

然后将其他子电路也变成图纸符号的形式,连接这些图纸符号,如图 10-21 所示。

10.2.3 定义重复通道数量

如何用一个图纸符号表示所需要的所有通道数呢? Altium Designer 专门提供了 Repeat 命令来实现这个功能。命令的格式为:

```
Repeat(sheet_symbol_name, first_channel, last_channel)
```

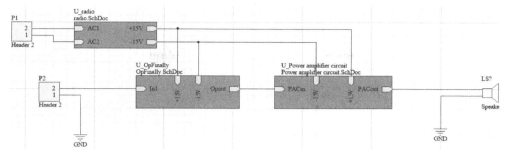

图 10-21　连接好图纸符号

　　双击该图纸符号或在放置图纸符号时按 Tab 键,系统会弹出 Properties-Sheet Symbol 界面,如图 10-22 所示。

　　在 Properties 栏中的 Designator 文本编辑框中输入关键字 Repeat(radio,1,2)。其中 radio 表示图纸的名字,图纸符号可以随便命名但尽量要用短一些的名字。因为在编译时图纸符号名和通道序号要加到元件的项目代号后,如 R1 就会变为 R1_Gf *。这条命令的含义就是,该子图通过图纸符号 Gf 要关联到输入通道原理图两次。设置好的 Properties-Sheet Symbol 界面如图 10-23 所示。

图 10-22　Properties-Sheet Symbol 界面

图 10-23　Properties-Sheet Symbol 界面

File Name 文本编辑框中显示的是子图的文件名。在执行"设计"→"HDL 文件或图纸生成图表符"菜单命令时,文件名会自动添加到该栏中。该对话框的上半部分是图纸符号的外形设置。一般来说,要设置图形的大小用鼠标拖曳的方法比较方便,而边框和填充的颜色以实形填充显示或只显示边框等显示方式也是在这里设置的。

图 10-24　Properties-Sheet Symbol-Parameters 界面

单击 Properties 界面中的 Parameters 标签,选项卡,如图 10-24 所示。

在 Parameters 面板中单击 Add 按钮,可以给该图纸符号添加一个描述性的字符串,对该选项卡进行如图 10-25 所示的设置。在 Name 栏输入 Description,在 Value 栏输入 Repeat(radio,1,2),并选中"可见的"复选框。

完成所有这些设置后,该图纸符号显示如图 10-26 所示。

图 10-25　设置 Parameters 界面

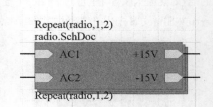

图 10-26　完成设置图纸

10.2.4　网络连接的标注方式

连接到单独子图的网络是采用总线方式连接的,如图 10-27 中 PA 网络的标注方式所示。需要指出导线上的网络标号不包括总线元素号,图纸中的端口符号带有 Repeat 关键字。设计编译后,总线被一一对应地分配到各个网络通道 Gf1、Gf2。以上操作可以使导入 PCB 图时飞线简洁合理。

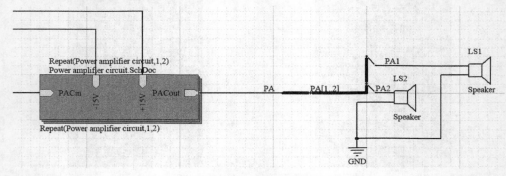

图 10-27　PA 端口的网络连接标注方式

10.2.5 设置布局空间

建立好图纸符号并将其连接好后,就可以定义布局空间的命名格式和元件的标识符了。逻辑标识符被分配到原理图的各个元件。元件放置到 PCB 设计中的元件的逻辑标识符可以是一样的,但是 PCB 中的每一个元件必须有区别于其他元件的唯一确定的物理标识符。

在原理图编辑环境中,执行“工程”→“工程选项”菜单命令,如图 10-28 所示。

弹出 Options for PCB Project 对话框,在该对话框中选中 Multi-Channel 面板,如图 10-29 所示。

在“Room 命名类型”下拉列表框中选择设计中所需要用到的布局空间命名格式。当将项目中的原理图更新到 PCB 时,布局空间将以默认的方式被创建。这里提供了 5 种命名类型:2 种平行的命名方式,3 种层次化的命名方式,如表 10-1 所示。

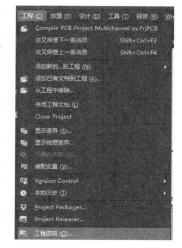

图 10-28 “工程”→“工程选项”
菜单命令

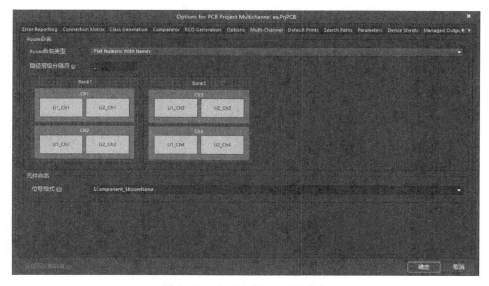

图 10-29 Multi-Channel 选项卡

表 10-1 Room 命名类型

层次化命名方式	平行命名方式
Flat Numeric with Names	Numeric Name Path
Flat Alpha with Names	Alpha Name Path
Mixed Name Path	

层次化的布局空间名字由相应通道路径层次上所有通道的原理图元件标识符连接而成。

当从列表中选择了一种类型时,多通道选项卡下的图像会被更新以反映出名字的转化,这个转化同时会出现在设计中。该选项卡中给出了一个 2×2 通道设计的例子,如图 10-30 所示。稍大的交叉线阴影矩形框表示两个较高层次的通道,较暗的矩形表示较低层次的通道(在每一个通道内都有两个示例元件)。设计编译后,Altium Designer 会为设计中的每一个原理图分别创建一个布局空间,包括组合图和每一个低层次通道。

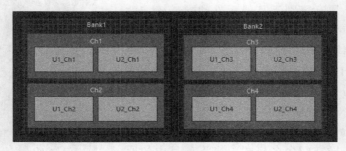

图 10-30   设计通道的例子

对于图例中的 2×2 通道设计来说,一共将有 6 个布局空间被创建,其中两个组合图各对应一个,4 个较低层次通道各对应一个。在例子中一共有 5 个布局空间,顶层原理图对应一个,组合图对应各对应一个,两个通道各对应一个。

10.2.6   元件命名

1. 系统默认设置

系统给出了几种用于元件命名的标识符格式。可以选择其中一种格式或用合法的关键字定义自己特殊的格式。在"指示器格式"列表框中选择所需要的元件标识符命名格式。一共有 8 种默认的格式:5 种平行命名格式和 3 种层次化命名格式,如表 10-2 所示。

表 10-2   元件命名格式

平行标识符格式	层次化标识符格式
$元件$通道字母	$元件$空间名
$元件$通道前缀$通道字母	$空间名$元件
$元件$通道索引	$元件前缀$空间名$元件索引
$元件$通道前缀$通道索引	
$元件前缀$通道索引$元件索引	

平行命名格式从第一个通道开始按线性方式逐个命名每一个元件的标识符。层次化命名的格式中将布局空间的名字包含在了元件标识符中。如果布局空间命名方式选自两种可行的平行命名格式,那么元件标识符的命名方式也应该是平行方式。同样,如

果布局空间命名方式选择为层次化的命名方式,则由于命名格式中必须包含路径信息,因此元件标识符也应该是层次化的命名格式。

如果 $RoomName 字符串包含了标识符格式,那么布局空间命名类型只是对应相应的元件命名。

2. 自定义标识符格式

表 10-3 列出了自定义标识符的格式。

表 10-3 自定义标识符的格式

关 键 词	定 义
$RoomName(空间名)	关联空间的名称,由空间命名样式字段中选择的样式确定
$Component(元件)	元件逻辑标识符
$ComponentPrefix(元件前缀)	元件逻辑标识符前缀
$ComponentIndex(元件索引)	元件逻辑标识符索引
$ChannelIndex(通道索引)	通道索引
$ChannelAlpha(通道字母)	通道索引表示为字母字符。此格式仅在设计总共包含少于 26 个通道时,或者如果使用分层标识符格式时才有用

可以在"指示器格式"列表框中直接输入元件标识符命名格式。在各元素之间应该输入"_"。

10.2.7 编译项目

编译项目的目的是使布局空间与元件标识符命名格式所做的改变有效。

在原理图编辑环境中,执行"工程"→Compile PCB Project 菜单命令,对项目进行编译。如果有编译错误,那么在 Messages 面板会列出错误和警告,如图 10-31 所示。

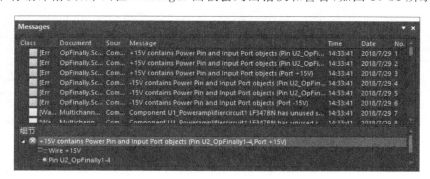

图 10-31 Messages 面板显示编译信息

在错误列表某项错误行右击,在弹出的菜单中执行"交叉探针"命令或双击下方 Details 中的错误行,窗口会自动跳转到该图纸,有错误部分呈高亮显示,其他部分呈灰色不可操作状态,如图 10-32 所示。

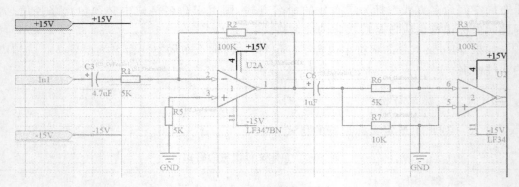

图 10-32　显示有错误部件

10.2.8　载入网络表

执行"文件"→"新建"→PCB 菜单命令,打开一个新的 PCB 编辑器,将其命名为 Multichannel Ex. PcbDoc。在原理图编辑器中,执行"设计"→Import Changes From Multichannel ex. PrjPCB 菜单命令。

系统会弹出"工程变更指令"对话框,该对话框中详细列出了传递到 PCB 中每种对象的数量,如添加了 46 个元件、29 个网络等,如图 10-33 所示。

图 10-33　"工程变更指令"对话框

单击对话框左下方的"验证变更"按钮,校验这些信息的改变,在对话框右面"状态"栏的"检测"列中,若出现一列绿色的对号标志,则表明对网络及元件封装的检查是正确的,变化有效,如图 10-34 所示。

然后单击"执行变更"按钮,将网络及元件封装装入 PCB 文件 Multichannel Ex. PcbDoc 中,如果装入正确,则在"状态"栏的"完成"列中显示出绿色的对号标志,如图 10-35 所示。

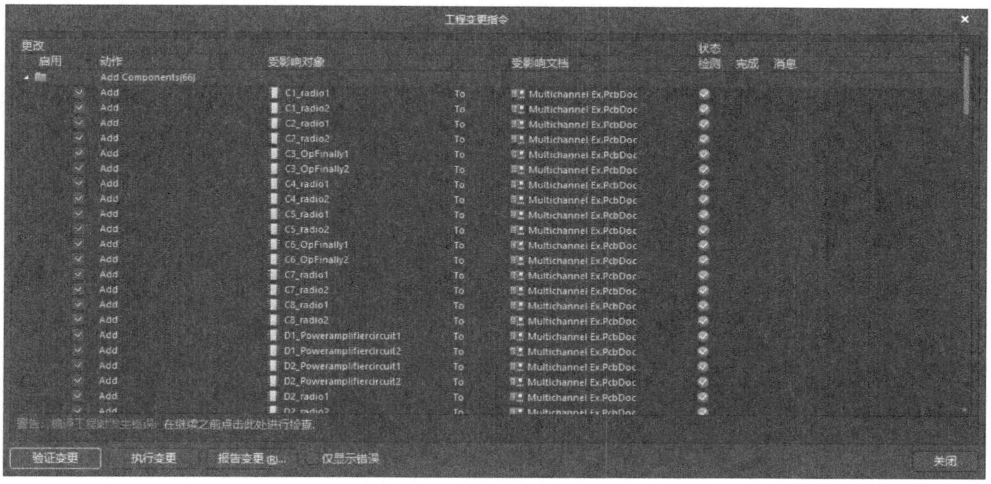

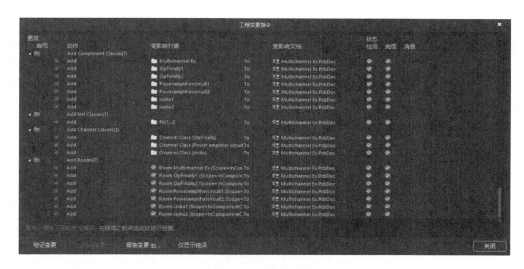

图 10-34　检查网络及元件封装

图 10-35　完成装入

关闭"工程变更指令"对话框,则所装入的网络与元件封装放置在 PCB 的电气边界以外,并且以飞线的形式显示着网络和元件封装之间的连接关系,如图 10-36 所示。

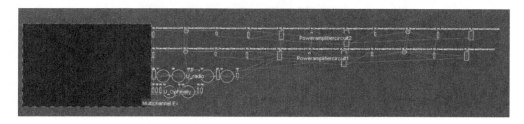

图 10-36　装入网络与元件封装到 PCB 文件

由图 10-36 可以看出,Poweramplifiercircuit1、Poweramplifiercircuit2 两个输出通道已经按照定义的数量成功建立完成了。所有子图上的元件都存放在各自所属的 Room 空间中,且各个通道中元件标号分别加上了通道的尾缀,如图 10-37 所示。

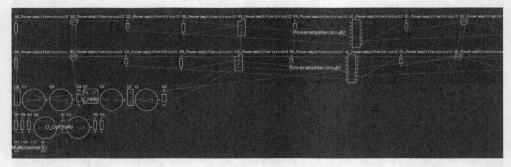

图 10-37　各个通道中的元件

10.2.9　布放一个通道

接下来对一个通道进行元件的布局。这时应该考虑全局的整体布放,编辑空间 Room 的形状,空间 Room 的布放位置基本合理后,再进行空间内部元件的布置。

全盘考虑元件的分布和信号的走向等方面的因素,进行 Room 空间的布放,如图 10-38 所示。

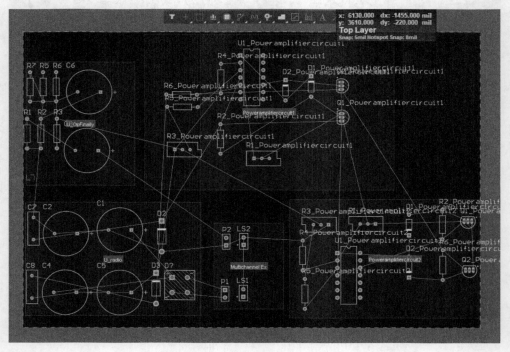

图 10-38　对空间 Room 进行布放

开始对 Poweramplifiercircuit1 通道进行布局。先确定核心元件（LF347）的放置，如图 10-39 所示。

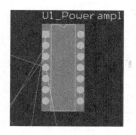

图 10-39　放置核心元件

然后按照原理图和连线最短原则放置其他元件，放置好结果如图 10-40 所示。

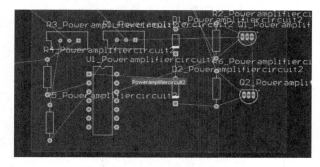

图 10-40　完成通道 Gf1 的布局

在布局完通道后，执行"布线"→"自动布线"→Room 菜单命令，布线结果如图 10-41 所示。

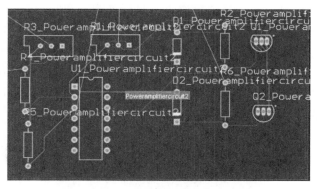

图 10-41　自动布线结果

利用系统提供的布线工具，对不合理布线进行修改。

完成了一个通道的布局布线后，可以利用系统提供的工具，迅速完成其他相同通道的布局和布线。执行"设计"→Room→"拷贝 Room 格式"菜单命令，此时鼠标指针变成"十"字形，在待复制的源通道（如 RoomDefinition）上单击。此时鼠标指针依然存在，在待复制到的目标通道（如 LED 点阵驱动电路）上单击。此时系统会弹出"确认通道格式复制"对话框，如图 10-42 所示。

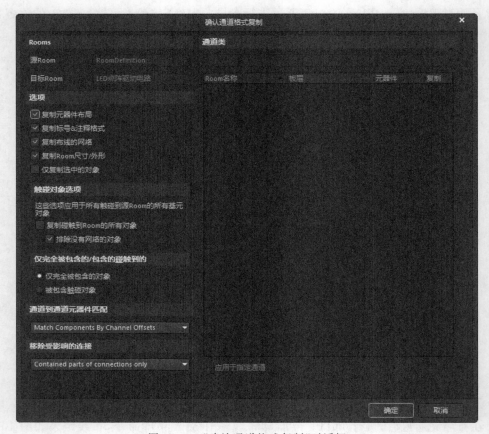

图 10-42　"确认通道格式复制"对话框

在 Rooms 区域列出了所选择的源通道和目标通道。在"选项"区域中,用来设置副本的形式,可以设置复制元件布局、布线网络、通道尺寸/形状等。在"通道类"区域列出了通道类别的名称、通道类的成员,以及是否应用源通道到所有通道的选项。

设置好这些选项后,单击"确定"按钮,系统就会按照 Poweramplifiercircuit1 的样子自动完成 Poweramplifiercircuit2 通道内所有元件的布局,以及通道内部的布线布局。同时会给出 Information 对话框,提示完成了 1 个 Room 中的 11 个元件的更新,如图 10-43所示。

图 10-43　信息提示框

单击 OK 按钮,确认提示。现在就完成了复制其他通道内的元件布局与布线的工作,如图 10-44 所示。

通过上述介绍,可以知道完成多个相同通道的布局、布线是非常方便的。

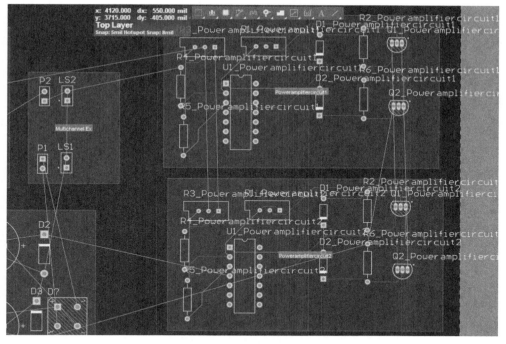

图 10-44　实现多通道设计

习题

1. 使用多通道设计有什么好处？
2. 简述多通道设计的流程。
3. 参照 Altium Designer 自带例子 Mixer. PrjPCB,体会多通道设计的过程。

第11章 PCB 的输出

内容提要：

- PCB 报表输出
- 创建 Gerber 文件
- 创建钻孔文件
- 向 PCB 加工厂商提供信息
- PCB 和原理图的交叉探针
- 智能的 PDF 向导
- Draftsman 功能

目的： 完成 PCB 板的设计后，可以通过输出报表来确认设计的正确性，并对于 PCB 板的生产提供材料。本章将会对常用的报表及生成方式进行介绍。

11.1　PCB 报表输出

在 PCB 板绘制完成后可以生成一系列的报表文件，这些报表文件有着不同的功能和用途，可以为 PCB 的后期制作、元件采购、信息交流提供便利。

11.1.1　电路板信息报表

视频讲解

电路板信息报表用于为用户提供电路板的完整信息，包括电路板尺寸、焊盘、导孔的数量以及零件标号等。打开任意一个 PCB 文件，双击 PCB 板空白处，打开 Properties 界面，可以看到如图 11-1 所示的界面。

单击 Components 栏中 Total 后的数字，会切换到 PCB 界面，在图 11-2 中第一行的下拉列表框中选择 Components，列出 Components 的内容，如图 11-2 所示。

单击 Nets 栏 Total 后的数字会使 PCB 界面切换至 Nets 的内容。单击 Layers 栏中的蓝色数字则会弹出 Layer Stack Manager（层叠管理器）对话框，单击 Polygon 后面的蓝色数字则会弹出 Polygon Pour Manager 对话框。这两部分都已经介绍过，不再重复。单击 DRC Violation 后面的蓝色数字则会弹出 PCB Rules And Violation

图 11-1　Properties-Board 界面

图 11-2　PCB 界面

对话框,如图 11-3 所示。在这个对话框中可以查看和修改之前设置的规则以及与规则违背的提示。

在 Board Information 栏中,单击 Report 按钮,弹出"板级报告"对话框,如图 11-4 所示。

单击"全部开启"按钮,可选中所有项目;单击"全部关闭"按钮,则不选择任何项目。

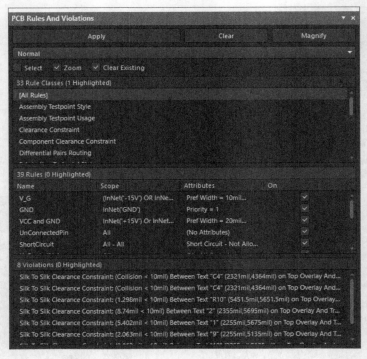

图 11-3　PCB Rules And Violations 对话框

图 11-4　"板级报告"对话框

另外,用户可以选中"仅选择对象"复选框,只产生所选中对象的板信息报表。单击"报告"按钮,系统会生成网页形式的电路板信息报表 Board Information-PCB2. html,如图 11-5 所示。

在 PCB 编辑环境中,执行"工具"→"优选项"菜单命令,打开"优选项"对话框。选择 PCB Editor→Reports 选项卡,在 Board Information 区域,选中 HTML 后的 Show 和 Generate 复选框以及 TXT 后的 Generate 复选框,如图 11-6 所示。

Board Information Report

Date: 2018/7/29
Time: 16:22:34
Elapsed Time: 00:00:00
Filename: C:\Users\Public\Documents\Altium\µÚ¾ÅÕÂ\AchievedPCB.PcbDoc
Units: ○ mm ● mils

Contents

Contents

Board Specification

General

Routing

Routing Information

Layer Information

Layer Information

Drill Pairs

Board Holes

Non-Plated Hole Size

图 11-5 电路板信息报表

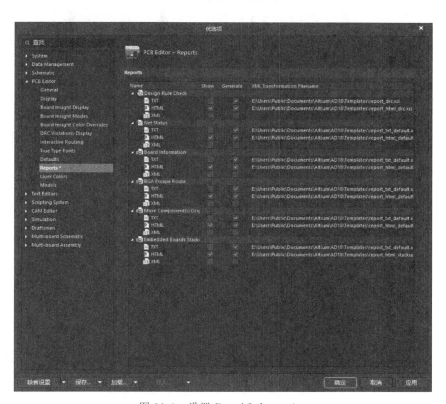

图 11-6 设置 Board Information

再次生成报告,系统会同时生成文本格式的电路板信息报告,如图 11-7 所示。

```
AchievedPCB.PcbDoc    AchievedPCB.txt    Board Information Report
1    Board Information Report
     Filename     : C:\Users\Public\Documents\Altium\资料AchievedPCB.PcbDoc
     Date         : 2018/7/29
     Time         : 16:29:05
     Time Elapsed : 00:00:00

     General
         Board Size, 5000milsx4000mils
         Components on board, 43
10   count : 2

     Routing Information
         Routing completion, 99.21%
         Connections, 126
         Connections routed, 125
         Connections remaining, 1
     count : 4

     Layer, Arcs, Pads, Vias, Tracks, Texts, Fills, Regions, ComponentBodies
20       Top Layer, 0, 0, 0, 138, 0, 0, 0, 0
         Internal Plane 1, 0, 0, 0, 4, 0, 0, 0, 0
         Internal Plane 2, 0, 0, 0, 4, 0, 0, 0, 0
         Bottom Layer, 0, 0, 0, 173, 0, 0, 0, 0
         Mechanical 1, 0, 0, 0, 16, 2, 0, 0, 0
         Mechanical 2, 0, 0, 0, 0, 0, 0, 0, 0
         Mechanical 3, 0, 0, 0, 0, 0, 0, 0, 0
         Mechanical 4, 0, 0, 0, 0, 0, 0, 0, 0
         Mechanical 5, 0, 0, 0, 0, 0, 0, 0, 0
         Mechanical 6, 0, 0, 0, 0, 0, 0, 0, 0
30       Mechanical 7, 0, 0, 0, 0, 0, 0, 0, 0
         Mechanical 8, 0, 0, 0, 0, 0, 0, 0, 0
         Mechanical 9, 0, 0, 0, 0, 0, 0, 0, 0
         Mechanical 10, 0, 0, 0, 0, 0, 0, 0, 0
         Mechanical 11, 0, 0, 0, 0, 0, 0, 0, 0
         Mechanical 12, 0, 0, 0, 0, 0, 0, 0, 0
         Mechanical 13, 0, 0, 0, 0, 0, 0, 0, 0
         Mechanical 14, 0, 0, 0, 0, 0, 0, 0, 0
         Mechanical 15, 0, 0, 0, 0, 0, 0, 0, 0
         Mechanical 16, 0, 0, 0, 0, 0, 0, 0, 0
40       Multi-Layer, 0, 191, 1, 0, 0, 0, 1, 0
         Top Paste, 0, 0, 0, 0, 0, 0, 0, 0
         Top Overlay, 13, 0, 0, 166, 93, 1, 0, 0
         Top Solder, 0, 0, 0, 0, 0, 0, 0, 0
         Bottom Solder, 0, 0, 0, 0, 0, 0, 0, 0
         Bottom Overlay, 0, 0, 0, 0, 0, 0, 0, 0
         Bottom Paste, 0, 0, 0, 0, 0, 0, 0, 0
         Drill Guide, 0, 0, 0, 0, 0, 0, 0, 0
```

图 11-7 文本格式的电路板信息报告

11.1.2 元件报表

元件报表功能用来整理电路或项目的零件,生成元件列表,以便用户查询。
在 PCB 编辑环境中,执行"报告"→Bill of Materials 命令,如图 11-8 所示。

图 11-8 "报告"→Bill of Materials 菜单命令

弹出 Bill of Materials for PCB Document 对话框,如图 11-9 所示。

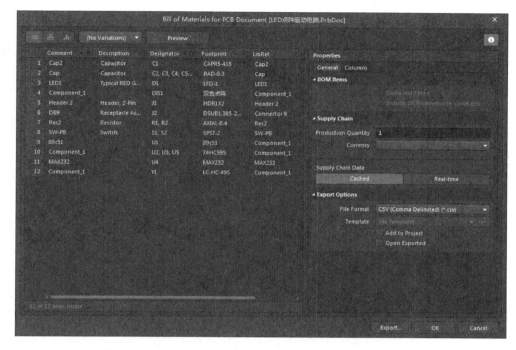

图 11-9　Bill of Materials for PCB Document 对话框

在 Bill of Materials for PCB Document 对话框中,在右侧 Export Option 栏的 File Format 下拉列表框中选择 CSV(Comma Delimited),这是一种在程序之间转移表格数据的常用格式,系统会生成一个元件简单报表"LED 点阵驱动电路. CSV",如图 11-10 所示。

LED点阵驱动电路 - 记事本

文件(F) 编辑(E) 格式(O) 查看(V) 帮助(H)

Comment,Description,Designator,Footprint,LibRef,Quantity

"Cap2","Capacitor","C1","CAPR5-4X5","Cap2","1"
"Cap","Capacitor","C2, C3, C4, C5, C6, C7, C8","RAD-0.3","Cap","7"
"LED1","Typical RED GaAs LED","D1","LED-1","LED1","1"
"Component_1","","DIS1","双色点阵","Component_1","1"
"Header 2","Header, 2-Pin","J1","HDR1X2","Header 2","1"
"DB9","Receptacle Assembly, 9 Position, Right Angle","J2","DSUB1.385-2H9","Connector 9","1"
"Res2","Resistor","R1, R2","AXIAL-0.4","Res2","2"
"SW-PB","Switch","S1, S2","SPST-2","SW-PB","2"
"89c51","","U1","89c51","Component_1","1"
"Component_1","","U2, U3, U5","74HC595","Component_1","3"
"MAX232","","U4","MAX232","MAX232","1"
"Component_1","","Y1","LC-HC-49S","Component_1","1"

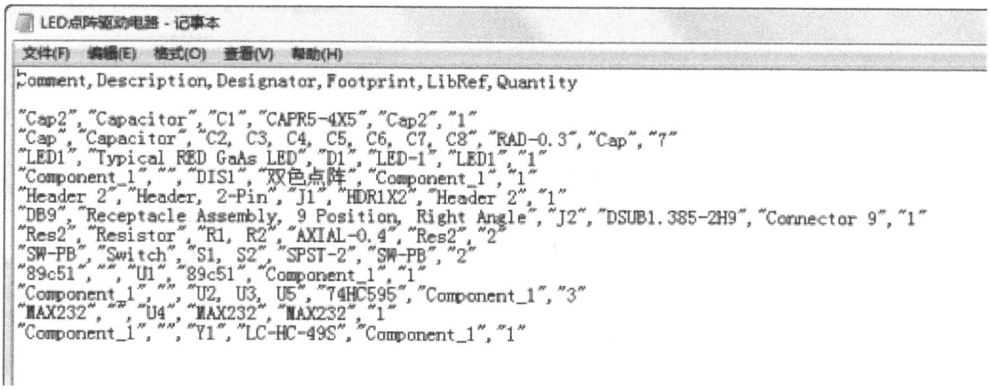

图 11-10　元件简单报表"LED 点阵驱动电路. CSV"

这个文件简单直观地列出了所有元件的序号、描述、封装等。

11.1.3 元件交叉参考报表

元件交叉参考报表主要用于将整个项目中的所有元件按照所属的元件封装进行分组,同样相当于一份元件清单。

执行"报告"→"项目报告"→Component Cross Reference 菜单命令,弹出 Component Cross Reference Report for PCB Document 对话框,如图 11-11 所示。

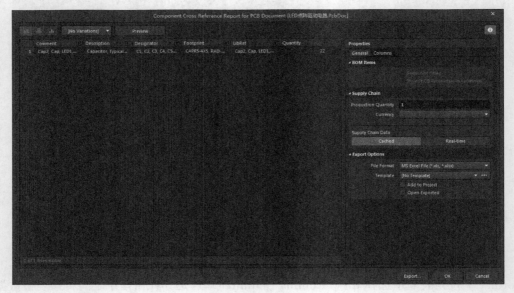

图 11-11 Component Cross Reference Report for PCB Document 对话框

单击 Preview 按钮,即可打开元件报表的预览对话框,如图 11-12 所示。

图 11-12 "报告预览"对话框

单击该对话框中的 Export 按钮,可以将该报表进行保存,其保存的默认名为"LED 点阵驱动电路.xls"(LED 点阵驱动电路是 PCB 文件所在工程的工程名)。

11.1.4 网络状态表

该报表用于给出 PCB 中各网络所在的工作层面及每一网络中的导线总长度。

执行"报告"→"网络表状态"菜单命令,系统自动生成了网页形式的网络状态表"Net Status Report-LED 点阵驱动电路.html",并显示在工作窗口中,如图 11-13 所示。

单击网络状态表中所列的任意网络,都可对照到 PCB 编辑窗口中,用于进行详细的检查。与 Board Information 报表一样,在"优选项"对话框中的 PCB Editor→Reports 界面进行相应的设置后,也可以生成文本格式的网络状态表。

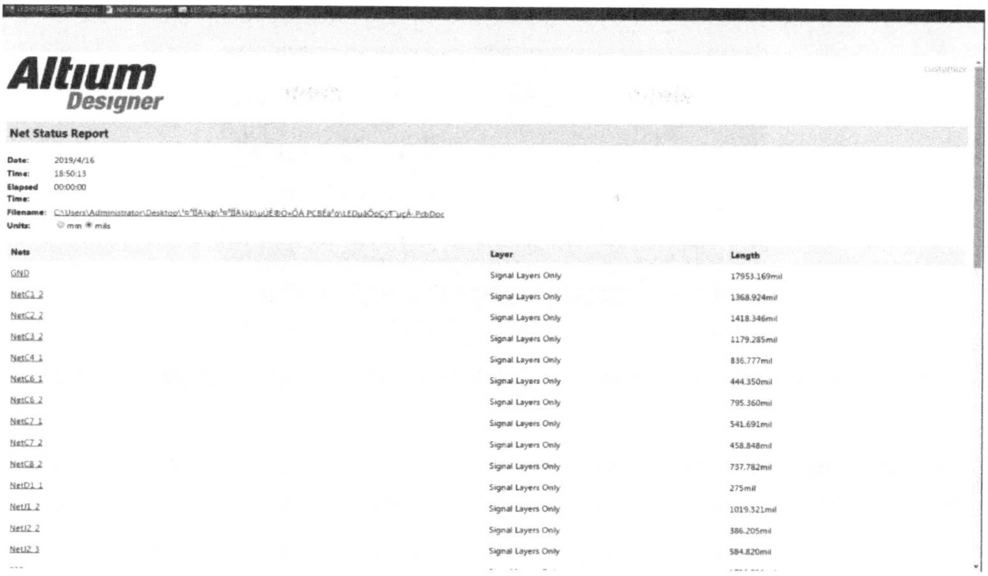

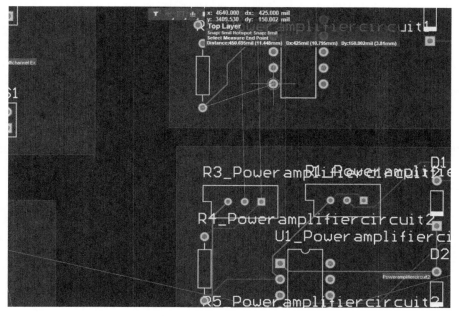

图 11-13 网络状态表

11.1.5 测量距离

该报表用于输出任意两点之间的距离。

执行"报告"→"测量距离"菜单命令,此时鼠标指针变为"十"字形,单击设定要测量的两点,如图 11-14 所示。

图 11-14 选择要测量的两点

弹出这两点之间距离信息提示框,如图 11-15 所示。

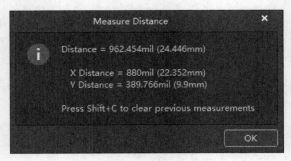

图 11-15　距离信息提示框

11.2　创建 Gerber 文件

光绘数据格式是以向量式光绘机的数据格式(Gerber 数据)为基础发展起来的,并对向量式光绘机的数据格式进行了扩展,兼容了 HPGL(惠普绘图仪格式)、AutoCAD DXF 和 TIFF 等专用和通用图形数据格式。一些 CAD 和 CAM 开发厂商还对 Gerber 数据进行了扩展。

Gerber 数据的正式名称为 Gerber RS-274 格式。向量式光绘机码盘上的每一种符号,在 Gerber 数据中,均有一相应的 D 码(D-CODE)。这样,光绘机就能够通过 D 码来控制、选择码盘,绘制出相应的图形。将 D 码和 D 码所对应符号的形状、尺寸大小进行列表,即得到一个 D 码表。此 D 码表就成为从 CAD 设计,到光绘机利用此数据进行光绘的一个桥梁。用户在提供 Gerber 光绘数据的同时,必须提供相应的 D 码表。这样,光绘机就可以依据 D 码表确定应选用何种符号盘进行曝光,从而绘制出正确的图形。

打开设计完成的 PCB 文件 Multichannel Ex. PcbDoc,执行“文件”→“制造输出”→ Gerber Files 菜单命令,弹出“Gerber 设置”对话框,如图 11-16 所示。

该对话框包含 5 个选项卡,分别为“通用”“层”“钻孔图层”“光圈”“高级”。

1.“通用”选项卡

“通用”选项卡如图 11-16 所示,用于设定在输出的 Gerber 文件中使用的尺寸单位和格式。

在“单位”栏中,提供了两种单位选择,即英制和公制。

在“格式”栏中,提供了 3 项选择,即 2∶3、2∶4、2∶5,表示 Gerber 文件中使用的不同数据精度。2∶3 就表示数据中含 2 位整数、3 位小数。同理,2∶4 表示数据中含有 2 位整数、4 位小数,2∶5 表示数据中含有 2 位整数、5 位小数。

当选择单位为“毫米”时,系统提供如图 11-17 所示的数据格式。

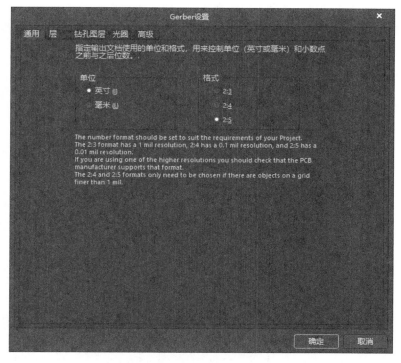

图 11-16　"Gerber 设置"对话框

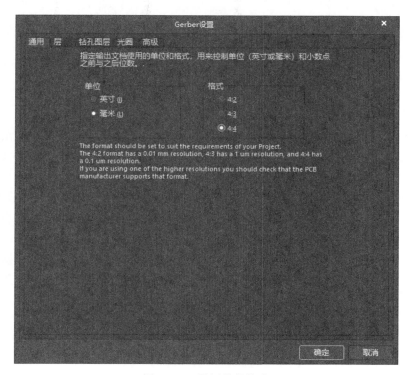

图 11-17　设置数据格式

其格式含义与单位为"英寸"时相同,如 4：2 即为 4 位整数、2 位小数的数据格式。

用户可根据自己设计中用到的单位精度进行设置。在本例采用系统的默认设置,即"单位"采用英寸,输入"格式"为 2：3。

2. "层"选项卡

"层"选项卡如图 11-18 所示。

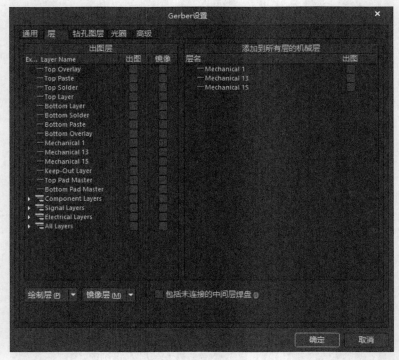

图 11-18 "层"选项卡

该选项卡的左侧列表用于选择设定需要生成 Gerber 文件的工作层面,在"出图"列选取 Gerber 报表内需要记录的板层,如果需要板层翻转后再记录,则需单击选中"镜像"列的对应选项。右侧列表则用于选择要加载到各个 Gerber 层的机械层。

单击对话框下方的"绘制层"或"镜像层"按钮,弹出如图 11-19 所示的菜单选项。

单击"全选"选项,系统将自动选中所有的板层;单击"全部去掉"选项,将自动取消所选的板层;而单击"选择使用的"选项,系统将自动选中用户用到的板层。

此对话框中还包含有一个复选框——"包括未连接的中间层焊盘"复选框。选中该复选框,表示在 Gerber 文件中将绘出未连接的中间层的焊盘。

3. "钻孔图层"选项卡

"钻孔图层"选项卡如图 11-20 所示。

该选项卡用于选择设定钻孔图划分和钻孔导向图中要绘制的层对,及钻孔图划分中标注符号的类型。

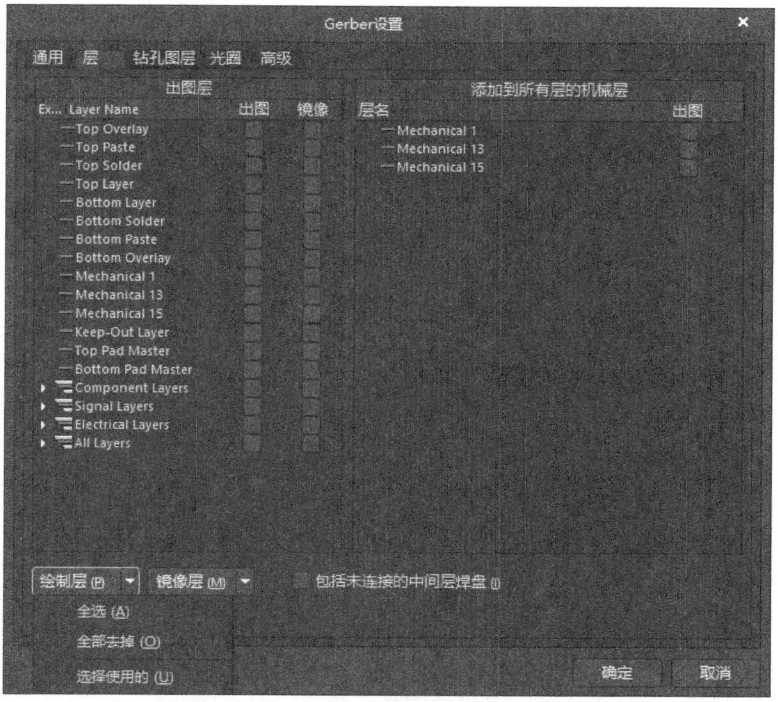

图 11-19　"绘制层"选项

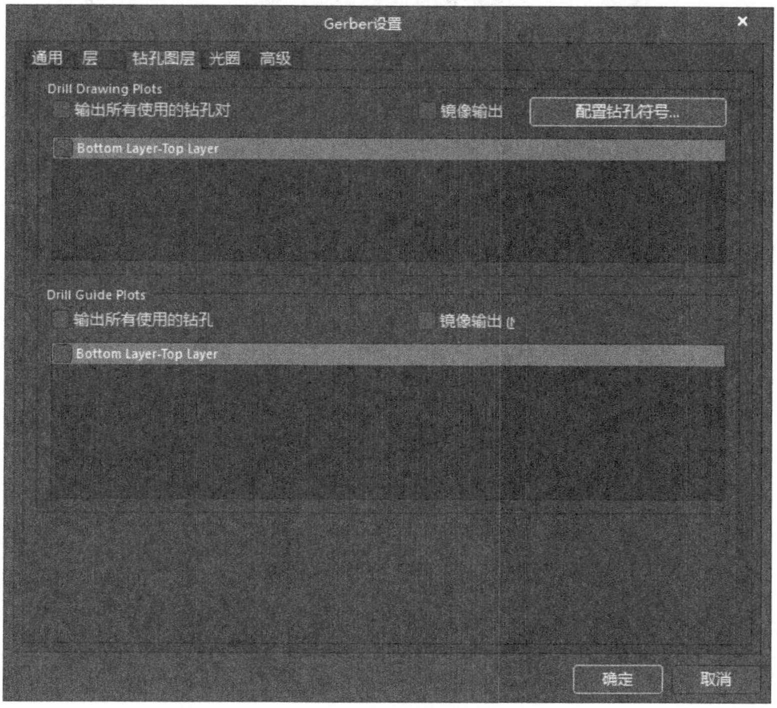

图 11-20　"钻孔图层"选项卡

该选项卡各选项的含义如下。

"输出所有使用的钻孔对"复选框：选中该复选框，表示在用户所有用到的板层上绘制钻孔图划分和钻孔导向图。如果不选中该复选框，用户可以在对话框中的列表栏中个别选取绘制钻孔图划分和钻孔导向图的板层。

用户可以通过单击"配置钻孔符号"按钮选择钻孔图符号的类型。本例采用系统的默认设置。

4. "光圈"选项卡

"光圈"选项卡如图 11-21 所示。

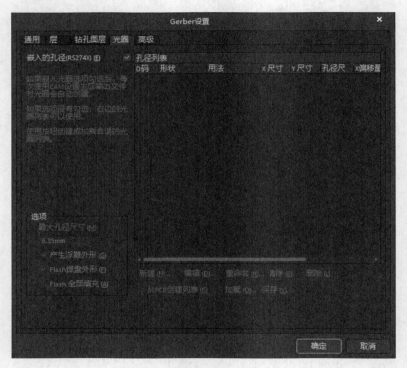

图 11-21　"光圈"选项卡

"光圈"的设定决定了 Gerber 文件的格式，分为两种：RS274D 和 RS274X。RS274D 包含 X、Y 坐标数据，但没有 D 码文件，需要用户给出相应的 D 码文件；RS274X 包含 X、Y 坐标数据，也包含 D 码文件，不需要用户给出相应的 D 码文件。D 码文件为 ASCII 文本格式文件，文件的内容为 D 码的尺寸、形状和曝光方式等。

系统默认为选中"嵌入的孔径(RS274X)"，表示生成 Gerber 文件时自动建立光圈。若不选中该选项，则右侧的光圈表将可以使用，设计者可自行加载合适的光圈表。这里使用其默认设置。

5. "高级"选项卡

"高级"选项卡如图 11-22 所示。

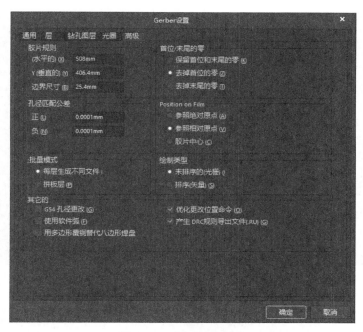

图 11-22 "高级"选项卡

该选项卡用于设置胶片尺寸及其边框大小、零字符格式、光圈匹配公差、板层在胶片上的位置、制造文件的生成模式及绘图器类型等。这里采用系统的默认设置。

所有的选项卡设置完成后，单击"确定"按钮，系统即按照设置生成各个图层的 Gerber 文件，并加载到当前项目中。单击 Panels 按钮，选择 CAMtastic，启动 CAMtastic 编辑器，如图 11-23 所示，将所有生成的 Gerber 文件集成为 CAMtastic1. CAM 图形文件，并显示在编辑窗口中，如图 11-24 所示。

在 CAMtastic 编辑器的层名列表中，列出了 CAMtastic1. CAM 图形文件所包含的各个层名，各层含义如下：

- pcb2. bgl——Bottom 层的光绘文件。
- pcb2. gd1——钻孔图层的光绘文件。
- pcb2. gko——KeepOutLayer 层的光绘文件。
- pcb2. gtl——Top 层的光绘文件。
- pcb2. gto——Top 层丝印的光绘文件。

执行"表格"→"光圈"菜单命令，即可打开光圈表，即 D 码表。在一个 D 码表中，一般应该包括 D 码以及每个 D 码所对应码盘的形状、尺寸，如图 11-25 所示。

每行定义了一个 D 码，包含了 4 种参数。

第一列为 D 码序号，由字母 D 加一数字组成。

图 11-23 CAMtastic 编辑器

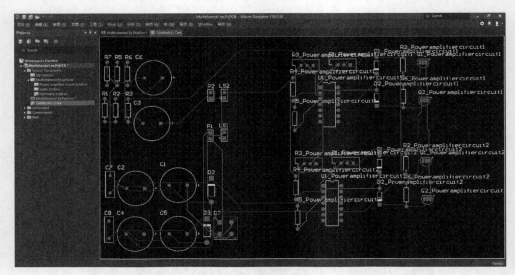

图 11-24　CAMtastic1. CAM 图形文件

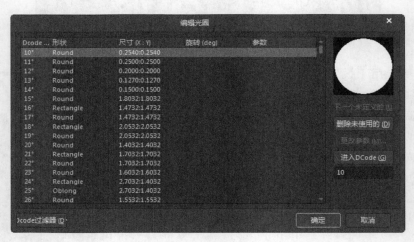

图 11-25　"编辑光圈"对话框

第二列为该 D 码代表的符号的形状说明,如 Round 表示该符号的形状为圆形,Rectangle 表示该符号的形状为矩形;D 码和外形的不同组合就组合出了各种各样的形状,不做一一例示,读者自行探索。

第三列定义了符号图形的 X 方向和 Y 方向的尺寸,单位为 mil。

11.3　创建钻孔文件

钻孔文件用于记录钻孔的尺寸和钻孔的位置。当用户的 PCB 数据要送入 NC 钻孔机进行自动钻孔操作时,用户需创建钻孔文件。

打开设计文件 LED 点阵驱动电路. PcbDoc,执行"文件"→"制造输出"→NC Drill Files 菜单命令,此时系统将弹出"NC Drill 设置"对话框,如图 11-26 所示。

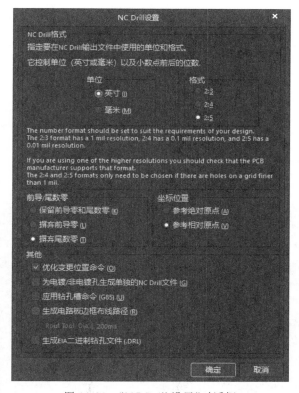

图 11-26 "NC Drill 设置"对话框

在"NC Drill 格式"区域包含"单位"和"格式"两个设置栏,其含义如下:

在"单位"栏中,提供了两种单位选择,即英制和公制。

在"格式"栏中,提供了 3 项选择,即 2：3、2：4 和 2：5,表示 Gerber 文件中使用的不同数据精度。2：3 就表示数据中含 2 位整数、3 位小数。同理,2：4 表示数据中含有 2 位整数、4 位小数,2：5 表示数据中含有 2 位整数、5 位小数。

在"前导/尾数零"区域中,系统提供了 3 种选项:

* 保留前导零和尾数零——保留数据的前导零和后接零。

* 摒弃前导零——删除前导零。

* 摒弃尾数零——删除后接零。

在"坐标位置"区域中,系统提供了两种选项:即"参考绝对原点"和"参考相对原点"。

这里使用系统提供的默认设置。单击"确定"按钮,即生成一个名称为 CAMtastic2. CAM 的图形文件,同时启动了 CAMtastic 编辑器,弹出"导入钻孔数据"对话框,如图 11-27 所示。

单击"确定"按钮,所生成的 CAMtastic3. CAM 图形文件显示在编辑窗口中,如图 11-28 所示。

在该环境下,用户可以进行与钻孔有关的各种校验、修正和编辑等工作。

在 Projects 面板的 Generated 文件夹的 Text Document 中,双击可以打开生成的 NC 钻孔文件报告"LED 点阵驱动电路. DRR",如图 11-29 所示。

图 11-27　"导入钻孔数据"对话框

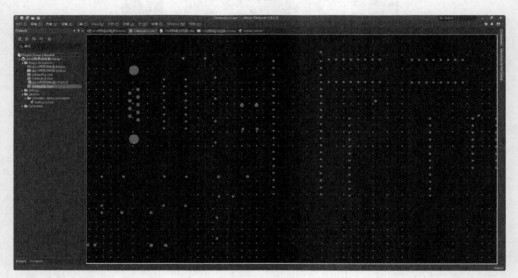

图 11-28　CAMtastic3.CAM 图形文件

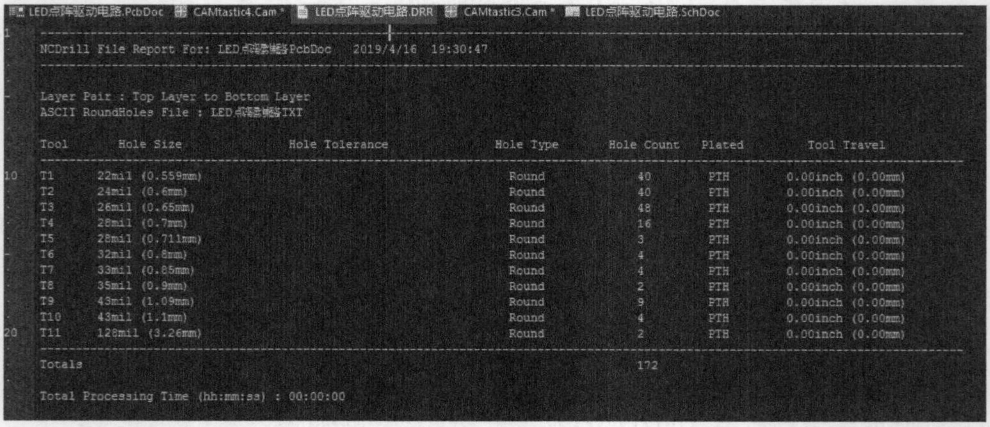

NCDrill File Report For: LED点阵驱动电路.PcbDoc   2019/4/16 19:30:47

Layer Pair : Top Layer to Bottom Layer
ASCII RoundHoles File : LED点阵驱动电路.TXT

Tool	Hole Size	Hole Tolerance	Hole Type	Hole Count	Plated	Tool Travel
T1	22mil (0.559mm)		Round	40	PTH	0.00inch (0.00mm)
T2	24mil (0.6mm)		Round	40	PTH	0.00inch (0.00mm)
T3	26mil (0.65mm)		Round	48	PTH	0.00inch (0.00mm)
T4	28mil (0.7mm)		Round	16	PTH	0.00inch (0.00mm)
T5	28mil (0.711mm)		Round	3	PTH	0.00inch (0.00mm)
T6	32mil (0.8mm)		Round	4	PTH	0.00inch (0.00mm)
T7	33mil (0.85mm)		Round	4	PTH	0.00inch (0.00mm)
T8	35mil (0.9mm)		Round	2	PTH	0.00inch (0.00mm)
T9	43mil (1.09mm)		Round	9	PTH	0.00inch (0.00mm)
T10	43mil (1.1mm)		Round	4	PTH	0.00inch (0.00mm)
T11	128mil (3.26mm)		Round	2	PTH	0.00inch (0.00mm)

Totals   172

Total Processing Time (hh:mm:ss) : 00:00:00

图 11-29　NC 钻孔文件报告"LED 点阵驱动电路.DRR"

11.4　用户向 PCB 加工厂商提交的信息

11.4.1　用户向 PCB 加工厂商提供的光绘及钻孔文件

当用户将设计完成的电路板信息提交给 PCB 加工厂商时,用户需向厂家提供以下文件:

（1）各层的光绘文件,包括 PCB2. gbl、PCB2. gd1、PCB2. gko、PCB2. gtl 及 PCB2. gto 光绘文件。

（2）提交钻孔文件,包括 PCB2. TXT、PCB2. DRR。

11.4.2　光绘及钻孔数据文件的导出

1. 光绘文件的导出

将工作界面切换回 CAMtastic1. CAM,执行"文件"→"导出"→Gerber 菜单命令,弹出"输出 Gerber"对话框,如图 11-30 所示。

这里采用系统默认设置,单击"确定"按钮,则会弹出 Write Gerber(s)对话框,如图 11-31 所示。

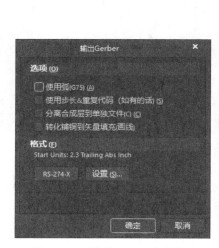

图 11-30　"输出 Gerber"对话框

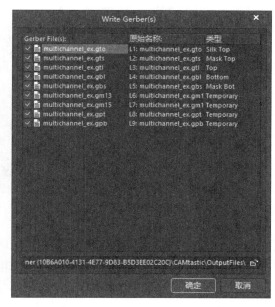

图 11-31　Write Gerber(s)对话框

在该对话框中,选中所有待输出文件,并在对话框最下方选择文件保存路径。

2. 钻孔数据文件的导出

到钻孔数据文件的保存目录下,找到要提供给制造商的文件 last-one. TXT、last-one.DRR,将之粘贴到要保存的路径下即可。

11.5　PCB 和原理图的交叉探针

Altium Designer 系统在原理图编辑器和 PCB 编辑器中提供了交叉探针功能,用户可以将 PCB 编辑环境中的封装形式与原理图中元件图形进行相互对照,实现了图元的快速查找与定位。

系统提供了两种交叉探针模式:连续(Continuous)模式和跳转(Jump to)模式。

连续交叉探针模式:在该模式下,可以连续探测对应文件内的图元。

跳转交叉探针模式:在该模式下,只可对单一图元进行对应文件的跳转。

下面就给出这两种交叉探针模式的操作方式。

此处依旧以之前做好的工作为例,加载绘制好的原理图文件和 PCB 文件,如图 11-32 所示。

双击打开原理图文件 Multichannel Ex.SchDoc 和 PCB 文件 Multichannel Ex. PcbDoc。

在 PCB 文件 Multichannel Ex.PcbDoc 中,执行"工具"→"交叉探针"菜单命令,此时鼠标指针变成"十"字形,将指针移动到需要查看的元件(例如 U2)上单击,如图 11-33 所示。

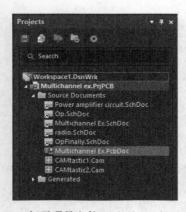

图 11-32　打开项目文件 Multichannel ex.PrjPCB

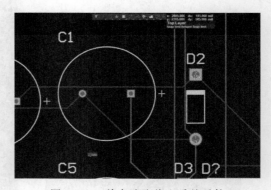

图 11-33　单击选取待查看的元件

系统会快速切换到对应的原理图文件 Multichannel Ex.SchDoc,之后又快速切换回 PCB 文件。此时仍处于交叉探针命令下,右击,退出交叉探针命令。

单击原理图文件 Multichannel Ex.SchDoc,可以看到被单击选取的元件处于高亮显示状态,而其他元件则呈灰色屏蔽状态,如图 11-34 所示。

这种是连续交叉探针模式,在该模式下,图元的高亮显示不是累积的,系统只是保留最后一次探测图元的清晰显示。

返回 PCB 文件,再次执行"交叉探针"命令,按住 Ctrl 键同时用"十"字形指针单击选取待查看的元件,系统会自动跳转到原理图文件 Multichannel Ex.SchDoc,选中元件呈高亮状态显示,而其他的元件呈灰色屏蔽状态。

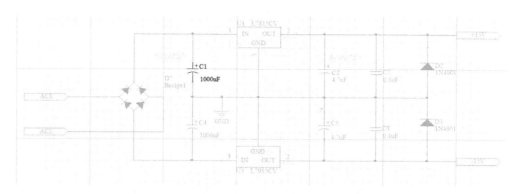

图 11-34　清晰显示选取元件

11.6　智能 PDF 向导

Altium Designer 系统提供了功能强大的"智能 PDF"向导,用于创建原理图和 PCB 数据视图文件,实现了设计数据的共享。

在原理图编辑环境或 PCB 编辑环境中,执行"文件"→"智能 PDF"菜单命令,打开"智能 PDF"向导,如图 11-35 所示。

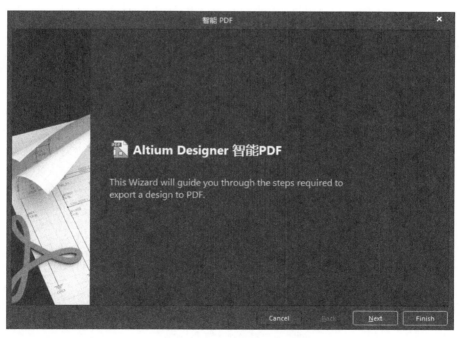

图 11-35　"智能 PDF"向导

单击 Next 按钮,进入"选择导出目标"窗口,在此设置是将当前项目输出为 PDF 形式,或是将当前文档输出为 PDF 形式,并选择输出文件进行命名和保存路径,如图 11-36 所示。

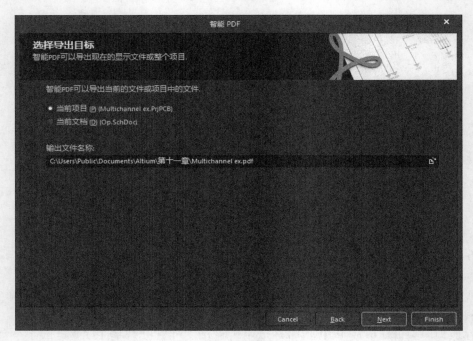

图 11-36　选择导出目标

单击 Next 按钮,进入"导出项目文件"窗口,选择项目中的设计文件,如图 11-37 所示。

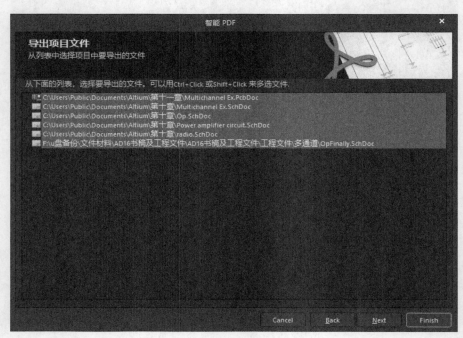

图 11-37　选择项目文件对话框

单击 Next 按钮,弹出"导出 BOM 表"窗口,在此对项目的导出 BOM 表进行设置,如图 11-38 所示。

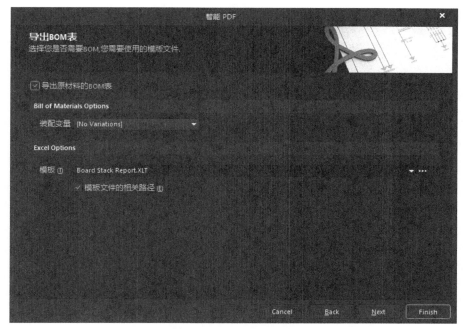

图 11-38 导出 BOM 表

单击 Next 按钮,进入"PCB 打印设置"窗口,在此对项目中 PCB 文件的打印输出进行必要的设置,如图 11-39 所示。

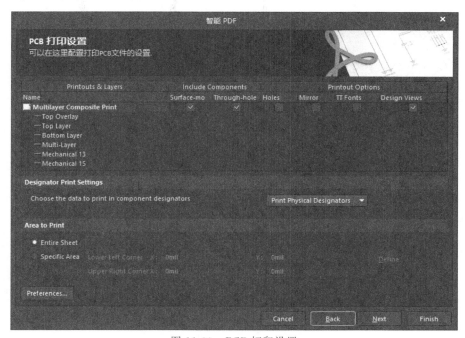

图 11-39 PCB 打印设置

单击 Next 按钮,进入选择 PDF 文件的额外设置窗口,对生成的 PDF 进行附加设定,包括图片的放缩、原理图和 PCB 的输出颜色、附加书签的生成等,如图 11-40 所示。

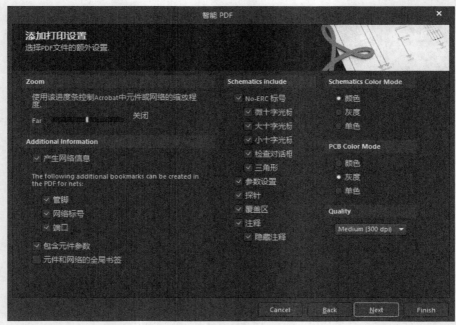

图 11-40　PDF 文件的额外设置

单击 Next 按钮,进入"结构设置"窗口,用于设置将原理图从逻辑图纸扩展为物理图纸,如图 11-41 所示。

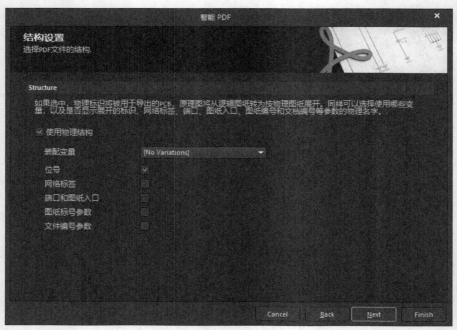

图 11-41　结构设置

单击 Next 按钮进入到"最后步骤"窗口,在此对是否生成 PDF 文件后打开该文件,及批量文件进行设置,如图 11-42 所示。

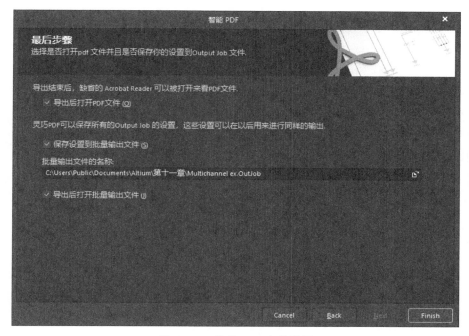

图 11-42　完成 PDF 文件设置

单击 Finish 按钮,系统即生成了相应的 PDF 文档并打开该文件,结果如图 11-43
所示。

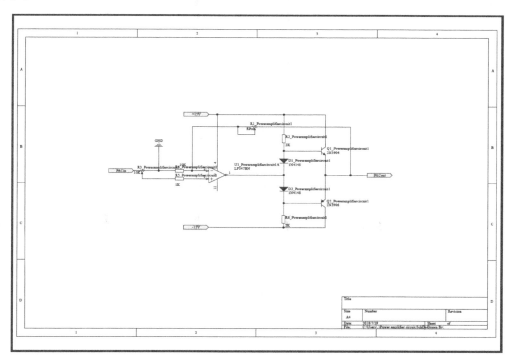

(a) 原理图

图 11-43　PDF 文档显示

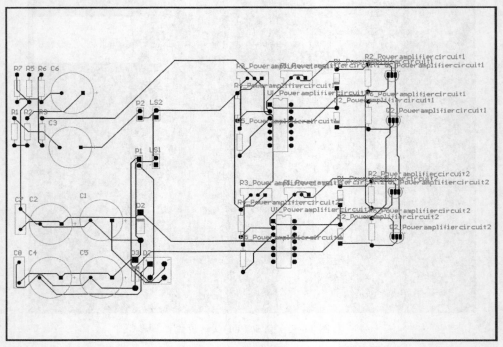

(b) PCB图

图 11-43 （续）

11.7　Draftsman

在 Altium Designer 19 中，Draftsman 带来了一系列新特点和增强功能。Draftsman 是一款批量自动化的出图系统，可以将 PCB 的设计意图清晰明了地传递给制造商。它具有集成化的高效交互性方案，能够将设计、制造、装配和生产所需的所有信息统一起来。Draftsman 可以自动遵守公司标准进行批量出图，具有快速简洁、不会出错的优点。

它是从源 PCB 设计文件自动提取绘图数据；单击即可更新更改的 PCB 数据；可实时交互式的放置与布局；支持装配变量；可用作输出作业（Output Job）文件输出；也可直接生产 PDF 文件或打印输出。

对于 Draftsman 的操作进行简单介绍。单击右上角的 按钮，在下拉列表框中选择 Extension And Update 选项，如图 11-44 所示。

切换至 Extension & Update 界面，如图 11-45 所示。在 Software Extension 中第一个就是 Draftsman。该插件在安装 Altium Designer 时就已经完成了预安装。

单击 按钮，弹出"优选项"对话框，如图 11-46 所示。在左侧菜单找到 Draftsman，可以看到它有 Default 和 Template 两个子菜单。在 Default 界面，可以设定 Draftsman 的单位、风格、字体等选项。

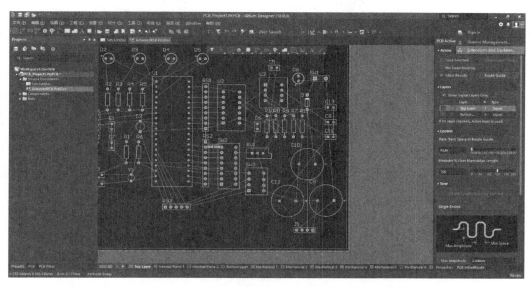

图 11-44　打开 Extension And Update 操作

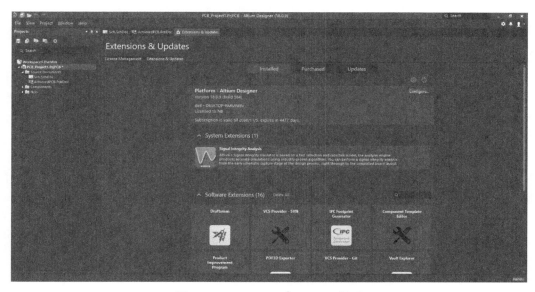

图 11-45　Extension & Update 界面

图 11-46　"优选项"界面

单击左侧子菜单 Template 选项,如图 11-47 所示。在对应的界面可以找到模板的默认保存地址。

根据图 11-47 中的路径打开那个文件夹,如图 11-48 所示。可以看到.PCBDwf(Draftsman 文档)、.DwsDot(原理图表模板)和.DwfDot(文档模板)文件,用户也可以把自己做的 Draftsman 文件保存成这 3 种格式。

【例 11-1】　以空白文档为例介绍 Draftsman 的功能。

第 1 步:在 Altium Designer 主界面单击 File→"新的"→Draftsman Document,弹出 New Document 对话框,如图 11-49 所示。在 Templates 一栏给出了 4 种模板。在右侧 Layers 框选中要输出的内容。下方的 Project 和 Document 为要输出的内容。

选择 Default 空白模板新建 Draftsman 文件,如图 11-50 所示。

第 2 步:单击 Panels 按钮,打开 Properties 界面,如图 11-51 所示。在这个界面可以对 Draftsman 图纸的网格、字体、单位、线的种类等进行设置。与之前的界面大多相同,此处不再赘述。

单击 Parameters 选项卡,如图 11-52 所示。看到参数栏的下面有 3 个复选框,其中 为工程参数复选框, 为系统参数复选框, 为 PCB 参数复选框。选中复选框即可将对应的内容导入。

图 11-47　Template 页面

ANSI A Landscape.DwsDot
ANSI B Landscape.DwsDot
ANSI C Landscape.DwsDot
ANSI D Landscape.DwsDot
Assy Drawing - Main views (rect. boa...
Assy Drawing - Main views (square b...
Default Fabrication Drawing.DwfDot
Default.PCBDwf
GOST A0 Sheet1.DwsDot
GOST A0 Sheet2.DwsDot
GOST A1 Sheet1.DwsDot
GOST A1 Sheet2.DwsDot
GOST A2 Sheet1.DwsDot
GOST A2 Sheet2.DwsDot
GOST A3 Sheet1.DwsDot
GOST A3 Sheet2.DwsDot
GOST A4 Sheet1.DwsDot

图 11-48　模板所在文件夹

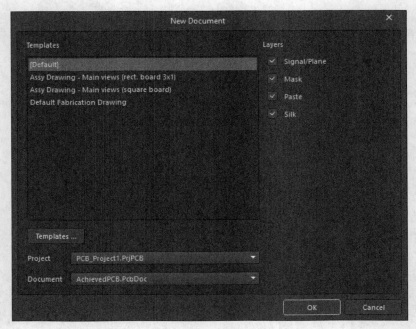

图 11-49 New Document 对话框

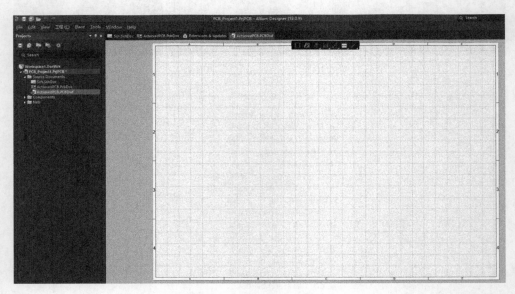

图 11-50 Draftsman 界面

图 11-51 Properties-Document Options 界面

图 11-52 Properties-Document Options-
Parameters 面板

　　单击 Page Options 选项卡，如图 11-53 所示。在 Page Options 面板可以调整页面大小、边距范围等。

　　在操作窗口右击，可以利用 Add Sheet 来添加新的表图。同样也可对于新的表图单独进行设置，如图 11-54 所示。

　　第 3 步：在 Draftsman 编辑界面中，单击 Place→Board Assembly View，Draftsman 将会从 PCB 调取数据，单击放置，将呈现一个 PCB 的俯视图，如图 11-55 所示。同时可以在 Properties 界面，对图纸的种类、标题、属性等进行设置，以满足设计师不同的需求。

　　第 4 步：在 Draftsman 编辑界面中，单击 Place→Board Fabrication View，单击放置，如图 11-56 所示。这个指令可以查看 PCB 的制造图。默认显示为 Top Layer，通过 Properties 界面 Properties 栏下的 Layer 选项可以进行修改。

图 11-53　Properties-Document Options-Page Options 面板

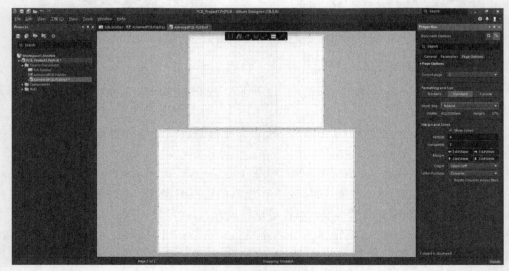

图 11-54　新增页结果

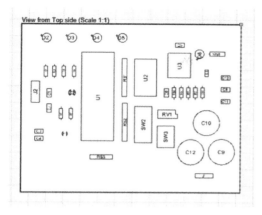

图 11-55　板装配视图

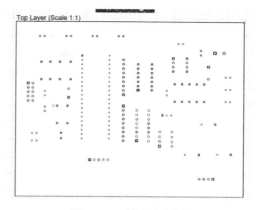

图 11-56　板生产视图

第 5 步：在 Draftsman 编辑界面中，单击 Place→Additional View→Board Section View，可以查看剖面图，如图 11-57 所示。要进行剖面查看，首先在要查看的位置单击放置切分线，再移动鼠标，选择要查看剖面图的方向，在此单击"确定"按钮。此时鼠标指针上就是完成的剖面图，在合适的位置单击放置。同样，也可以在它的 Properties 界面对字体、线条、属性等进行设置。

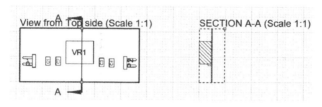

图 11-57　剖面图

第 6 步：在 Draftsman 编辑界面中单击 Place→Additional View→Board Detail View，可以查看局部放大图，如图 11-58 所示。首先在需要查看的位置单击，放置圆心，拖动鼠标待所有想要查看的目标都包括在内时，单击完成选择，在合适的位置放置细节图。其 Properties 界面与 Board Section View 的类似，此处不再赘述。

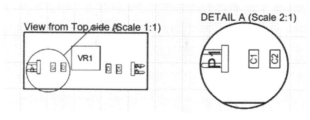

图 11-58　局部放大图

第 7 步：在 Draftsman 编辑界面中，单击 Place→Additional View→Board isometric View，可以查看立体图形，如图 11-59 所示。单击放置即可。Properties 界面与其他界面相似。

第 8 步：在 Draftsman 编辑界面中，执行 Place→Drill Table 可以放置钻孔表，执行

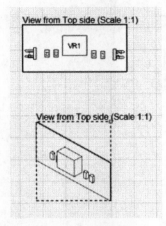

图 11-59　立体图

Place→Bill Of Material 可以放置 BOM 表,执行 Place→Annotation→Callout 可以放置标注,如图 11-60 所示。需要注意的是,标注的号码是自动生成的,与 BOM 表相关联。

第 9 步:在 Draftsman 编辑界面中,执行 Place→Ordination Dimension 可以进行测量。此时的测量全部都是由一个自定的起始位置作为 0 起点标注的,如图 11-61 所示。

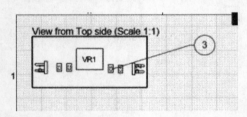

图 11-60　钻孔、BOM 表以及标注

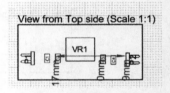

图 11-61　测量

习题

1. PCB 包括哪些输出报表?
2. 用户应向 PCB 加工厂商提交哪些文件?
3. 以 LED 点阵驱动电路为例,给出 PCB 的 Gerber 文件和钻孔文件。

第12章 原理图仿真

内容提要：
- 原理图仿真概念
- 仿真步骤介绍
- 仿真选项设置
- 仿真菜单栏简介
- 数字单路仿真实例

目的：Altium Designer 提供的仿真功能可以足够真实地反映电路特性，能方便、快捷、经济地实现电路结构的优化设计。学习 Altium Designer 的仿真功能对缩短电子产品的开发周期，降低电子产品的开发费用，提高电子产品的综合性能，参与产品的市场竞争，都有着十分重要的意义。

12.1 原理图仿真的概念

随着电子技术的不断进步与发展，越来越多的新型元件涌现出来，导致了电子电路的设计变得更加困难，电路变得更加复杂。为使电路设计者能在电路设计初期尽早发现问题，及时修改，Altium Designer 为设计师提供了一系列电路仿真功能，使得用户能在设计初期完成电路仿真，并根据输出结果对电路及时进行调整，尽可能地避免人力与物力上的浪费，提高了电路设计工作的效率。此外，利用 Altium Designer 对电路板进行仿真的结果更为直观，便于查看结果以及对其他成品进行纵向比较。

电路仿真即在 Altium Designer 软件内，对电路元件进行参数录入、结构搭建，并根据软件提供的功能与环境，对电路的输出进行预测。这样的操作使用户不必等实际电路完成后再去根据实际输出修正成品电路板，节省了资源和时间。

Altium Designer 中的电路仿真是真正的混合模式仿真器，可以用于对模拟和数字元件的电路分析。仿真器采用由乔治亚技术研究所（GTRI）开发的增强版事件驱动型 XSPICE 算法，该算法基于伯克里 SPICE3 代码，并且完全兼容 SPICE3f5 和 PSpice 模型。

12.1.1 原理图仿真涉及的几点要求

在进行仿真之前必须确定电路图是符合仿真要求的,主要要求包括以下几点。

- 元件:搭建电路图时所用的元件必须是具有仿真属性的,即有完整的库信息。
- 原理图:除使用带有仿真属性的元件外,使用的画线工具必须是带有电气属性的。
- 激励源:激励源用于模拟实际电路提供的激励信号,是理想模型。
- 网络标号:对于需要测量的节点,应当放置适当的网络标号以便查看该点的仿真结果。

12.1.2 电源及激励源简介

Altium Designer 有多种电源和激励源可供用户选择,库文件为 Simulation Sources. Intlib,该库文件可以在 Altium Designer 19 的官网下载。需要注意的是,这些电源和激励源都被默认为理想的激励源,即电压源的内阻为 0,电流源的内阻为无穷大。下面对常见的电源和激励源进行介绍。

1. 直流电压源/电流源

直流电压源用来为电路提供一个稳定持续的电压,在 Altium Designer 19 中它的名称是 VSRC;同样,直流电流源用来为电路提供一个稳定持续的电流,其名称是 ISRC。原理图符号如图 12-1(a)所示。它的波形图如 12-2(b)所示。以下其他激励源的例示均以默认设置为例。

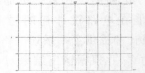

(a) 直流电压源/电流源的原理图符号   (b) 直流电压源/电流源的波形图

图 12-1 直流电压源/电流源的原理图符号及波形图

双击原理图符号打开 Properties 界面查看该元件的属性,如图 12-2 所示。Comment 为元件的名称。在 Description 栏中元件的描述为电流源。Design Item ID 为本次设计中该元件的 ID。Sources 栏是元件来自的库。

在 Models 栏中,双击 Type 下面的 Simulation,弹出 Sim Model 对话框,如图 12-3 所示。该对话框提供元件的仿真模型。

其中 Models Kind 中给出了 7 种类型,设计师可以通过这几个大类型筛选出自己想要的类型,如图 12-4 所示,包括 Current Source(电流源)、General(通用)、Initial Condition(初始条件)、Switch(开关)、Transistor(晶体管)、Transmission Line(传输线)、Voltage Source(电压源)。每种都有许多 Model Sub-Kind(子类模型)可供挑选,读者可自行根据需要进行选择。

图 12-2　直流电压源/电流源的原理图符号

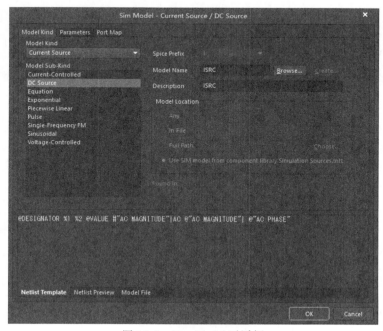

图 12-3　Sim Model 对话框

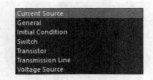

图 12-4   Models Kind 的种类

单击 Parameters 选项卡。每个不同的种类对应不同的参数设置界面,如图 12-5 所示,可以在该界面设置增益。

图 12-5   Parameter 选项卡

单击 Port Map 选项卡,如图 12-6 所示。在该选项卡可以对元件的引脚进行设置。

单击 OK 按钮返回 Properties 选项卡,单击 Component 的 Parameters 选项卡,如图 12-7 所示,其中显示了该元件的厂商、出品日期、上次修订的日期和修订的内容等信息。

单击 Pins 选项卡,如图 12-8 所示。在该选项卡可以查看元件的引脚信息并进行修改。🔒按钮可以选择是否对引脚进行锁定,■ 按钮选中时显示引脚标号,■Add■ 按钮为元件添加引脚,✎ 和 🗑 分别是对选中的引脚进行编辑和删除。

2. 正(余)弦信号激励源

正(余)弦信号如图 12-9 所示。它们的名称分别是 VSIN 和 ISIN。在 Altium Designer 中,给出的三角函数的激励信号都是默认以正弦函数给出。

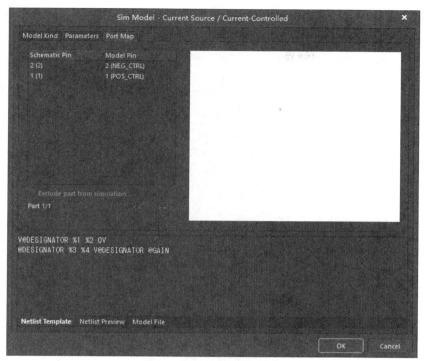

图 12-6 Port Map 选项卡

图 12-7 Parameters 选项卡

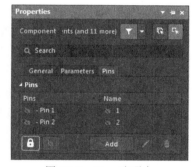

图 12-8 Pins 选项卡

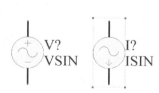

(a) 正(余)弦信号的原理图符号

(b) 正(余)弦信号的波形图

图 12-9 正(余)弦信号的原理图符号及波形图

在 Sim Model 中进行参数设置。同样,在 Properties 的 Models 栏中,双击 Type 下面的 Simulation 选项,打开 Sim Model 对话框,如图 12-10 所示。

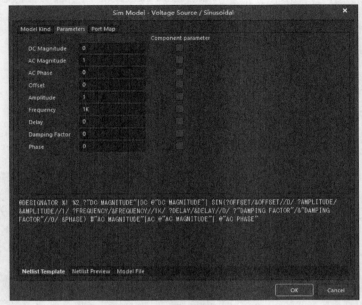

图 12-10 正(余)弦函数的参数设置界面

其中各参数内容为:

- DC Magnitude——偏置(直流)电压,默认为 0。
- AC Magnitude——(交流)电压振幅,默认为 1V。
- AC Phase——交流相位值。用来分析交流小信号分析时调整初始相位,默认值为 0。
- Offset——偏移量,默认为 0。
- Amplitude——信号的幅值,默认为 1。
- Frequency——信号的频率,默认为 1K(表示 1kHz)。
- Delay——信号时延,默认为 0。
- Damping Factor——指放大器的额定负载阻抗与功率放大器实际阻抗的比值。默认为 0。
- Phase——信号的初始相位,默认为 0。

通过调节以上参数,就可以把默认的正弦信号改成需要的三角函数信号。选中对应的复选框,可以把该项内容显示到元件属性界面的 Parameters 栏中,如图 12-11 所示。默认该栏在原理图中可见。若想取消可见,则单击该栏的 ▉ 按钮。

图 12-11 Properties-Component-Parameters 面板

3. 脉冲激励源

脉冲信号如图 12-12 所示。它们的名称分别是 VPULSE 和 IPULSE，并且这两个脉冲信号都是周期性的。

(a) 脉冲信号的原理图符号　　　　　　　　(b) 脉冲信号的波形图

图 12-12　脉冲信号的原理图符号及波形图

其中电压脉冲信号的参数界面与正(余)弦信号的相同，下面对电流脉冲信号与电压脉冲信号参数界面的不同之处进行介绍，如图 12-13 所示。

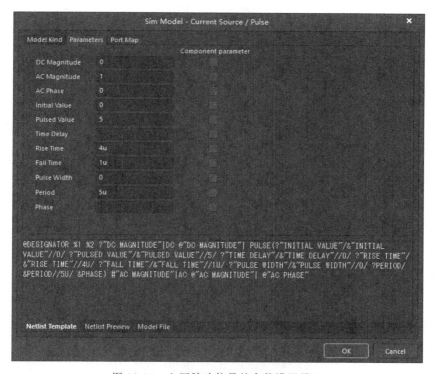

图 12-13　电压脉冲信号的参数设置界面

下面仅介绍与之前不同的内容。

- Initial Value：初始电压值，默认为 0。
- Time Delay：延时时间，默认为 0。
- Pulsed Value：脉冲电压，默认为 5V。
- Rise Time：上升时间，默认为 $4\mu s$。

- Fall Time：下降时间，默认为 $1\mu s$。
- Pulse Width：高电平的宽度，即脉冲宽度。默认为 0。
- Period：周期，默认为 $5\mu s$。

4. PWL 激励源

PWL 激励源是一种分段信号，呈现为多段不规则的折线形式，如图 12-14 所示，名称分别是 IPWL 和 VPWL。

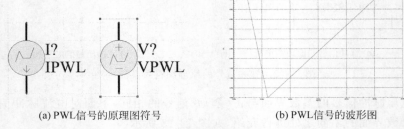

(a) PWL信号的原理图符号 (b) PWL信号的波形图

图 12-14 PWL 信号的原理图符号及波形图

参数设置界面如图 12-15 所示。

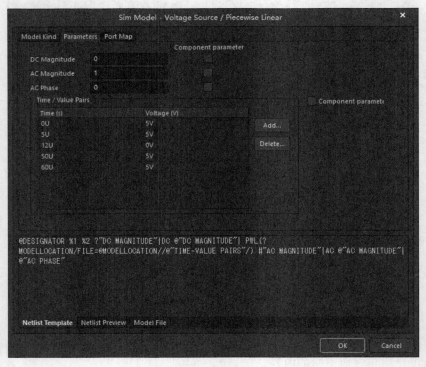

图 12-15 PWL 的参数设置界面

其中 Time/Value Pairs 选项用来设置转折点的时间与对应的电压值，例如图中给出了 5 个点，可以通过 Add 和 Delete 按钮增加或减少。

5. 指数型激励源

指数型激励源是一种提供呈现指数型走势的激励信号,其原理图符号如图 12-16 所示,名称分别是 IEXP 和 VEXP。

(a)指数型信号的原理图符号   (b)指数型信号的波形图

图 12-16 指数型信号的原理图符号及波形图

参数设置界面如图 12-17 所示。

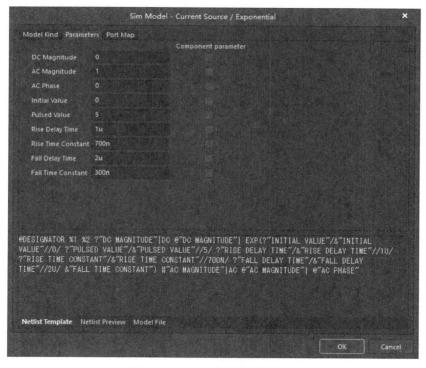

图 12-17 PWL 的参数设置界面

下面仅介绍与之前不同的内容。

- Pulsed Value:电压跳变临界值,即峰值电压,默认为 5V。
- Rise Delay Time:上升延时时间,默认为 $1\mu s$。
- Rise Time Constant:上升时间常数,默认为 700ns。
- Fall Delay Time:下降延时时间,默认为 $2\mu s$。
- Fall Time Constant:下降时间常数,默认为 300ns。

6. 单频调频波信号源

单频调频波信号源提供一个单调调频激励信号,其原理图符号如图 12-18 所示,名称分别是 ISFFM 和 VSFFM。

(a) 单频调频波信号的原理图符号　　　　　　(b) 单频调频波信号的波形图

图 12-18　单频调频波信号的原理图符号及波形图

参数设置界面如图 12-19 所示。

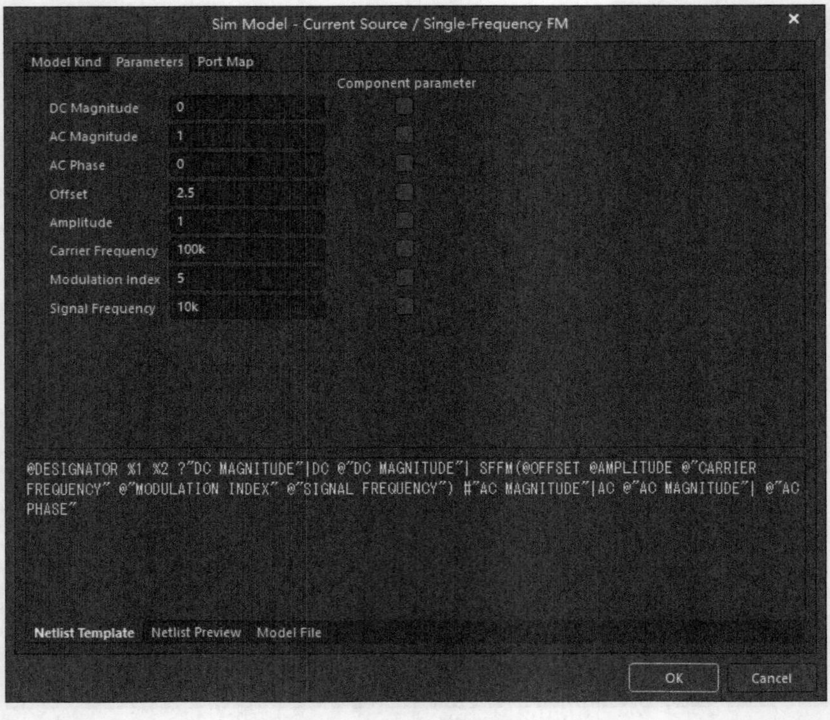

图 12-19　PWL 的参数设置界面

下面仅介绍与之前不同的内容。

- Carrier Frequency:载波频率,默认为 100kHz。
- Modulation Index:调制系数,默认为 5。
- Signal Frequency:调制信号的频率,默认为 10kHz。

该激励源的输出调频信号表达式为:

$$U(t) = U_O + U_A \times \sin[2\pi F_c t + M \sin(2\pi F_s t)]$$

其中，U_O 是偏移量，U_A 是幅值，F_c 是载波频率，F_s 是调制信号频率。

12.2　仿真步骤介绍

使用 Altium Designer 仿真的基本步骤如下：
（1）装载与电路仿真相关的元件库。
（2）在电路上放置仿真元件（该元件必须带有仿真模型，如果没有也可以在元件的 Properties 界面的 Models 栏为其添加）。
（3）绘制仿真电路图，方法与绘制原理图一致。
（4）在仿真电路图中添加仿真电源和激励源。
（5）设置仿真节点及电路的初始状态。
（6）对仿真电路原理图进行 ERC 检查，以纠正错误。
（7）设置仿真分析的参数。
（8）运行电路仿真得到仿真结果。
（9）修改仿真参数或更换元件，重复步骤（5）～（8），直至获得满意结果。

12.3　仿真选项设置

在完成电路元件设置及摆放和连线后，在原理图编辑环境中执行"设计"→"仿真"→ Mixed Sim 命令，如图 12-20 所示。

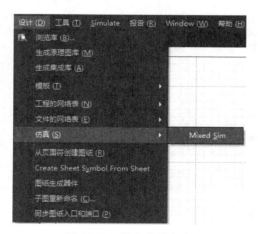

图 12-20　混合仿真命令

本章中所有的例子均为基本放大电路，电路图如图 12-21 所示。

执行 Mixed Sim 命令后，出现 Analyses Setup 对话框和 Messages 对话框，如图 12-22 和图 12-23 所示。

在执行原理图仿真之前，需要先在 Analyses Setup 对话框对仿真参数及内容进行预先设置。下面对 Analyses Setup 对话框中的内容进行介绍。

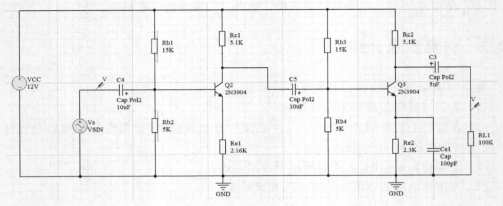

图 12-21　基本放大电路图

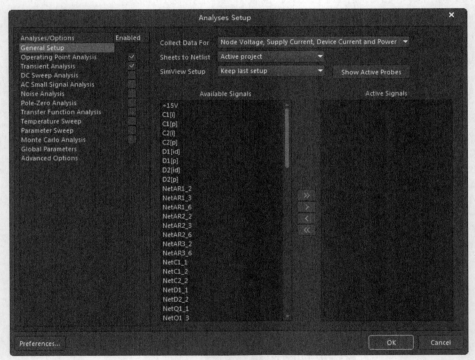

图 12-22　Analyses Setup 对话框

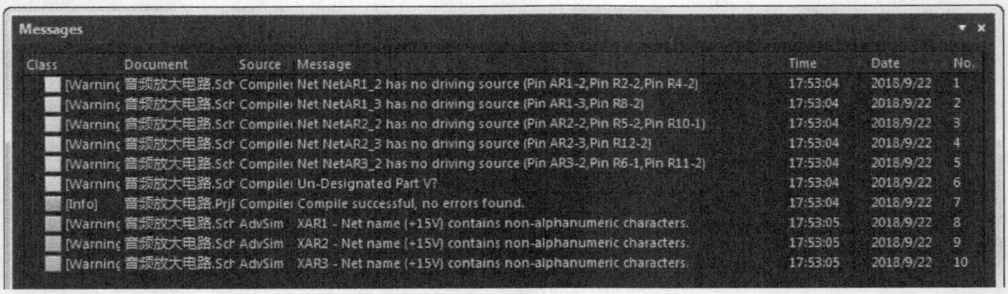

图 12-23　Messages 对话框

12.3.1　General Setup 设置

General Setup 参数设置界面如图 12-24 所示,其中在 Collect Data For 下拉列表框选择需要记录的内容,其中包括以下几个选项。

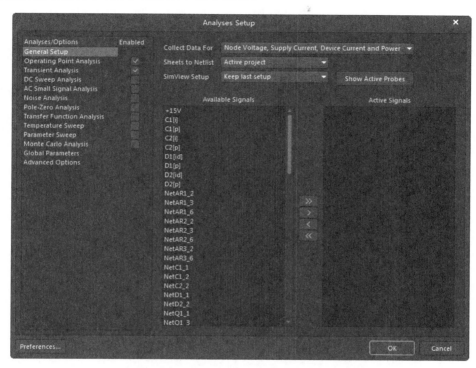

图 12-24　General Setup 设置

- Node Voltage,Supply Current,Device Current and Power：记录的内容为节点电压,电源电流和设备的电源、电流数据。
- Node Voltage and Supply Current：内容为节点电压和电源电流。
- Node Voltage,Supply Current and Device Current：内容为节点电压和电源电流和设备电流。
- Node Voltage,Supply Current and Subcircuit VARs：内容为节点电压和电源电流和子电路中的变量。
- Active Signal/Probe：内容为激活(选中)的信号或是有源探针。

对上述内容进行设置的主要原因是在仿真过程中因为数据量较大,需要长时间的计算,因此要在这一栏中仅选择需要观测的节点。

Sheet to Netlist 下拉列表框用于设置此次仿真的作用范围,其中包括以下选项。

- Active Project：当前项目。
- Active Sheet：当前原理图。
- SimView Setup：该菜单为仿真结果图设定。

- Keep Last Setup：保持上次所做的设定。
- Show Active Signals：显示激活(选中)的信号。
- Show Active Probes：显示激活(选中)的探针。
- Show Active Signal/Probes：显示激活(选中)的信号或主动式探针。

在该下拉列表框后,有一个 Show Active Probes 按钮,单击按钮将下面 Available Signals 列表和 Active Signals 列表切换为 Available Probes 列表和 Active Probes 列表。

Available Signals 是可用于检测信号列表,Active Signals 为选中的信号。

在原理图编辑环境中,执行 Simulation→Place Probe→Probe Voltage 命令,在图 12-21 的 C2 位置后放置探针。

在原理图编辑环境中,再次执行 Simulation→Edit 'Mixed Sim' Setup 命令,在弹出的 Analyses Setup(now)对话框中对仿真设置进行设定,在 SimView Setup 下拉列表框中选择 Show active probes 选项,如图 12-25 所示。

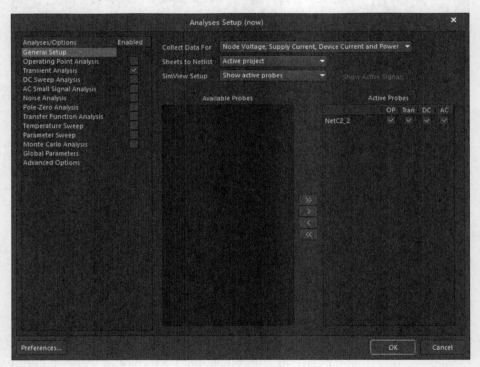

图 12-25　将探针设为显示内容

设定完成后在原理图编辑环境中,执行 Simulation→Run 'Mixed Sim' Simulation 命令,或直接按 F9 键进行仿真。仿真结果如图 12-26 所示,生成一个.sdf 文件,显示为 RL 负载端电压。

12.3.2　Operating Point Analysis 设置

Operating Point Analysis 意为工作点分析,参数设置界面如图 12-27 所示,在电路中

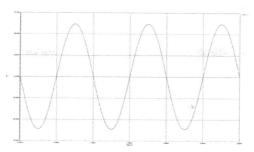

图 12-26 RL 负载端输出电压结果

的电容开路、电感短路时,计算电路的工作点,即在恒定激励条件下求电路的稳态值。因为该分析模式固定,所以不需要用户再进行参数设置,当用户需要进行工作点分析时,选中 Enable 栏的复选框即可。

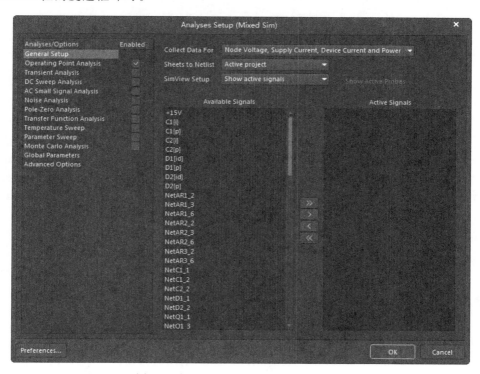

图 12-27 Operating Point Analysis 设置

注:在测定瞬态初始化条件时,除了已经在 Transient/Fourier Analysis Setup 中选中 Use Initial Conditions 复选框的情况外,直流工作点分析将优先于瞬态分析。同时,直流工作点分析优先于交流小信号、噪声和 Pole-Zero Analysis。为了保证测定的线性化,电路中所有非线性的小信号模型,在直流工作点分析中将不考虑任何交流源的干扰因素。

在原理图编辑环境中,双击三极管 2N3904,打开 Properties 界面,在 Properties 界面的 Models 栏中双击 Simulation,弹出 Sim Model 对话框,如图 12-28 所示。在 Sim Model 对话框的 Parameters 选项卡中对三极管的参数进行设置。

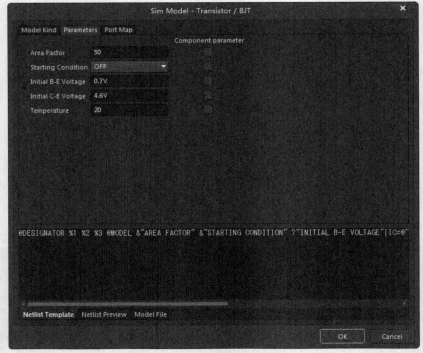

图 12-28　三极管参数设置

完成设定后,在原理图编辑环境中,执行 Simulation→ Run 'Mixed Sim' Simulation 命令,或直接按 F9 键进行仿真。仿真结果如图 12-29 所示,生成一个 . sdf 子文件。图 12-29 显示的是三极管 Q1 的基极、集电极和发射极电流,其放大倍数 88.79 与理论计算得出的 85 基本一致。

q1[ib]	22.57uA
q1[ic]	1.002mA
q1[ie]	-1.024mA

图 12-29　工作点分析结果

12.3.3　Transient Analysis 设置

Transient Analysis 是暂态分析,也是常用的分析方式,用于对信号的时域变化观测。 Transient Analysis 设置界面如图 12-30 所示。其中左栏为参数,右栏为其对应值。具体内容如下:

- Transient Start Time——暂态起始时间。
- Transient Stop Time——暂态终止时间,应设置适当大小以获得完整清晰的仿真波形。
- Transient Step Time——暂态仿真步长,步长过大会导致仿真数据不够清晰可能有细节会被忽略,步长过小数据太多导致仿真时间很长。
- Transient Max Step Time——暂态最大仿真步长。
- Use Initial Conditions——使用初始条件,选中后面的复选框即可使能。当使能后,瞬态分析将自原理图定义的初始化条件开始,旁路直流工作点分析。该选项

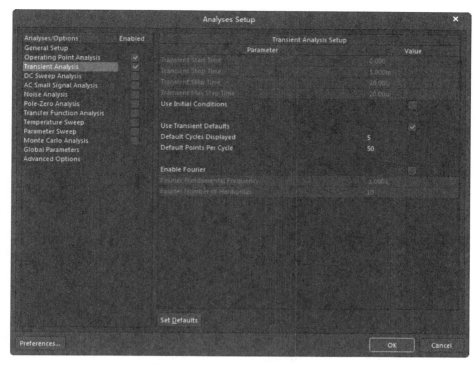

图 12-30 Transient Analysis Setup

通常用在由静态工作点开始一个瞬态分析中。

注：当使用原理图定义的初始化条件时，需要确定在电路设计内的每一个适当的元件上已经定义了初始化条件，或在电路中放置 IC 元件。

- Use Transient Default——使用默认的暂态仿真设置；默认情况下选中，取消选中该复选框后，原来为不可更改的设定变为可修改参数。
- Default Cycles Displayed——仿真时的显示的周期个数。
- Default Points Per Cycle——设置每个周期的点数，这个参数会影响曲线的光滑程度。点越多，图像也更加详细。
- Enable Fourier——使能傅里叶分析选项，选中时可进行傅里叶分析；傅里叶分析是基于瞬态分析中最后一个周期的数据完成的。
- Fourier Fundamental Frequency——该选项设置傅里叶分析的基波频率；由正弦曲线波叠加近似而来的信号频率值。
- Fourier Number of Harmonics——该选项设置傅里叶分析的谐波次数；每一个谐波均为基频的整数倍。

单击左下角 Set Defaults 按钮可恢复默认设置。

在原理图编辑环境中，执行 Simulation→Edit 'Mixed Sim' Setup 命令，在弹出的 Analyses Setup 对话框对仿真设置进行设定，如图 12-31 所示。

设定完成后，执行 Simulation→Run 'Mixed Sim' Simulation 命令，或直接按 F9 键进行仿真。仿真结果如图 12-32 所示，生成一个 .sdf 子文件，傅里叶分析结果会生成一个 .sim 文件，其中包含了关于每一个谐波的幅度和相位详细的信息。图 12-32(a) 下方为与

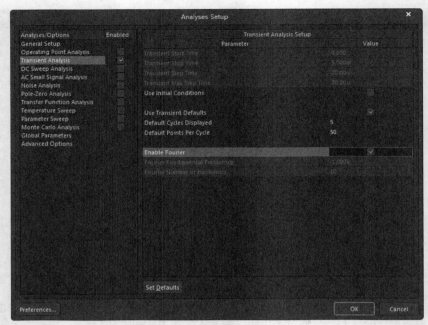

图 12-31　设定暂态仿真内容

输入的 $60\mathrm{mV}$ 正弦波,上方为负载 RL 的电压变化,峰峰值为 $123\mathrm{mV}$,相比放大了 2.05 倍。

在 Fourier Analysis 面板右击选择 Add plot,经过向导添加想要观察的曲线,可到如图 12-32(b)中的频域图像。此处展示的是 Ce 点的电流。

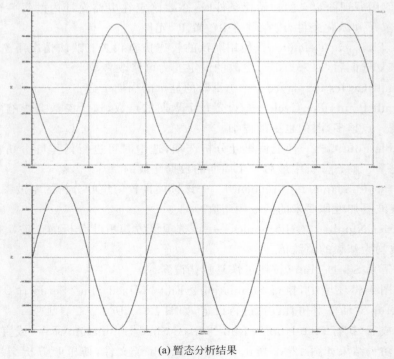

(a)暂态分析结果

图 12-32　分析结果

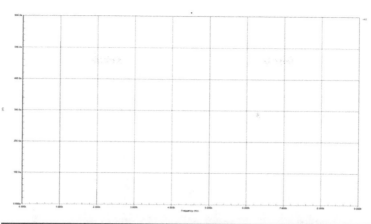

```
1    Circuit: fangdadianlu
     Date:     周四 1月17 20:03:06 2019

     Fourier analysis for @v2[p]:
       No. Harmonics: 10, THD: 79581.7 %, Gridsize: 200, Interpolation Degree: 1

     Harmonic  Frequency      Magnitude       Phase           Norm. Mag      Norm. Phase
     --------  ----------     ----------      -----           ---------      -----------
10    0         0.00000E+000   2.48953E-004   0.00000E+000    0.00000E+000   0.00000E+000
      1         1.00000E+003   4.61608E-007   -1.22571E+002   1.00000E+000   0.00000E+000
      2         2.00000E+003   3.67355E-004   -4.23779E+001   7.95816E+002   8.01936E+001
      3         3.00000E+003   4.72373E-007   6.31842E+001    1.02332E+000   1.85756E+002
      4         4.00000E+003   1.79544E-007   -2.45640E+001   3.88953E-001   9.80075E+001
      5         5.00000E+003   9.32160E-008   -5.33375E+001   2.01938E-001   6.92340E+001
      6         6.00000E+003   5.26177E-008   -9.32622E+001   1.13988E-001   2.93092E+001
      7         7.00000E+003   2.88385E-008   -1.11869E+002   6.24741E-002   1.07027E+001
      8         8.00000E+003   1.42866E-008   -1.09658E+002   3.09497E-002   1.29136E+001
      9         9.00000E+003   1.06922E-008   -7.70173E+001   2.31630E-002   4.55541E+001
20
     Fourier analysis for v2#branch:
       No. Harmonics: 10, THD: 0.132971 %, Gridsize: 200, Interpolation Degree: 1

     Harmonic  Frequency      Magnitude       Phase           Norm. Mag      Norm. Phase
     --------  ----------     ----------      -----           ---------      -----------
      0         0.00000E+000   -1.95481E-009  0.00000E+000    0.00000E+000   0.00000E+000
      1         1.00000E+003   3.68940E-004   -1.32371E+002   1.00000E+000   0.00000E+000
      2         2.00000E+003   4.49485E-007   -3.41146E+001   1.21832E-003   9.82569E+001
30    3         3.00000E+003   1.76354E-007   -1.22023E+002   4.78002E-004   1.03480E+001
      4         4.00000E+003   7.71101E-008   -1.49626E+002   2.09005E-004   -1.72550E+001
      5         5.00000E+003   3.50940E-008   1.59383E+002    9.51213E-005   2.91754E+002
      6         6.00000E+003   1.49047E-008   1.13544E+002    4.03988E-005   2.45916E+002
      7         7.00000E+003   7.33978E-009   4.51731E+001    1.98942E-005   1.77545E+002
      8         8.00000E+003   6.35672E-009   -1.63438E+001   1.72297E-005   1.16028E+002
      9         9.00000E+003   6.17705E-009   -4.99001E+001   1.67427E-005   8.24713E+001

     Fourier analysis for @v1[p]:
       No. Harmonics: 10, THD: 0.278686 %, Gridsize: 200, Interpolation Degree: 1
40
     Harmonic  Frequency      Magnitude       Phase           Norm. Mag      Norm. Phase
     --------  ----------     ----------      -----           ---------      -----------
      0         0.00000E+000   1.93064E-002   0.00000E+000    0.00000E+000   0.00000E+000
      1         1.00000E+003   5.40955E-003   4.68874E+001    1.00000E+000   0.00000E+000
      2         2.00000E+003   1.43702E-005   -2.97015E+001   2.65645E-003   -7.65888E+001
      3         3.00000E+003   4.39157E-006   1.70207E+002    8.11818E-004   1.23320E+002
      4         4.00000E+003   1.01773E-006   -1.56796E+002   1.88136E-004   -2.03683E+002
      5         5.00000E+003   5.83525E-007   1.14167E+002    1.07869E-004   6.72797E+001
50    6         6.00000E+003   2.81434E-007   9.91241E+001    5.20254E-005   5.23368E+001
      7         7.00000E+003   1.54696E-007   6.30091E+001    2.85968E-005   1.61218E+001
      8         8.00000E+003   7.41565E-008   5.60899E+001    1.37084E-005   9.20250E+000
      9         9.00000E+003   3.29877E-008   8.18602E+001    6.09805E-006   3.49729E+001

     Fourier analysis for v1#branch:
       No. Harmonics: 10, THD: 0.278686 %, Gridsize: 200, Interpolation Degree: 1
```

(b) 傅里叶分析结果

图 12-32　(续)

12.3.4 DC Sweep Analysis 设置

如图 12-33 是 DC Sweep Analysis 直流扫描分析设置对话框,直流扫描分析是计算电路中某一节点上的直流电流或电压随电路中一个或两个直流电源的数值变化的情况,直流扫描分析可以快速获得由直流电源变动引起电路直流工作点变化的曲线。在分析前可以选择直流电源的变化范围和增量。在进行直流扫描分析时,电路中的所有电容视为开路,所有电感视为短路。该部分的参数设置具体内容如下:

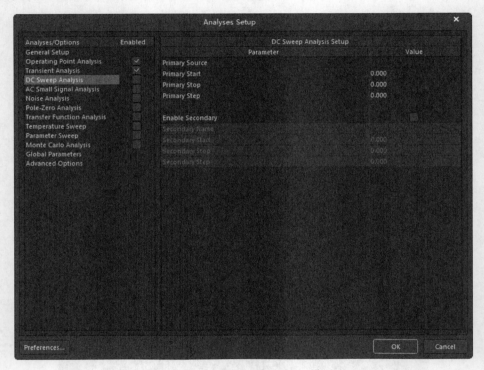

图 12-33　DC Sweep Analysis 设置

- Primary Source——原始激励源,在右侧 Value 栏中有可选的下拉列表框,可选中在原理图中的激励源;
- Primary Start——激励源的幅值初始值;
- Primary Stop——激励源的幅值终止值;
- Primary Step——激励源的幅值增量,用一般设定为幅值的 1%~2%;
- Enable Secondary——使能第二个激励源,选中后面的复选框使能。其下几栏同上,不再赘述。

注:通常第一个扫描变量(主激励源)所覆盖的区间是内循环,第二个(次激励源)扫描区间是外循环。

在原理图编辑环境中,执行 Simulation→Edit 'Mixed Sim' Setup 命令,在弹出 Analyses Setup(Mixed Sim)对话框中对仿真设置进行设定,如图 12-34 所示。

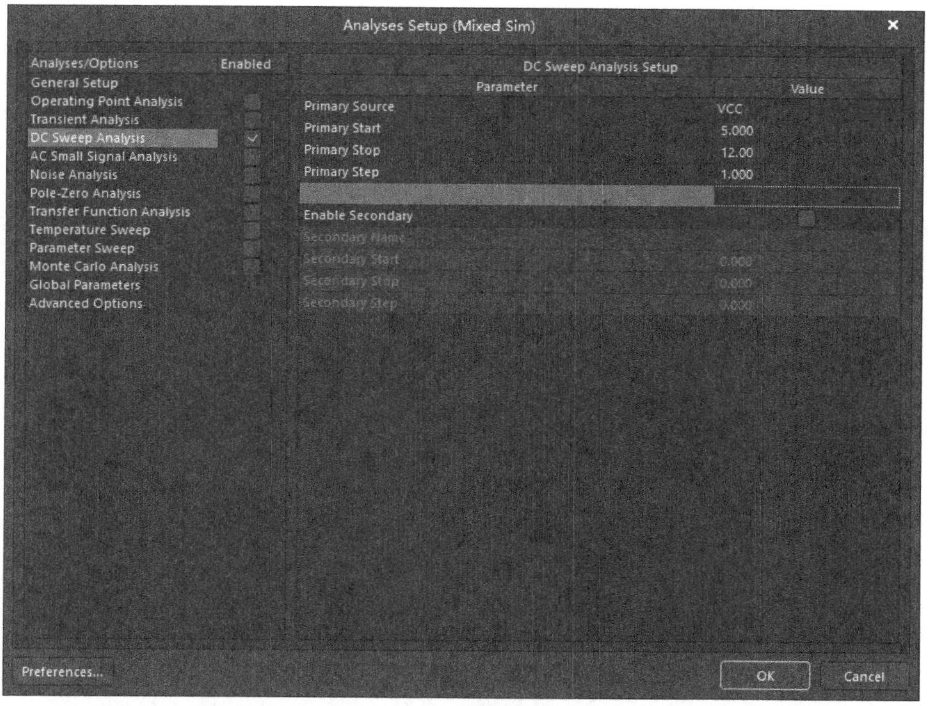

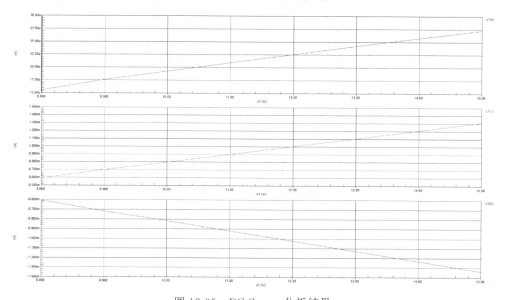

图 12-34　设定直流扫描

设定完成后,在原理图编辑环境中,执行 Simulation→Run 'Mixed Sim' Simulation 命令,或直接按 F9 键。仿真结果如图 12-35 所示,生成一个.sdf 子文件。图中为三极管 Q1 的基极、集电极和发射极电流随电压 V2 的变化曲线。

图 12-35　DC Sweep 分析结果

12.3.5 AC Small Signal Analysis 设置

AC Small Signal Analysis 即交流小信号分析,是在一定的频率范围内计算电路和响应。它计算电路的幅频特性和相频特性,是一种频域的线性分析方法。首先分析电路的直流工作点,并在直流工作点处对各个非线性元件做线性化处理,得到线性化的交流小信号等效电路,并用交流小信号等效电路计算电路输出交流信号的变化。在进行交流分析时,电路工作区中自行设置的输入信号将被忽略。也就是说,无论给电路的信号源设置的是什么波形,进行交流分析时,都将自动设置为正弦波信号,分析电路随正弦信号频率变化的频率响应曲线。该部分的参数设置具体内容如图 12-36 所示。

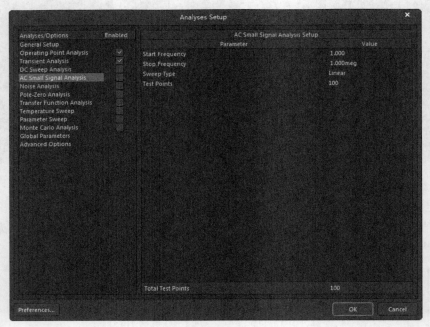

图 12-36　AC Small Signal Analysis Setup

- Start Frequency——起始频率。
- Stop Frequency——终止频率。
- Sweep Type——扫描类型,也就是曲线的频率变化方式。对应的 Value 栏中有 3 个选项,其中 Linear 为线性的,适用于带宽较窄情况;Decade 是以 10 倍频的对数形式进行扫描,用于带宽特别宽的情况;Octave 以 2 的对数形式排列,频率以倍频程进行对数扫描,Octave 用于带宽较宽的情形;
- Test Points——设置测试点的个数。

注:在执行交流小信号分析前,电路原理图中必须包含至少一个信号源元件并且在 AC Magnitude 参数中应输入一个值。

本次在输入激励源 VS 上加一个与正弦信号幅值等大交流幅值。

使用默认设定,在原理图编辑环境中,执行 Simulation → Run 'Mixed Sim' Simulation 命令,或直接按 F9 键进行仿真。仿真结果如图 12-37 所示,生成一个 .sdf 子文件。图 12-37 中为负载 RL 上的电压变化曲线。

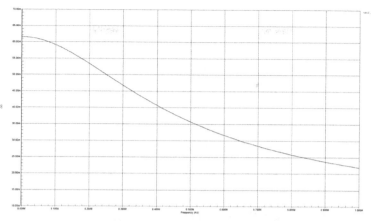

图 12-37　负载 RL 的 AC Small 分析结果

12.3.6　Noise Analysis 设置

图 12-38 是 Noise Analysis(噪声分析)设置的对话框。噪声分析是定量分析电路中噪声的大小,它利用交流小信号等效电路,计算由电阻和半导体元件所产生的噪声总和。假设噪声源互不相关,而且这些噪声值都独立计算,总噪声等于各个噪声源对于特定输出节点的噪声均方根之和。该部分的参数设置具体内容如下:

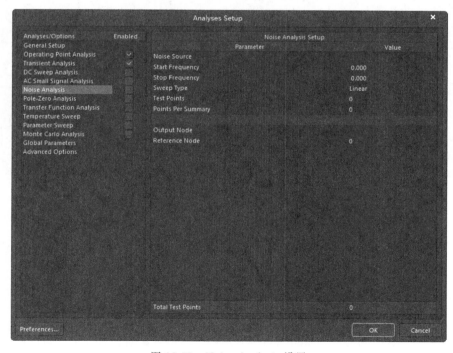

图 12-38　Noise Analysis 设置

- Noise Source——噪声源,可在 Value 一栏中选取,来源为对应的仿真原理图。
- Points Per Summary——设置每个汇总的取样点数,用于设置噪声的计算范围,当它的值为 0 时,只计算输入和输出噪声,当它的值为 1 时,计算各个元件的噪声;后者适用于用户想单独查看某个元件的噪声并进行相应的处理(比如某个元件的噪声较大,则考虑使用低噪声的元件替换)的情况。
- Output Node——输出节点,在它的 Value 栏的下拉列表框中可以从原理图选中网络节点作为输出节点。
- Reference Node——参考节点,当其设为 0 时表示以地作为相对参考。

注:在噪声分析中,电容、电感和受控源视为无噪声元件。

在原理图编辑环境中,执行 Simulation→Edit 'Mixed Sim' Setup 命令,在弹出 Analyses Setup(Mixed Sim)对话框中对仿真设置进行设定,如图 12-39 所示。

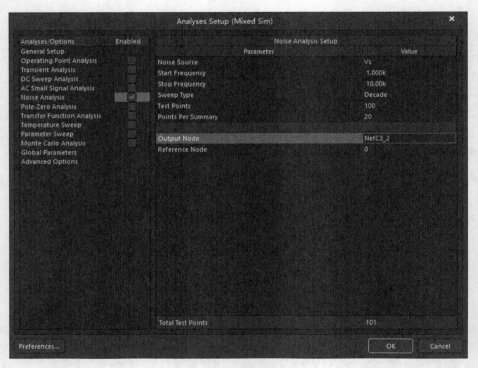

图 12-39　设定噪声分析

设定完成后,执行 Simulation→Run 'Mixed Sim' Simulation 命令,或直接按 F9 键进行仿真。仿真结果如图 12-40 所示,生成一个 .sdf 子文件。图 12-40 是电容 C2 随频率变化的曲线。

12.3.7　Pole-Zero Analysis 设置

如图 12-41 是 Pole-Zero Analysis(零-极点分析)设置的对话框。零-极点分析主要是对电路传递函数的零-极点位置等信息继续描述。该部分的参数设置具体内容如下:

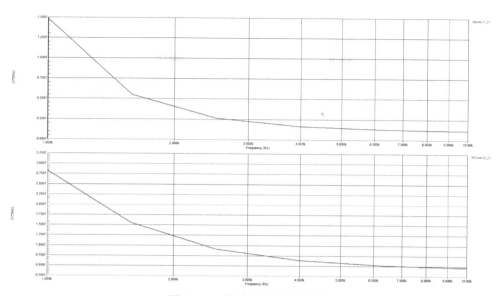

图 12-40　负载端噪声分析结果

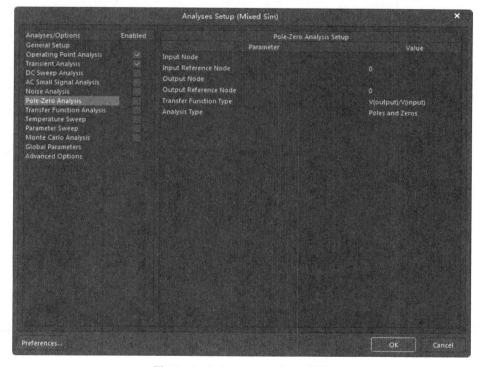

图 12-41　Pole-Zero Analysis 设置

- Input Node——输入节点,该点的值可单击从原理图中选取,以下几项与该点相同。
- Input Reference Node——输入参考节点,当其设置为 0 时以地作为相对参考。
- Output Node——输出节点。

- Output Reference Node——输出参考节点,当其设置为 0 时表示以地作为相对参考。
- Transfer Function Type——传递函数类型,可选择 V(Output)/V(Input)即输出输入电压的比值或是 V(Output)/I(Input)即阻抗函数。
- Analysis Type——分析类型,可选择 Poles and Zeros(零点和极点)、Poles Only(仅极点)和 Zeros Only(仅零点)。

注: Pole-Zero Analysis 可用于对电阻、电容、电感、线性控制源、独立源、二极管、BJT管、MOSFET 管和 JFET 管,不支持传输线。对复杂的大规模电路设计进行 Pole-Zero Analysis,需要耗费大量时间并且可能不能找到全部的 Pole 和 Zero 点,因此将其拆分成小的电路再进行 Pole-Zero Analysis 将更有效。

在原理图编辑环境中,执行 Simulation→Edit 'Mixed Sim' Setup 命令,在弹出Analyses Setup(Mixed Sim)对话框中对仿真设置进行设定,如图 12-42 所示。

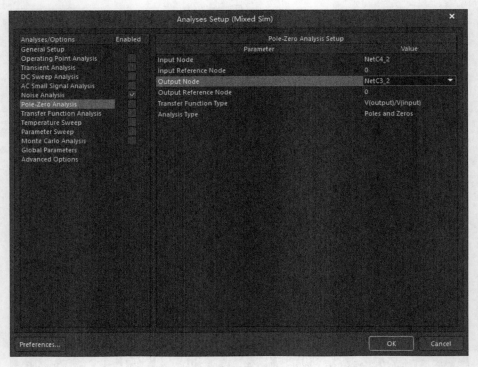

图 12-42　设定 Pole-Zero Analysis

设定完成后在原理图编辑环境中,执行 Simulation→Run 'Mixed Sim' Simulation命令,或直接按 F9 键进行仿真。仿真结果如图 12-43 所示,生成一个.sdf 子文件。

12.3.8　Transfer Function Analysis 设置

图 12-44 是 Transfer Function Analysis(传递函数分析)设置对话框。该部分的参数设置具体内容如下:

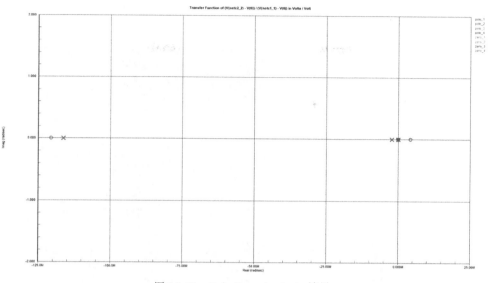

图 12-43　Pole-Zero Analysis 结果

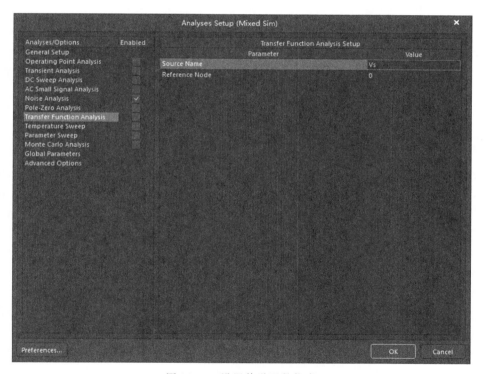

图 12-44　设置传递函数仿真

- Source Name——信号源名称,在 Value 的下拉列表框中选择。
- Reference Node——参考节点。

运行后在 .sdf 文件中添加了 Transfer Function 面板,在该面板右击,出现的快捷菜单如图 12-45 所示。

单击 Add Wave 选项,弹出 Add Wave To Table 对话框,输入表达式,如图 12-46 所示。

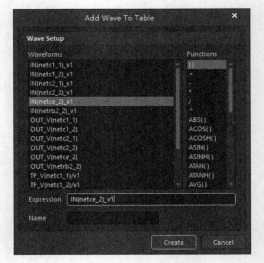

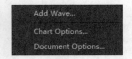

图 12-45　添加波形　　　　　　　　　　图 12-46　设置表达式

单击 Create 按钮,显示结果如图 12-47 所示。该点为输出端的增益为 812.15。

OUT_V(netce_1)　　　　　85.15 : Output resistance at NETCE_1

图 12-47　传递函数分析结果

12.3.9　Temperature Analysis 设置

在原理图编辑环境中,执行 Simulation→Edit 'Mixed Sim' Setup 命令,在弹出的 Analyses Setup(Mixed Sim)对话框中对仿真设置进行设定,如图 12-48 所示。这是 Temperature Analysis(温度分析)设置对话框。温度分析主要是对于温度漂移等问题进行分析描述。该部分的参数设置具体内容如下:

- Start Temperature——起始温度;
- Stop Temperature——终止温度;
- Step Temperature——扫描温度步长。

需要注意的是,分析不能单独进行,需要在运行其他分析(如工作点分析等)操作时附加执行。

设定完成后在原理图编辑环境中,执行 Simulation→Run 'Mixed Sim' Simulation 命令,或直接按 F9 键进行仿真。仿真结果如图 12-49 所示,生成一个.sdf 子文件。由图 12-49 可见,负载端的电压不随温度改变。

12.3.10　Parameter Analysis 设置

在原理图编辑环境中,执行 Simulation→Edit 'Mixed Sim' Setup 命令,在弹出的

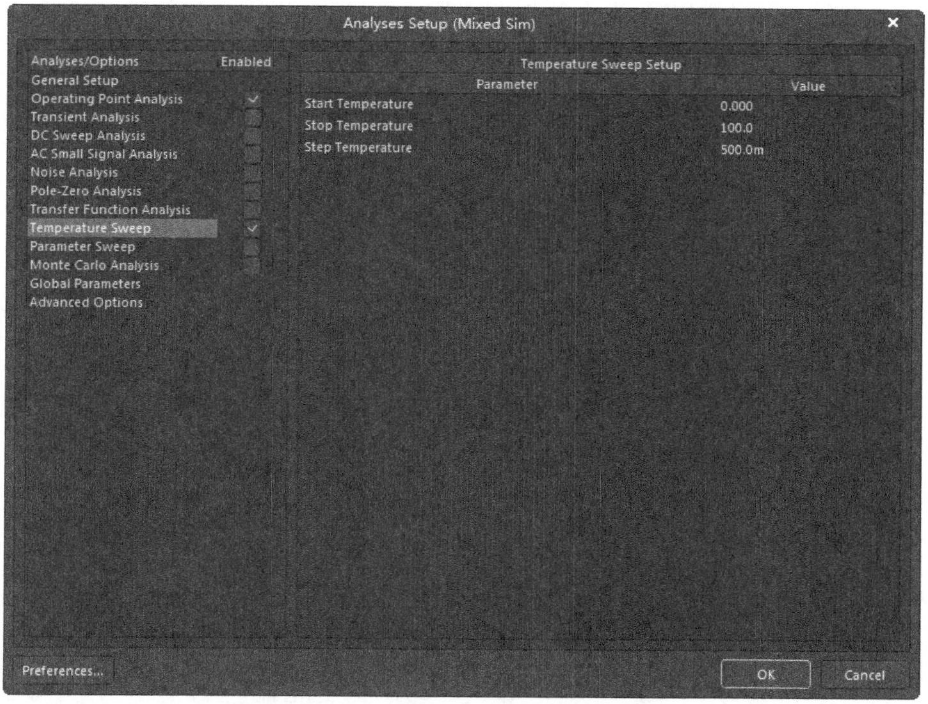

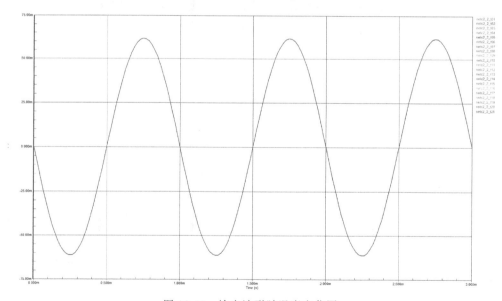

图 12-48　设定温度分析

图 12-49　输出波形随温度变化图

Analyses Setup(Mixed Sim)对话框中对仿真设置进行设定,如图 12-50 所示。这是 Parameter Analysis(参数分析)设置对话框。Parameter Analysis 是在用户指定某个参数变化值的情况下,对电路的特性进行分析,以寻求某个元件的最优参数。Parameter

Analysis,变化的参数可以从温度参数扩展为独立电压源、独立电流源、模型参数和全局参数等多种参数。该部分的参数设置具体内容如下：

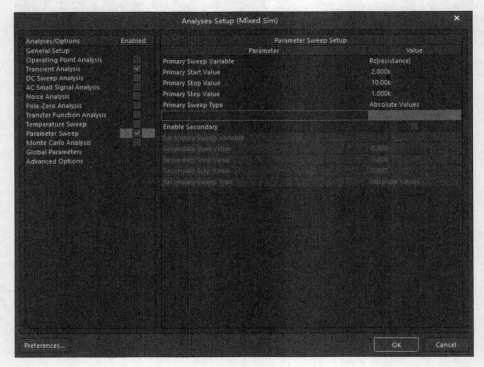

图 12-50 设定参数分析

- Primary Sweep Variable——对首个变量进行选择,在 Value 栏进行选择。
- Primary Start Value——首个变量的初始值。
- Primary Stop Value——首个变量的终止值。
- Primary Step Value——首个变量的增幅步长。
- Primary Sweep Type——首个变量的类型。
- Enable Secondary——选中后面的复选框,启用第二个激励源。

注：该分析也不能单独进行,需要在运行其他分析(如工作点分析等)操作时附加执行。

设定完成后选中后面的复选框,在原理图编辑环境中,执行 Simulation→Run 'Mixed Sim' Simulation 命令,或直接按 F9 键进行仿真。仿真结果如图 12-51 所示,生成一个 .sdf 子文件。可以看到,负载 RL 端的暂态分析会随电阻 Rc 的阻值变化,曲线会产生明显的差别。

12.3.11 Monte Carlo Analysis 设置

在原理图编辑环境中,执行 Simulation→Edit 'Mixed Sim' Setup 命令,在弹出的 Analyses Setup 对话框中对仿真设置进行设定,如图 12-52 所示。

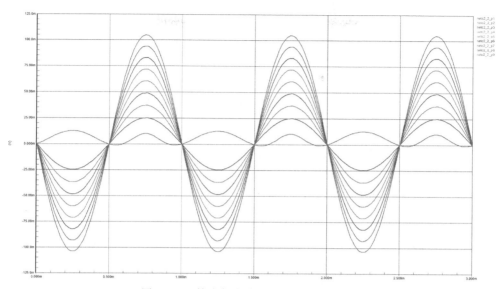

图 12-51　输出暂态结果随 Rc 电阻值改变

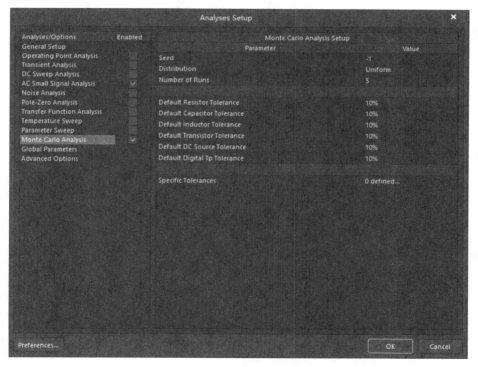

图 12-52　设定蒙特卡洛分析

蒙特卡洛(Monte Carlo)方法是一种基于"随机数"的计算方法。蒙特卡洛模拟是一种通过设定随机过程,反复生成时间序列,计算参数估计量和统计量,进而研究其分布特征的方法。具体来说,当系统中各个单元的可靠性特征量已知,但系统的可靠性过于复杂,难以建立可靠性预计的精确数学模型或模型太复杂而不便应用时,可用随机模拟法近似计算出系统可靠性的预计值;随着模拟次数的增多,其预计精度也逐渐增高。该部分的参数设置具体内容如下:

- Seed——这是在仿真过程中随机产生的值,如果用随机数的不同序列来执行一个仿真,就需要改变该值。
- Distribution——元件的分布方式,包括 3 种,即 Uniform(均匀分布)、Gaussion(高斯分布)和 Worst Case(最坏情况分布)。
- Default Resistor Tolerance——电阻容差,默认为 10%,该值可以为具体数值或者百分比。
- Default Capacitor Tolerance——电容容差,同电阻容差,以下几项也是。
- Default Induction Tolerance——电感容差。
- Default Transistor Tolerance——晶体管容差。
- Default DC Source Tolerance——直流电源容差。
- Default Digital Tp Tolerance——数字元件的传播延时容差。
- Specific Tolerance——指定元件的容差。

注:由于变化的参数太多,反而不知道哪个参数对电路的影响最大。因此,建议读者不要"贪多",一个一个地分析。例如,读者想知道晶体管参数 BF 对电路频率响应的影响,那么就应该去掉其他参数对电路的影响,而只保留 BF 容差。

设定完成后,在原理图编辑环境中,执行 Simulation→Run 'Mixed Sim' Simulation 命令,或直接按 F9 键进行仿真。仿真结果如图 12-53 所示,生成一个 .sdf 子文件。由图 12-53 可见,负载 RL 的暂态分析会因上述几项内容的变化,产生较为明显的差别,甚至有部分产生了失真。

12.3.12　Global Parameters 设置

Global Parameters 全局变量的设置对话框如图 12-54 所示。单击 Add 按钮可添加全局变量,单击 Remove 按钮可移除全局变量。

12.3.13　Advance Options 设置

Advance Options(高级选项设置)对话框如图 12-55 所示,列表中为 SPICE 的各种操作及其描述,下方 Integration method 是积分方法,Spice Reference Net Name 是 SPICE 的参考网络名称,Digital Supply VCC 是数字 VCC 供应的电源电压,Digital Supply VDD 是数字 VDD 供应的电源电压。

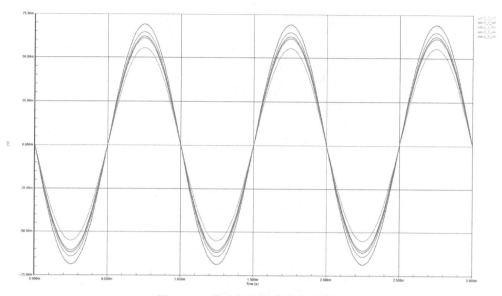

图 12-53　输出暂态的蒙特卡洛分析

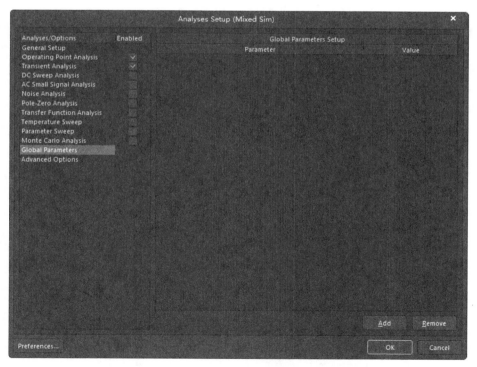

图 12-54　全局变量设置

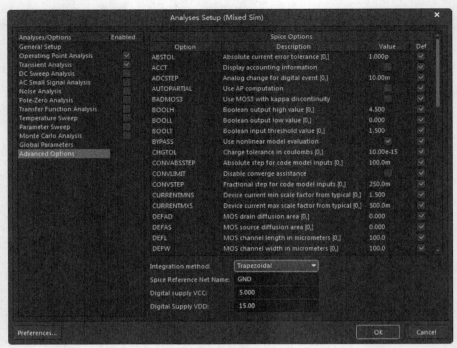

图 12-55　高级选项设置

12.4　仿真菜单栏简介

原理图仿真有单独的仿真菜单,如图 12-56 所示。

- Active Simulation Profile:可以切换当前的仿真文件。
- Rename'Mixed Sim':重命名当前仿真文件。
- Edit'Mixed Sim'Setup:编辑当前仿真文件的设定,单击该选项弹出 Analyses Setup 对话框。
- New Simulation Profile:新的仿真文件,该选项有 3 个分支选项,如图 12-57 所示。Mixed Sim、SIMetrix、SIMPLIS 为 3 种不同的仿真软件插件。

图 12-56　仿真菜单

图 12-57　新建仿真文件子菜单

- Remove'Mixed Sim'：移除当前仿真文件。
- Profile Manager：仿真文件管理，单击该选项弹出 Profile Manager 对话框，如图 12-58 所示。在该对话框可以 Add（添加）、Remove（移除）、Edit（编辑）、Import（导入）或 Export（导出）仿真软件。

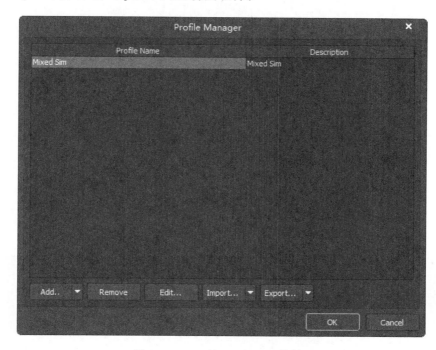

图 12-58　Profile Manager 对话框

- Run'Mixed Sim' Simulation：运行当前仿真文件，其快捷键为 F9。
- Generate'Mixed Sim' Netlist：生成当前仿真文件的网表，执行该命令后弹出 Messages 对话框，如图 12-59 所示，同时页面切换至网表界面，如图 12-60 所示。

图 12-59　Messages 对话框

- Probes Manager：探针管理，单击该按钮弹出 Probes Manager 对话框，如图 12-61 所示，在该对话框中可以进行探针管理，左下角的 Filter 选项组可对探针的种类进行筛选。
- Place Probe：放置探针，该菜单包括 4 个菜单命令，如图 12-62 所示，即 Probe Voltage（电压探针）、Probe Voltage Diff（差分电压探针）、Probe Current（电流探针）和 Probe Power（电源探针）。

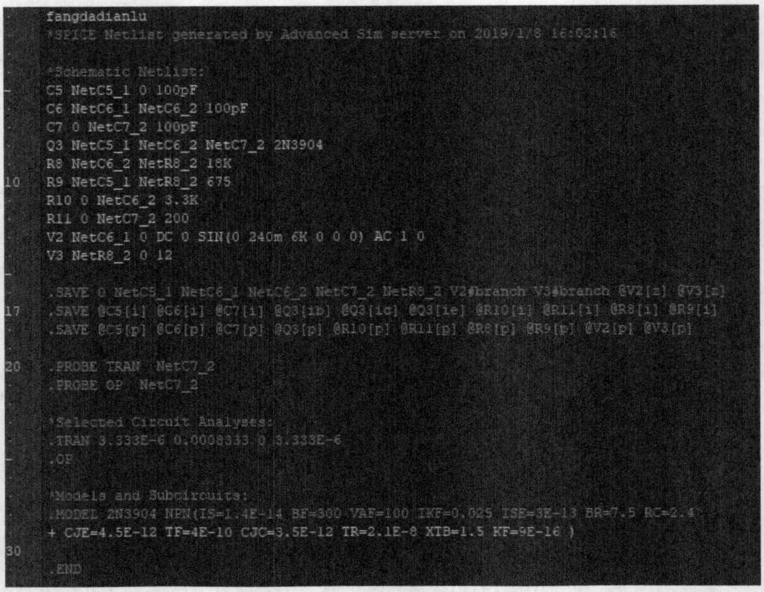

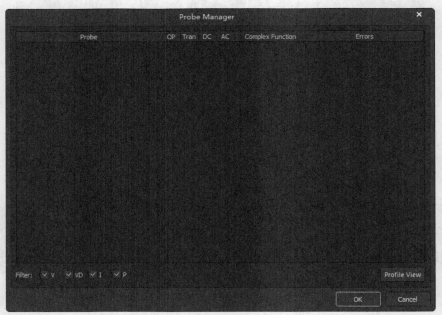

```
fangdadianlu
*SPICE Netlist generated by Advanced Sim server on 2019/1/8 16:02:16

*Schematic Netlist:
C5 NetC5_1 0 100pF
C6 NetC6_1 NetC6_2 100pF
C7 0 NetC7_2 100pF
Q3 NetC5_1 NetC6_2 NetC7_2 2N3904
R8 NetC6_2 NetR8_2 18K
R9 NetC5_1 NetR8_2 675
R10 0 NetC6_2 3.3K
R11 0 NetC7_2 200
V2 NetC6_1 0 DC 0 SIN(0 240m 6K 0 0 0) AC 1 0
V3 NetR8_2 0 12

.SAVE 0 NetC5_1 NetC6_1 NetC6_2 NetC7_2 NetR8_2 V2#branch V3#branch @V2[a] @V3[z]
.SAVE @C5[i] @C6[i] @C7[i] @Q3[ib] @Q3[ic] @Q3[ie] @R10[i] @R11[i] @R8[i] @R9[i]
.SAVE @C5[p] @C6[p] @C7[p] @Q3[p] @R10[p] @R11[p] @R8[p] @R9[p] @V2[p] @V3[p]

.PROBE TRAN NetC7_2
.PROBE OP NetC7_2

*Selected Circuit Analyses:
.TRAN 3.333E-6 0.0008333 0 3.333E-6
.OP

*Models and Subcircuits:
.MODEL 2N3904 NPN(IS=1.4E-14 BF=300 VAF=100 IKF=0.025 ISE=3E-13 BR=7.5 RC=2.4
+ CJE=4.5E-12 TF=4E-10 CJC=3.5E-12 TR=2.1E-8 XTB=1.5 KF=9E-16 )

.END
```

图 12-60　生成的网表文件

图 12-61　Probes Manager 对话框

图 12-62　放置探针子菜单

12.5 数字电路仿真实例

【**例 12-1**】 以十进制计数器为例进行数字电路仿真。

本节以十进制计数器为例，对数字电路仿真操作进行演示。

第 1 步：打开设计好的工程文件和原理图文件，如图 12-63 所示。

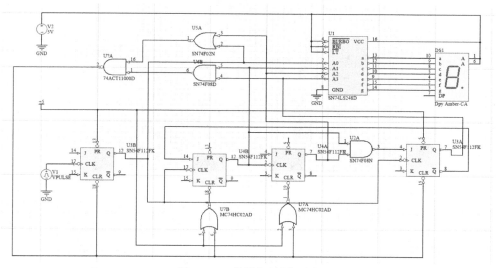

图 12-63 编辑好的原理图

第 2 步：在需要观察的输出波形的位置放置原理图标号，结果如图 12-64 所示。

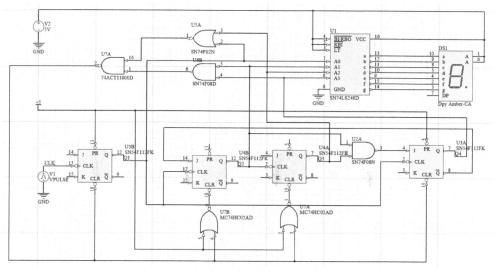

图 12-64 在需要观察的点添加原理图标号

第 3 步：双击激励源 VPULSE，打开 Properties 界面，在 Properties 界面的 Models 栏中，双击 Simulation 模型，对原件的仿真参数设置，如图 12-65 所示。虽然将上升沿和下降沿的时间设为 0,但实际仿真时仍会有 1μs 的升降时间。

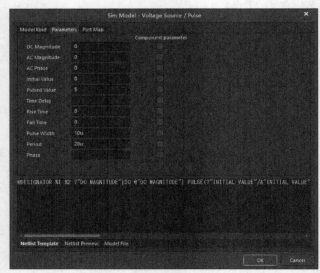

图 12-65　对脉冲激励源进行编辑

第 4 步:设置仿真要求。执行 Simulation→Edit 'Mixed Sim' Setup 命令,弹出 Analyses Setup(10jinzhi)对话框,如图 12-66 所示,将几个网络标号添加进显示列表中,选择暂态分析界面,因为要观察十进制计数是否正确,然后将显示的周期调整为 15 个。

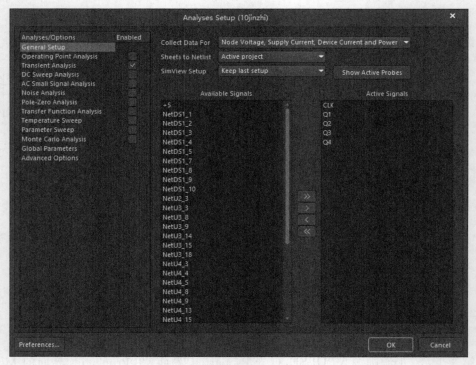

(a) 将添加的标号设为当前观测的点

图 12-66　对仿真参数进行设置

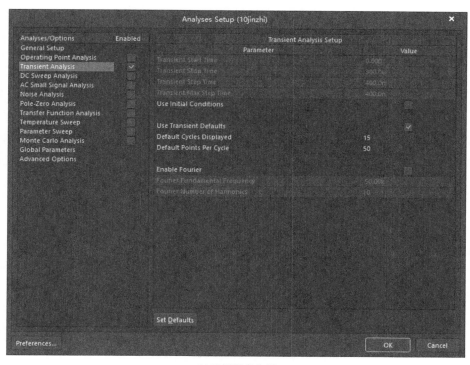

(b) 设置暂态分析

图 12-66 （续）

设定完成后在原理图编辑环境中，执行 Simulation→Run 'Mixed Sim' Simulation 命令，或直接按 F9 键进行仿真。仿真结果如图 12-67 所示。在暂态分析中生成一个 .sdf 文件，用于观察输出波形的时序。

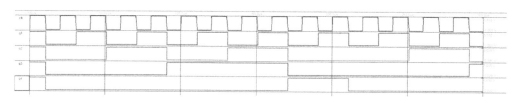

图 12-67 暂态仿真结果

习题

1. 常见的激励源有哪几种？
2. 简述工作点分析操作过程。
3. 哪几种分析不能单独进行？
4. 如何进行数字电路仿真？

参 考 文 献

[1]   CAD/CAM/CAE 技术联盟. Altium Designer 16. 电路设计与仿真从入门到精通[M]. 北京：清华
       大学出版社，2016.

[2]   周润景，刘波，徐宏伟. Altium Designer. 原理图与 PCB 设计[M]. 北京：电子工业出版社，2019.

[3]   周润景，刘波. Altium Designer. 电路设计 20 例详解[M]. 北京：北京航空航天大学出版社，2017.

图 书 资 源 支 持

感谢您一直以来对清华大学出版社图书的支持和爱护。为了配合本书的使用，本书提供配套的资源，有需求的读者请扫描下方的"书圈"微信公众号二维码，在图书专区下载，也可以拨打电话或发送电子邮件咨询。

如果您在使用本书的过程中遇到了什么问题，或者有相关图书出版计划，也请您发邮件告诉我们，以便我们更好地为您服务。

我们的联系方式：

地　　址：北京市海淀区双清路学研大厦 A 座 701

邮　　编：100084

电　　话：010-83470236　010-83470237

资源下载：http://www.tup.com.cn

客服邮箱：tupjsj@vip.163.com

QQ：2301891038（请写明您的单位和姓名）

用微信扫一扫右边的二维码,即可关注清华大学出版社公众号。

教学资源·教学样书·新书信息

人工智能科学与技术
人工智能|电子通信|自动控制

资料下载·样书申请

书圈